U0390821

"十三五"应用型本科规划教材

电子技术实践指导书

董　恒　吕守向 / 主　编

叶　楠　寇丽杰　戴坤成 / 副主编

吕念芝　王海鹏 / 参　编

上海财经大学出版社
SHANGHAI UNIVERSITY OF FINANCE & ECONOMICS PRESS

图书在版编目(CIP)数据

电子技术实践指导书/董恒,吕守向主编. —上海:上海财经大学出版社,2017.12
("十三五"应用型本科规划教材)
ISBN 978-7-5642-2877-4/F・2877

Ⅰ.①电… Ⅱ.①董… ②吕… Ⅲ.①电子技术-高等学校-教材
Ⅳ.①TN

中国版本图书馆 CIP 数据核字(2017)第 290675 号

□ 责任编辑　袁　敏
□ 封面设计　杨雪婷

DIANZI JISHU SHIJIAN ZHIDAOSHU
电 子 技 术 实 践 指 导 书
董　恒　吕守向　主　编
叶　楠　寇丽杰　戴坤成　副主编
吕念芝　王海鹏　参　编

上海财经大学出版社出版发行
(上海市中山北一路 369 号　邮编 200083)
网　　址:http://www.sufep.com
电子邮箱:webmaster @ sufep.com
全国新华书店经销
江苏凤凰数码印务有限公司印刷装订
2017 年 12 月第 1 版　2024 年 7 月第 5 次印刷

787mm×1092mm　1/16　25.75 印张　659 千字
印数:5 001—5 100　定价:46.00 元

"十三五"应用本科型规划教材
编 委 会

前　言

随着电子技术的不断发展和应用,越来越多的行业需要以电子技术作为基础。无论是电子信息专业,还是计算机、软件专业,都需要对电子专业的基础课程有所了解,否则,在以后的日常工作中就会遇到这样或那样的问题。因此,学好电子专业基础课程是非常重要的。

然而,大学里面通常针对不同的专业,开设不同课时要求的课程。对于学生而言,相应的课程安排也是根据知识的前后关系进行规划安排。目前,尚未有一个综合的实验教材可以适用于这些不同专业需求的实验指导,以及满足这些不同课程学时的需求。没有知识点的整体规划性的实验课程安排,也容易造成学生学习上的迷茫。

为此,我们整理和汇总了计算机专业、电子信息专业、物联网工程专业等各个电子基础课程的实验内容。为学生提供一套完整的实验学习指导书。书中主要分为4个部分:

第一部分主要介绍了电子相关专业的学生应该掌握的基本技能。这包括具备操作基础仪器设备的技能、基本的电子测量知识和必要的工程素质。

第二部分,主要是基础课程的课内实验,其中包含"电路基础"、"模拟电子技术"、"数字电子技术"、"高频电子电路"课程。课内实验分为基础实验和扩展实验两个部分,针对不同的专业学生需求,可以根据实际的开课要求对实验内容进行选择。

第三部分,主要是课程设计和实训部分。针对每门课程,我们提供了至少3个左右的实训案例供学生选择,学生可以从实训案例中学习到项目的开发过程,积累相应的开发经验,为以后的工作应用打下基础。

第四部分,主要针对学有余力的同学,提供了综合设计课题。为学生提供各类电子竞赛题目,让学生在学习的基础上尝试运用自己的知识来开发并提高自己的项目开发能力,以达到学以致用的目的。

　　最后,感谢为本书提供素材的实验设备厂商,感谢福州理工学院的各级领导。同时,感谢福州理工学院工学院的蔡声镇院长对本书的编写所提供的详尽的建议和审阅意见。感谢电子教研室的全体老师为本书的编写辛勤付出自己的美好时光。由于编写时间过于仓促,难免有不足及错漏之处,欢迎大家给予指正。

编　者

2017 年 10 月

目 录

第一章　基本技能

1.1　电子测量的基本方法

测量是人类认知和改造世界的一种重要手段。对客观事物的认识过程中,需要进行定性分析和定量研究,定量就需要通过测量。测量是通过实验方法对客观事物取得定量数据的过程。没有测量,就没有科学的依据。电子测量是泛指以电子技术为基本手段的一种测量技术。测量是信息的源头技术,提高测量水平并实现测量手段的现代化,是实现科学技术和生产现代化的重要条件和明显标志。

不论是作为一名学生还是一名工程师,掌握电子测量的基本方法和知识都是必要的。在电子测量技术中,根据测量中采用的方法不同,电子测量技术也有不同的分类。按照测量的手段分类,主要有直接测量法、间接测量法和组合测量法。如果按照被测量的性质分类,主要有时域测量法、频域测量法和数据域测量法。下面简要介绍一下直接测量法、间接测量法和组合测量法。

1. 直接测量法

直接测量法就是可以直接从电子测量仪器上读出测量结果的方法。如图 1-1 所示,直接测灯泡功率的结果所测试出的数据就是被测量的值。例如,用电压表测量电压、用电流表测量电流、用电桥测量电阻、用频率计测量频率等,下面举例说明直接测量法的应用,如图 1-1 所示,如果想知道流过灯泡电流的大小,可以在 B 点将电路断开,再将电流表的两根表笔分别接在断开处的两端,电流流过电流表,电流表就会显示电流的大小。

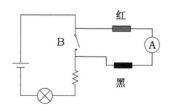

图 1-1　直接测量法

需要说明的是,直接测量并不意味着就是用直读式仪器进行测量,许多比较式仪器虽然不一定能直接从仪器度盘上获得被测量的值,但因参与测量的对象就是被测量,所以这种测量仍属直接测量。一般情况下,直接测量法的精确度比较高。

2. 间接测量法

使用按照已知标准定度的电子仪器,不直接对被测量值进行测量,而对一个或几个与被测量具有某种函数关系的物理量进行直接测址,然后通过函数关系计算出被测量值,这种测量方法称为间接测量法。例如,要测量电阻的消耗功率,可以通过直接测量电压、电流或测量电流、电阻,然后根据 $P=UI=I^2R=U^2/R$ 求出电阻的功率,下面举例说明间接测量法的应用,如图1-2所示,如果想知道流过灯泡电流的大小,可以用电压表测量电阻 R 两端的电压 U,然后根据欧姆定律($I=U/R$)就可以求出电流的大小。

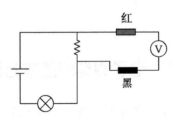

图1-2　间接测量法

同样是测一个电路的电流大小,可以采用图1-1所示的直接测量法,也可以采用图1-2所示的间接测量法,图1-1中的直接测量法可以直接读出被测对象的量值大小,但需要断开电路,而图1-2中的间接测量法不需要断开电路,比较方便,但测量后需要通过欧姆定律进行计算。

直接测量法和间接测量法没有优劣之分,在进行电子测量时,选择哪一种方法要根据实际情况来决定。

3. 组合测量法

假如有若干个被测量,需要将这些被测量用不同组合方式(或改变测量条件来获得这种不同的组合)进行测量(直接或间接),并把测量值与被测量之间的函数关系列成方程组,只要方程式的数量大于待求量的个数,就可以求出各待求值,这种方法称为组合测量。

1.2　电子测量的注意事项

在电子测量过程中,操作者需要观察当前的仪器仪表使用环境和被检测对象,首先要注意的就是人身安全问题,在确保不会对自身造成安全危险之后,我们对被检测对象进行测量测试。根据过往的总结,要求操作者注意如下事项:

1. 确认仪器仪表的电源是否正确

操作者需要检查并确认所使用的仪器仪表的电源是否正确,例如:仪器使用的输入电压是否为仪器的额定电压,需要根据仪器仪表的要求连接电源。

2. 注意查看仪器设备和测量对象的电源接地

使用适当的电源线,最好是产品原配的线缆。由于线缆本身有自身的电气规格,使用替代线缆的时候,如果不匹配使用,会造成 EMI 辐射干扰,更有甚者会导致设备损坏。为了防止电击,电源的接地导体需要和地面相连,任何的输入或输出终端连接之前,都要确保正确接地。

3. 确认测试仪器仪表是否校正准确

通常情况下,测试仪器仪表都要求定期进行检定以确保电子仪器设备的测量准确性。作为学生,如果遇到测试仪器没有经过定期检定的设备,先考虑有没有其他可使用的设备,或者需要找到一个精度更高的设备对当前设备进行测试结果比较。如果没有更高精度的设备,那么最简单的办法是通过测量已知对象来简单判断设备的可靠性。

4. 注意仪器仪表的操作步骤

在使用仪器仪表的过程中,需要严格按照说明书的要求或者教师的指导进行操作。不可盲目尝试、胡乱操作。遇到不会使用的设备,应该首先查阅设备的操作说明书或者操作手册,其次查阅实验的指导书,遵照说明书和实验指导书的步骤切实进行,注意观察使用过程中的仪器情况。

5. 注意检测对象的电气特性

使用仪器仪表,需要注意检测对象的电气特性。根据测试对象的特性,选择合适仪器设备进行测量。例如:测试某设备的瞬间冲击电流,因为测试对象是瞬间的冲击电流,所以我们不能使用常规的电流表进行测试。为了观察冲击电流的瞬间特性,可以使用示波器匹配相应的电流磁感应探棒对冲击电流进行检测。

6. 注意静电防护

使用仪器设备测量时,注意被测对象的静电防护。尤其是芯片等集成电路,避免用手直接触碰电路隐身板。如果确实需要接触,可用手先触摸大的金属,如机箱等,将身上的静电先释放掉,再进行操作。

7. 注意实验操作过程中需要保持桌面整洁

实验、测量操作过程中,需要做到严格依照操作手册或者实验指导书进行。实验前检查相关仪器设备配件是否齐全,实验后要将相关使用配件整理归位。

1.3　常用测量仪器的使用简介

1.3.1　万用表的使用

UT39B 是 $3\frac{1}{2}$ 数位手动切换量程数字万用表。全量程过载保护和独特的外观设计,使之

图 1—3　UT39B 数字万用表

成为性能更为优越的电工仪表。可适用于冶炼、通讯、制造、石油、国防、电力、化工等行业的测量,是电路、电力设备维护和维修的理想工具。

技术参数:

基本功能	量　程	基本精度
直流电压(V)	200mV/2V/20V/200V/1000V	±(0.5%+1)
交流电压(V)	2V/20V/200V/750V	±(0.8%+3)
直流电流(A)	20μA/2mA/20mA/200mA/10A	±(0.8%+1)
交流电流(A)	2mA/200mA/10A	±(1%+3)
电阻(Ω)	200Ω/2KΩ/20KΩ/2MΩ/20MΩ/200MΩ	±(0.8%+1)
电容(F)	2nF/200nF/20μF	±(4%+3)

1.3.1.1 交直流电压测量

1. 将红表笔插入"V"插孔,黑表笔插入"COM"插孔。

2. 将功能量程开关置于直流电压测量档或交流电压测量档或直流毫伏电压测量档,并将表笔并联到待测电源或负载上。

3. 从显示器上直接读取被测电压值。交流测量显示值为真有效值。

4. 仪表的输入阻抗在和电路阻抗约为 10MΩ 或 2GΩ 之间,这种负载在高阻抗的电路中会引起测量上的误差。大部分情况下,如果电路阻抗在 10KΩ 以下,误差可忽略(0.1% 或更低)。

【注意】

(1)不要输入高于 1000V 的电压。测量更高电压是有可能的,但有损坏仪表的危险;

(2)在测量高电压时,要特别注意避免触电;

(3)在完成所有的测量操作后,要断开表笔与被测电路的连接。

1.3.1.2 交直流电流测量(见图 1-4)

1. 将红表笔插入"μA、mA"或"A"插孔,黑表笔插入"COM"插孔。

2. 将功能量程开关置于电流测量档,按蓝色键选择所需测量的交流或直流电流,并将仪表表笔串联到待测回路中。

3. 从显示器上直接读取被测电流值,交流测量显示值为真有效值。

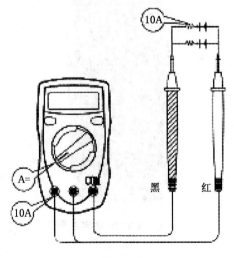

图 1-4

【注意】

(1)在仪表串联到待测回路之前,应先将回路中的电源关闭;

(2)测量时应使用正确的输入端口和功能档位,如不能估计电流的大小,应从大电流量程开始测量;

(3)≤5A允许连续测量;5A～10A连续测量时间,为了安全使用,每次测量时间应≤10秒,间隔时间应大于15分钟;

(4)当表笔插在电流输入端口上时,切勿把表笔测试针并联到任何电路上,会烧断仪表内部保险丝和损坏仪表;

(5)在完成所有的测量操作后,应先关断电源再断开表笔与被测电路的连接。对大电流的测量更为重要。

1.3.1.3　电阻测量(见图1－5)

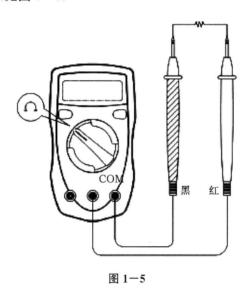

图1－5

1. 将红表笔插入"Ω"插孔,黑表笔插入"COM"孔。

2. 将功能开关置于"Ω"测量档,按蓝色键选择电阻测量 Ω,并将表笔并联到被测电阻二端上。

3. 从显示器上直接读取被测电阻值。

【注意】

(1)如果被测电阻开路或阻值超过仪表最大量程时,显示器将显示"OL"。

(2)当测量在线电阻时,在测量前必须先将被测电路内所有电源关断,并将所有电容器放尽残余电荷,这样才能保证测量正确。

(3)在低阻测量时,表笔会带来约 0.1Ω～0.2Ω 电阻的测量误差。为获得精确读数,可以利用相对测量功能,首先短路输入表笔再按 REL 键,待仪表自动减去表笔短路显示值后再进行低阻测量。

(4)测量 1MΩ 以上的电阻时,可能需要几秒钟后读数才会稳定,这对于高阻的测量属正常。为了获得稳定读数,可用测试短线进行测量。

(5)不要输入高于直流 60V 或交流 30V 以上的电压,避免伤害人身安全。

(6)在完成所有的测量操作后,要断开表笔与被测电路的连接。

(7)测量非固定电阻时,请按下 RANGE 键开机,使用仪表的模拟电阻信号测量模式,此测量模式下仪表最后一位数字不显示,测量精度不变。

1.3.1.4 电路通断测量(见图 1—5)

1. 将红表笔插入"Ω"插孔,黑表笔插入"COM"插孔。

2. 将功能开关置于"Ω"测量档,按蓝色键选择电路通断测量,并将表笔并联到被测电路负载的两端。如果被测二端之间电阻≤50Ω,认为电路导通,蜂鸣器连续声响。从显示器上直接读取被测电路负载的电阻值,单位为:Ω。

【注意】

(1)当检查在线电路通断时,在测量前必须先将被测电路内所有电源关断,并将所有电容器放尽残余电荷。

(2)电路通断测量,开路电压约为—1.2V,量程为 400Ω 测量档。

(3)不要输入高于直流 60V 或交流 30V 以上的电压,避免伤害人身安全。

(4)在完成所有的测量操作后,要断开表笔与被测电路的连接。

1.3.1.5 二极管测量(见图 1—6)

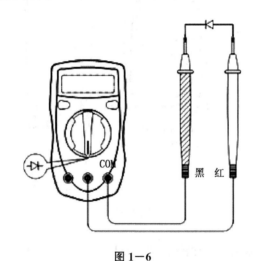

图 1—6

1. 将红表笔插入"Ω"插孔,黑表笔插入"COM"插孔。红表笔极性为"＋",黑表笔极性为"—"。

2. 将功能开关置于"→▷⊢"测量档,按蓝色键选择二极管测量,红表笔接到被测二极管的正极,黑表笔接到二极管的负极。

3. 从显示器上直接读取被测二极管的近似正向 PN 结结电压。对硅 PN 结而言,一般为 500～800mV 可确认为正常值。

【注意】

(1)如果被测二极管开路或极性反接时,显示"OL"。

(2)当测量在线二极管时,在测量前必须首先将被测电路内所有电源关断,并将所有电容器放尽残余电荷。

(3)二极管测试开路电压约为 2.8V。

(4)不要输入高于直流 60V 或交流 30V 以上的电压,避免伤害人身安全。

(5)在完成所有的测量操作后,要断开表笔与被测电路的连接。

1.3.1.6 电容测量(见图1-7)

1. 将红表笔插入"Ω"插孔,黑表笔插入"COM"插孔。

2. 将量程开关置于"⊣⊢"档位,此时仪表可能会显示一个固定读数,此数为仪表内部的分布电容值。对小于10nF电容的测量,被测量值一定要减去此值,才能确保测量精度。在测量中可以利用相对测量功能,首先按REL键,待仪表自动减去开路显示值后再进行小电容测量。

3. 建议用测试短线输入进行电容测量,可以减小分布电容的影响。

红 黑

图1-7

【注意】

(1)如果被测电容短路或容值超过仪表的最大量程时,显示器将显示"OL"。

(2)电容测量模式下模拟条指针被禁止。对于大于$400\mu F$电容的测量,会需要较长的时间,此时模拟条指针会指示完成测量过程的存余时间,便于正确读数。

(3)为了确保测量精度,在测量过程中仪表内部会对被测电容进行放电,在放电模式下LCD会显示"DIS. C",但放电过程较慢。建议电容在测试前将电容全部放尽残余电荷后再输入仪表进行测量,对带有高压的电容更为重要,可避免损坏仪表和伤害人身安全。

(4)在完成测量操作后,要断开表笔与被测电容的连接。

1.3.1.7 频率/占空比测量

1. 将红表笔插入"Hz"插孔,黑表笔插入"COM"插孔。

2. 将功能量程开关置于(UT71A)或(UT71B/C/D)或(UT71E)测量档位,并按蓝色键选择Hz功能,将表笔并联到待测信号源上。

3. 从显示器上直接读取被测频率值。按下蓝色键可选择占空比测量。

【注意】

(1)测量时必须符合输入幅度a要求:10Hz~40MHz时,$200mV \leqslant a \leqslant 30Vrms$;>40MHz时,未指定。

(2)不要输入高于30Vrms被测频率电压,避免伤害人身安全。

(3)在完成所有的测量操作后,要断开表笔与被测电路的连接。

1.3.2 示波器的使用简介

示波器将电信号转换为可以观察的视觉图形,以便人们观测。若利用传感器将各种物理参数转换为电信号后,可利用示波器观测各种物理参数的数量和变化。

示波器的种类主要分为模拟示波器和数字示波器。模拟示波器以连续方式将被测信号显示出来。数字示波器首先将被测信号抽样和量化,变为二进制信号存储起来,再从存储器中取出信号的离散值,通过算法将离散的被测信号以连续的形式在屏幕上显示出来。

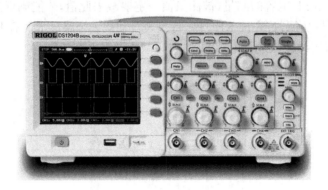

图 1—8   RIGOL 数字示波器

1.3.2.1   示波器的基本功能

1. 示波器探头校正简介

如图 1—9 所示,使用探头将信号接入 CH1(通道 1)的方法如下:将探头上的开关设定为 10X,将探头连接器上的插槽对准 CH1 同轴电缆插接件(BNC)上的插口并插入,然后向右旋转拧紧探头。

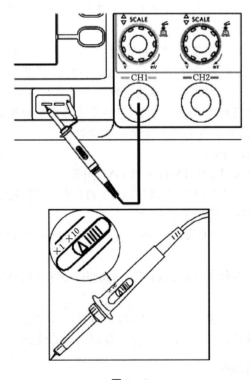

图 1—9

所使用探头首次与示波器连接,需要在使用之前进行探头补偿,方法如下:

(1)将探头上的开关设定为 10X,并将示波器探头与 CH1 连接。如使用探头钩形头,应确保与探头接触紧密。将探头前端与探头补偿器的信号输出连接器相连,接地鳄鱼夹与探头补偿器的地线连接器相连。按 CH1 打开 CH1,将探头菜单衰减系数设定为 10X,然后按前面板的 AUTO 键。

(2)检查所显示波形的形状。观察属于图 1—10 中的哪一种状况,是补偿过度,还是补偿正确或者补偿不足。

(3)如必要,请用非金属质地的改锥调整探头上的可变电容,直到屏幕显示的波形如图 1—10 中的"补偿正确"。

补偿过度　　　　　　　补偿正确　　　　　　　补偿不足

图 1—10　示波器补偿波形示意图

2. 示波器面板功能简介

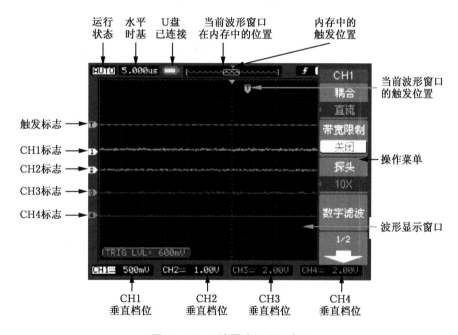

图 1—11　示波器波形显示窗口

如图 1—11 所示,示波器的波形窗口主要包含有 4 个通道的显示波形、垂直控制信号、水平控制信号、操作菜单和运行状态等信息显示。

DS1000B 系列数字示波器具有自动设置的功能。根据输入的信号,可自动调整通道垂直档位、时基以及触发方式,使波形显示达到最佳状态。应用自动设置要求被测信号的频率大于或等于 50Hz,占空比大于 1%。

使用自动设置(AUTO):

（1）将被测信号连接到信号输入通道。

（2）按下 Auto 按键。

示波器将自动设置垂直、水平和触发控制。如需要，可手工调整这些控制使波形显示达到最佳。

1.3.2.2　了解垂直系统

如图 1—12 所示，垂直控制区（VERTICAL）有一系列的按键和旋钮，用于设置通道、数学运算功能、参考波形功能，以及调节波形显示的垂直位置和垂直档位"Volts/div（伏/格）"。

为便于观察，代表通道的各旋钮采用不同的颜色标识，且与通道的波形颜色对应。

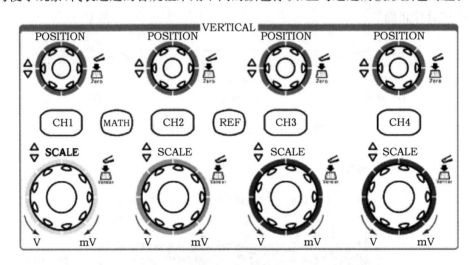

图 1—12　示波器垂直控制开关

下面的练习可逐步引导您熟悉垂直设置的使用：

1. 按 CH1、CH2、CH3、CH4、MATH、REF，屏幕将显示对应通道的操作菜单、标志、波形和档位状态信息。再次按此通道按键关闭当前选择的通道。

2. 垂直（POSITION）旋钮控制信号的垂直显示位置。

转动垂直，当前波形将上下移动，界面左下角的位移标识也将实时变化，显示当前波形所处的垂直位置。

【测量技巧】

如果通道耦合方式为 DC，您可以通过观察波形与信号地之间的差距来快速测量信号的直流分量。

如果耦合方式为 AC，信号里面的直流分量被滤除。这种方式方便您用更高的灵敏度显示信号的交流分量。

3. 模拟通道垂直位置恢复到零点快捷键。

转动垂直（POSITION）旋钮不但可以改变波形的垂直显示位置，更可以通过按下该旋钮作为设置波形垂直显示位置恢复到零点的快捷键。

4. 垂直（SCALE）旋钮用于改变垂直档位"Volts/div（伏/格）"设置。

转动（SCALE），界面下方将实时显示对应波形显示的档位变化。档位调节分为粗调和微调。

【Coarse/Fine(粗调/微调)快捷键】

转动(SCALE)旋钮不但可以改变垂直档位,更可以通过按下该旋钮作为设置输入通道的粗调/微调状态的快捷键。

1.3.2.3　了解水平系统

如图 1-13 所示,水平控制区(HORIZONTAL)有一个按键、两个旋钮,用于设置水平参数及水平时基,调节波形显示的水平位置。

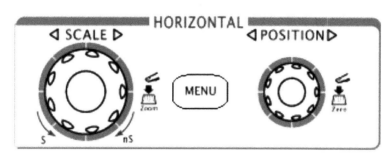

图 1-13　示波器水平控制开关

下面的练习可逐渐引导您熟悉水平时基的设置:

1. 水平(SCALE)旋钮用于改变水平档位"s/div(秒/格)"设置。

转动(SCALE),界面下方的状态栏将实时显示对应波形显示的档位变化。水平扫描速度从 2ns 至 50s,以 1-2-5 的形式步进。

【Delayed(延迟扫描)快捷键】

水平(SCALE)旋钮不但可以通过转动调整"s/div(秒/格)",更可以按下该键切换到延迟扫描状态。

注:示波器型号不同,其水平扫描速度也有差别。

2. 按下 MENU 键,显示 Horizontal 菜单,可设置延迟扫描功能的开关状态、时基模式、时基扩展及触发位移。

3. 水平(POSITION)旋钮用于控制波形显示的水平位置。

转动(POSITION),当前波形将左右移动,界面左下角的位移标识也将实时变化,显示当前波形所处的水平位置。

【触发点位移恢复到水平零点快捷键】

水平(POSITION)旋钮不但可以通过转动调整信号在波形窗口的水平位置,更可以按下该键使触发位移(或延迟扫描位移)恢复到水平零点处。

1.3.2.4　了解触发系统

如图 1-14 所示,触发控制区(TRIGGER)有一个旋钮和四个按键,用于设置触发电平、触发参数、强制触发等。

下面的练习可逐渐引导您熟悉触发系统的设置:

1. 使用 MODE 按键可以切换三种触发方式:自动(Auto)、普通(Normal)和单次(Single)。

2. 使用(LEVEL)旋钮改变触发电平设置。

转动(LEVEL)旋钮,屏幕上将出现一条桔红色的触发线以及触发标志,随旋钮转动而上

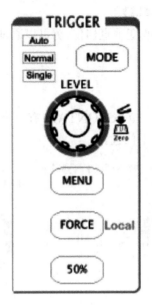

图 1—14　示波器触发系统控制开关

下移动,屏幕左下角的触发电平值也将随之发生改变。停止转动旋钮,此触发线和触发标志会在约 5 秒后消失。

3. 按下 MENU 键调出触发操作菜单(见图 1—15),改变触发的设置,观察由此造成的状态变化。

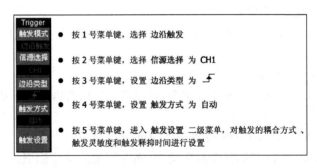

图 1—15　触发操作菜单说明图

4. 按下 FORCE 键,在"普通"和"单次"触发模式下,强制产生一个触发信号。

5. 按 50％键,设定触发电平在触发信号幅值的垂直中点。

1.3.2.5　了解快捷功能

如图 1—16 所示,快捷功能区(QUICK)有两个按键。

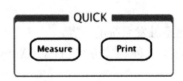

图 1—16　快捷按键

下面的练习可逐渐引导您熟悉快捷功能的设置：

1. Measure 按键

仪器前面板设有两个 Measure 键。通过功能菜单区的 Measure 按键可快速测量设定三组测量项。然后按下快捷功能区的 Measure 键，屏幕下方将直接显示这些测量项的结果。

2. Print 按键

根据打印设置打印屏幕数据或将测量数据直接存储到 U 盘中。

(1)连接打印机时，执行打印屏幕操作，优先级高。

(2)连接 U 盘时，将测量结果以当前由 Storage 功能选择的格式(波形、设置、8 位位图、24 位位图、PNG、CSV)存储到 U 盘，选择为"出厂设置"时，自动存储为 8 位位图。

注：其他详细的示波器操作请参考产品的用户操作指南。

1.3.3 信号发生器的使用简介

信号发生器是一种能提供各种频率、波形和输出电平电信号的设备。在测量各种电信系统或电信设备的振幅特性、频率特性、传输特性及其他电参数和测量元器件的特性与参数时，可用作测试的信号源或激励源。

它用于产生被测电路所需特定参数的电测试信号。在测试、研究或调整电子电路及设备时，为测定电路的一些电参量，如测量频率响应、噪声系数以及为电压表定度等，都要求提供符合所定技术条件的电信号，以模拟在实际工作中使用的待测设备的激励信号。信号源可以根据输出波形的不同，划分为正弦波信号发生器、矩形脉冲信号发生器、函数信号发生器和随机信号发生器四大类。正弦信号是使用最广泛的测试信号。

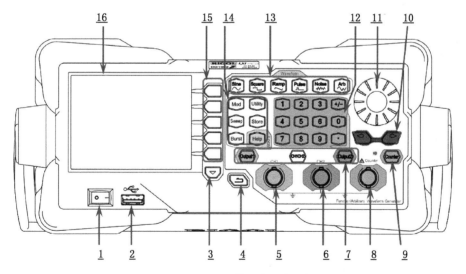

图 1-17 RIGOL 信号发生器面板图

1. 电源键

用于开启或关闭信号发生器。

2. USB Host

支持 FAT32 格式 Flash 型 U 盘、RIGOL TMC 数字示波器、功率放大器和 USB-GPIB 模块。

U 盘：读取 U 盘中的波形文件或状态文件，或将当前的仪器状态或编辑的波形数据存储到 U 盘中，也可以将当前屏幕显示的内容以图片格式(*.Bmp)保存到 U 盘。

3. 菜单翻页键

打开当前菜单的下一页或返回第一页。

4. 返回上一级菜单

退出当前菜单，并返回上一级菜单。

5. CH1 输出连接器

BNC 连接器，标称输出阻抗为 50Ω。

当 Output1 打开时(背灯变亮)，该连接器以 CH1 当前配置输出波形。

6. CH2 输出连接器

BNC 连接器，标称输出阻抗为 50Ω。

当 Output2 打开时(背灯变亮)，该连接器以 CH2 当前配置输出波形。

7. 通道控制区

用于控制 CH1 的输出。

—— 按下该按键，背灯变亮，打开 CH1 输出，此时，[CH1]连接器以当前配置输出信号。

—— 再次按下该键，背灯熄灭，此时，关闭 CH1 输出。

用于控制 CH2 的输出。

—— 按下该按键，背灯变亮，打开 CH2 输出，此时，[CH2]连接器以当前配置输出信号。

—— 再次按下该键，背灯熄灭，此时，关闭 CH2 输出。

(CH1CH2)用于切换 CH1 或 CH2 为当前选中通道。

【注意】

CH1 和 CH2 通道输出端设有过压保护功能，满足下列条件之一则产生过压保护。产生过压保护时，屏幕弹出提示消息，输出关闭。

(1)仪器幅度设置大于 2Vpp 或输出偏移大于|2VDC|，输入电压大于±11.5×(1±5%) V (<10KHz)。

(2)仪器幅度设置小于等于 2Vpp 或输出偏移小于等于|2VDC|，输入电压大于±3.5×(1±5%)V (<10KHz)。

8. Counter 测量信号输入连接器

BNC 连接器，输入阻抗为 1MΩ，用于接收频率计测量的被测信号。

【注意】

为了避免损坏仪器，输入信号的电压范围不得超过±7Vac+dc。

9. 频率计

用于开启或关闭频率计功能。

—— 按下该按键，背灯变亮，左侧指示灯闪烁，频率计功能开启。

—— 再次按下该键，背灯熄灭，此时，关闭频率计功能。

【注意】

当 Counter 打开时,CH2 的同步信号将被关闭;关闭 Counter 后,CH2 的同步信号恢复。

10. **方向键**

— 使用旋钮设置参数时,用于移动光标以选择需要编辑的位。

— 使用键盘输入参数时,用于删除光标左边的数字。

— 存储或读取文件时,用于展开或收起当前选中目录。

— 文件名编辑时,用于移动光标选择文件名输入区中指定的字符。

11. **旋钮**

— 使用旋钮设置参数时,用于增大(顺时针)或减小(逆时针)当前光标处的数值。

— 存储或读取文件时,用于选择文件保存的位置或用于选择需要读取的文件。

— 文件名编辑时,用于选择虚拟键盘中的字符。

— 在 Arb 选择波形内建波形中,用于选择所需的内建任意波。

12. **数字键盘**

包括数字键(0 至 9)、小数点(.)和符号键(+/−),用于设置参数。

【注意】

(1)编辑文件名时,符号键用于切换大小写。

(2)使用小数点键可将用户界面以 *.Bmp 格式快速保存至 U 盘(具体步骤请参考"打印设置")。

13. **波形键**

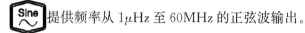 提供频率从 1μHz 至 60MHz 的正弦波输出。

— 选中该功能时,按键背灯变亮。

— 可以设置正弦波的频率/周期、幅度/高电平、偏移/低电平和起始相位。

 提供频率从 1μHz 至 25MHz 并具有可变占空比的方波输出。

— 选中该功能时,按键背灯变亮。

— 可以设置方波的频率/周期、幅度/高电平、偏移/低电平、占空比和起始相位。

Ramp 提供频率从 1μHz 至 1MHz 并具有可变对称性的锯齿波输出。

— 选中该功能时,按键背灯变亮。

— 可以设置锯齿波的频率/周期、幅度/高电平、偏移/低电平、对称性和起始相位。

Pulse 提供频率从 1μHz 至 25MHz 并具有可变脉冲宽度和边沿时间的脉冲波输出。

— 选中该功能时,按键背灯变亮。

— 可以设置脉冲波的频率/周期、幅度/高电平、偏移/低电平、脉宽/占空比、上升沿、下降沿和起始相位。

Noise 提供带宽为 60MHz 的高斯噪声输出。

— 选中该功能时,按键背灯变亮。

— 可以设置噪声的幅度/高电平和偏移/低电平。

Arb 提供频率从 $1\mu Hz$ 至 20MHz 的任意波输出。

— 支持采样率和频率两种输出模式。

— 多达 160 种内建波形,并提供强大的波形编辑功能。

— 选中该功能时,按键背灯变亮。

— 可设置任意波的频率/周期、幅度/高电平、偏移/低电平和起始相位。

14. 功能键

Mod 可输出多种已调制的波形。

— 提供多种调制方式:AM、FM、PM、ASK、FSK、PSK 和 PWM。

— 支持内部和外部调制源。

— 选中该功能时,按键背灯变亮。

Sweep 可产生正弦波、方波、锯齿波和任意波(直流除外)的 Sweep 波形。

— 支持线性、对数和步进 3 种 Sweep 方式。

— 支持内部、外部和手动 3 种触发源。

— 提供频率标记功能,用于控制同步信号的状态。

— 选中该功能时,按键背灯变亮。

Burst 可产生正弦波、方波、锯齿波、脉冲波和任意波(直流除外)的 Burst 波形。

— 支持 N 循环、无限和门控 3 种 Burst 模式。

— 噪声也可用于产生门控 Burst。

— 支持内部、外部和手动 3 种触发源。

— 选中该功能时,按键背灯变亮。

Utility 用于设置辅助功能参数和系统参数。选中该功能时,按键背灯变亮。

Store 可存储或调用仪器状态或者用户编辑的任意波数据。

— 内置一个非易失性存储器(C 盘),并可外接一个 U 盘(D 盘)。

— 选中该功能时,按键背灯变亮。

Help 要获得任何前面板按键或菜单软键的帮助信息,按下该键后,再按下你所需要获得帮助的按键。

【注意】

(1)当仪器工作在远程模式时,该键用于返回本地模式。

(2)该键可用于锁定和解锁键盘。长按 Help 键,可锁定前面板按键,此时,除 Help 键外,前面板其他按键不可用。再次长按该键,可解除锁定。

15. 菜单软键

与其左侧显示的菜单一一对应,按下该软键激活相应的菜单。

注:其他详细的示波器操作请参考产品的用户操作指南。

1.3.4 可编程直流电源使用说明

DP800 系列可编程线性直流电源是普源精电公司自主生产的产品,如图 1—18 所示。下面主要介绍 DP800 系列产品的基本操作。更加详细的资讯,可登陆 RIGOL 官网(www.rigol.com)下载。

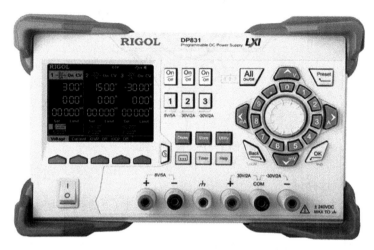

图 1—18 普源 DP831 可编程线性直流电源

1.3.4.1 前面板介绍

1. LCD

3.5 英寸的 TFT 显示屏,用于显示系统参数设置、系统输出状态、菜单选项以及提示信息等。

2. 通道(档位)选择与输出开关

对于多通道型号,此处为通道选择与输出开关。对于单通道型号,此处为档位选择与输出开关。

多通道型号(以 DP832 为例):

按下该键,选择通道 1 为当前通道并可设置该通道的电压、电流、过压/过流保护等参数。

按下该键,选择通道 2 为当前通道并可设置该通道的电压、电流、过压/过流保护等参数。

按下该键,可打开或关闭对应通道的输出。

按下该键,仪器弹出是否打开所有通道输出的提示信息,按确认可打开所有通道的输出。再次按该键,关闭所有通道的输出。

3. 参数输入区

参数输入区如图 1—19 所示,包含方向键(单位选择键)、数字键盘和旋钮。

图 1—19 旋转按钮

（1）方向键和单位选择键

方向键：用于移动光标位置；设置参数时，可以使用上/下方向键增大或减小光标处的数值。

单位选择键：使用数字键盘输入参数时，用于选择电压单位（V、mV）或电流单位（A、mA）。

（2）数字键盘

圆环式数字键盘：包括数字 0 至 9 和小数点，按下对应的按键，可直接输入数字或小数点。

（3）旋钮

设置参数时，旋转旋钮可以增大或减小光标处的数值。浏览设置对象（定时参数、延时参数、文件名输入等）时，旋转旋钮可快速移动光标位置。

4.

Preset 用于将仪器所有设置恢复为出厂默认值，或调用用户自定义的通道电压/电流配置。

5.

OK 用于确认参数的设置。

长按该键，可锁定前面板按键。此时，除各通道对应的输出开关键和电源开关键之外，前面板其他按键不可用。键盘锁密码关闭时，再次长按该键，可解除锁定；键盘锁密码打开时，解锁过程中必须输入正确的密码（2012）。

6.

Back 用于删除当前光标前的字符。

当仪器工作在远程模式时，该键用于返回本地模式。

7. 输出端子

DP800 系列不同型号的输出端子有所不同。

DP832：

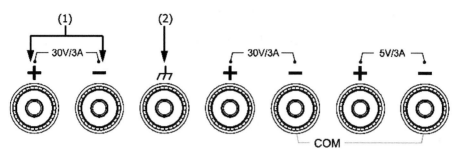

图 1－20　输出端子示意图

（1）通道输出端子：用于输出通道的电压和电流。

（2）接地端子：该端子与机壳、地线（电源线接地端）相连，处于接地状态。

（3）Sense 端子：用于检测负载端实际电压以补偿负载引线引起的电压降。

输出端子的连接方法：

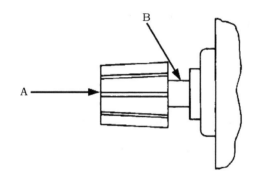

图 1－21　输出端子接线示意图

方法 1：

将测试引线与输出端子的 A 端连接。

方法 2：

逆时针旋转输出端子外层螺母，将测试引线与输出端子的 B 端连接，顺时针拧紧输出端子的外层螺母。该方法可避免由输出端子自身电阻引入的误差。

【注意】

将测试引线的正端与通道输出的（＋）端连接，将测试引线的负端与通道输出的（－）端连接。

8. 功能菜单区

Display 按下该键进入显示参数设置界面，可设置屏幕的亮度、对比度、颜色亮度、显示模式和显示主题。此外，还可以自定义开机界面。

Store 按下该键进入文件存储与调用界面，可进行文件的保存、读取、删除、复制和粘贴等操作。存储的文件类型包括状态文件、录制文件、定时文件、延时文件和位图文件。仪器支持内外部存储与调用。

Utility 按下该键进入系统辅助功能设置界面,可设置远程接口参数、系统参数、打印参数等。此外,还可以校准仪器、查看系统信息、定义 Preset 键的调用配置、安装选件等。

Timer 按下该键进入定时器与延时器界面,可设置定时器和延时器的相关参数以及打开和关闭定时器与延时器功能。

Help 按下该键打开内置帮助系统,按下需要获得帮助的按键,可获取对应的帮助信息。

9.

该键为显示模式切换键,可以在当前模式和表盘模式之间进行切换。

此外,当仪器处于各功能界面时(Timer、Display、Store、Utility 下的任一界面),按下该键可退出功能界面并返回主界面。

10. 菜单键

与其上方的菜单一一对应,按任一菜单键选择相应菜单。

11. 电源开关键

可打开或关闭仪器。

1.3.4.2 基本操作介绍

DP800 系列电源提供三种显示模式:数字、波形和表盘,默认为数字显示模式。按 Display 显示模式,可切换选择不同的显示模式。本节介绍数字显示模式下用户界面的布局,如图 1—22 和表 1—1 所示。

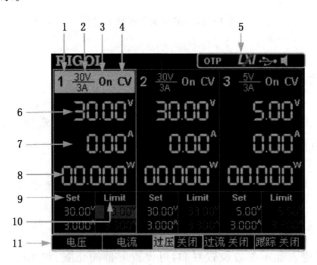

图 1—22 电源显示屏示意图

表 1—1　　面板界面说明

编　号	说　明
1	通道编号
2	通道输出电压/电流
3	通道输出状态
4	通道输出模式
5	状态栏,显示系统状态标志。 OTP:打开过温保护 :前面板已锁定 :网络已连接 :已识别 USB 设备 :打开蜂鸣器 :关闭蜂鸣器 :仪器工作在远程模式
6	实际输出电压
7	实际输出电流
8	实际输出功率
9	电压、电流设置值
10	过压保护、过流保护设置值
11	菜单栏

1.4　测量数据处理的基本概念

误差是实验科学术语,指的是测量结果偏离真值的程度。对任何一个物理量进行的测量都不可能得出一个绝对准确的数值,即使使用测量技术所能达到的最完善的方法,测出的数值也和真实值存在差异,这种测量值和真实值的差异称为误差。数值计算分为绝对误差和相对误差。也可以根据误差来源分为系统误差(又称可定误差、已定误差)、随机误差(又称机会误差、未定误差)和毛误差(又称粗差)。①

测量数据不可避免地存在误差。根据误差产生的原因及性质,可分为系统误差与偶然误差两类。

1.4.1　误差分类

在数值计算中,为解决求方程近似值的问题,通常对实际问题中遇到的误差进行下列几类

① 李红. 数值分析[M]. 武汉:华中科技大学出版社,2010.

的区分。

1. 误差模型误差

在建立数学模型过程中,要将复杂的现象抽象归结为数学模型,往往要忽略一些次要因素的影响,对问题作一些简化。因此,数学模型和实际问题有一定的误差,这种误差称为模型误差。

2. 误差测量误差

在建模和具体运算过程中所用的数据往往是通过观察和测量得到的,由于精度的限制,这些数据一般是近似的,即有误差,这种误差称为测量误差。

3. 误差截断误差

由于实际运算只能完成有限项或有限步运算,因此要将有些需用极限或无穷过程进行的运算有限化,对无穷过程进行截断,这样产生的误差称为截断误差。

4. 误差舍入误差

在数值计算过程中,由于计算工具的限制,我们往往对一些数进行四舍五入,只保留前几位数作为该数的近似值,这种由舍入产生的误差称为舍入误差。

5. 误差抽样误差

抽样误差是指样本指标和总体指标之间数量上的差别,例如抽样平均数与总体平均数之差、抽样成数与总体成数之差(p—P)等。抽样调查中的误差有两个来源,分别为:

(1)登记性误差,即在调查过程中,由于主客观原因而引起的误差。

(2)代表性误差,即样本各单位的结构情况不足以代表总体特征而引起的误差。

1.4.2 测量数据的处理

在一组平行测定数据中,常会出现与其他结果相差较大的个别测定值,该值称为可疑值或异常值(也叫离散值或者极端值等)。对于位数不多的测定数据,可疑值的取舍往往对平均值和精密度造成相当显著的影响。如果已经测定中发生过失,则无论此数据是否异常,一概都应舍去;而在原因不明的情况下,就必须按照一定的统计学方法进行检验,然后再对取舍做出判断。以下介绍使用简单的 Q 检验法和效果好的格鲁布斯法。

1.4.2.1 Q 检验法

该法由迪安和狄克逊在 1951 年提出,如表 1—2 所示。

表 1—2　　　　　　　　　　　　　　　　Q 检验法

	3	4	5	6	7	8	9	10
Q0.90	0.94	0.76	0.64	0.56	0.51	0.47	0.44	0.41
Q0.95	0.97	0.85	0.73	0.64	0.59	0.54	0.51	0.48
Q0.99	0.99	0.93	0.82	0.74	0.68	0.63	0.60	0.50

具体步骤:

1. 将一组数据由小至大按顺序排列为 $x_1, x_2, x_3, \cdots, x_{n-1}, x_n$,假设 x_1 和/或 x_n 为可疑值。

2. 计算可疑值与最邻近数据的差值,除以极差,所得的商称为 Q 值。

若 x_1 为可疑值,则:

$$Q = (x_2 - x_1)/(x_n - x_1)$$

若 x_n 为可疑值,则:

$$Q=(x_n-x_{n-1})/(x_n-x_1)$$

【例题】[①]

用冷原子荧光法测定水中汞的含量,3 次测定的结果分别为:0.001mg/L、0.002mg/L、0.009mg/L。问置信度为 90% 时,可疑数据"0.009"是否应舍去?

解:

$Q=(0.009-0.002)/(0.009-0.001)=0.88$

置信度为 90%,n=3 时,查表得:Q=0.94

因为:$Q<Q_表$,所以 0.009mg/L 这个数据不应该舍去。

若将"0.009"保留,取三次测定数据的平均值,分析结果不合理,若再测定一次数据得 0.002mg/L,此时,$Q_表=0.76$,$Q>Q_表$,故可以舍去可疑值 0.009。

1.4.2.2　格鲁布斯法

表 1-3　　　　　　　　　　　　格鲁布斯法数据统计表

测定次数 n	置信度 P		测定次数 n	置信度 P	
	95%	99%		95%	99%
3	1.15	1.15	12	2.29	2.55
4	1.46	1.49	13	2.33	2.61
5	1.67	1.75	14	2.37	2.66
6	1.82	1.94	15	2.41	2.71
7	1.94	2.10	16	2.44	2.75
8	2.03	2.22	17	2.47	2.79
9	2.11	2.32	18	2.50	2.82
10	2.18	2.41	19	2.53	2.85
11	2.23	2.48	20	2.56	2.88

首先计算出该组数据的平均值 x 和标准偏差 s,再计算统计量 G。

根据事先确定的置信度和测定次数查阅表中 G 值表,如果 $G>G_表$,说明可疑值相对于平均值偏离较大,应以一定的置信度将其舍去,否则应予以保留。

在运用格鲁布斯法判断可疑值的取舍时,由于引入了 t 分布中最基本的两个参数平均值和方差,故该方法的准确度较 Q 检验法高。

1.5　电子系统设计一般方法

1.5.1　设计目的

通过电子技术课程设计,使学生较系统地、全面地掌握电子电路系统的基本设计方法、设

[①]　北京师范大学等.分析化学[M].北京:高等教育出版社,1981.

计步骤,熟悉和掌握电路参数的计算方法,掌握电路元器件的选择、常规检测与应用方法,学习电子电路原理图设计、PCB板设计以及电子电路系统的制作、安装、调试、测试、故障查找与排除的方法和技巧,并在此基础上,逐步调试改进、完善电路的性能。使学生能够按照设计任务的要求,查阅并理解相关技术文献,能进行方案的论证比较和方案的具体实施,使学生较深入地了解与课程设计有关的知识,培养学生分析和解决实际问题的能力。

1.5.2 电子课程设计的基本要求

1. 综合运用电子技术课程中的理论知识独立完成设计课题。
2. 培养通过查阅文献资料和器件手册,独立分析和解决实际问题的能力。
3. 熟悉常用电子元器件的类型、特性和使用方法,掌握合理选用的原则。
4. 熟悉各种基本单元电路的基本组成原理和功能特点。
5. 学会电子电路系统的安装与调试方法。
6. 熟悉常用电子仪器仪表的使用方法。
7. 掌握编写课程设计报告书的方法。
8. 培养严肃的工作作风、严谨的科学态度。

1.5.3 电子系统的组成

在现代社会中,电子系统已经成为人们工作和生活中不可缺少的一部分。概括地讲,凡是可以完成一个特定功能的完整的电子装置都可以称为电子系统。大到航天飞机的测控系统,小到电子计时器,它们都是电子系统。虽然电子系统的大小不一、功能各异,但其组成大致可以分为4个部分:广义对象部分、传感器部分、信息处理部分和执行机构部分。

1. 广义对象部分
广义对象部分包括通常意义下的控制对象和对象所处的外部环境。

2. 传感器部分
传感器部分相当于认知感觉器官,它把系统工作过程中系统本身和外界环境的各种参数和状态检测出来,经过一定的变换,成为一种可测量的电量,传送到系统的信息处理部分。

3. 信息处理部分
在智能型的电子系统中,信息处理部分往往由微处理器组成,这部分相当于人的大脑,来自各传感器部分的信息集中到这里,经过处理后再对执行机构发出指令,它是智能型电子系统的核心和关键部分。

4. 执行机构部分
执行机构相当于人的手足。信息处理部分发出的指令通过执行机构才能实现各种所要求的功能。

任何复杂的电子系统都可以逐步划分成不同层次、相对独立的子系统。对于大型的子系统又可以划分为若干功能模块。通过对子系统(或功能模块)的分析,可以发现它们是由一些基本单元电路构成,这些单元电路可以通过选用合适的电子电路器件来实现。将各子系统(或功能模块)组合起来,便完成了整个系统的设计。按照这种由大到小、由整体到局部,再由小到大、由局部到整体的设计方法进行系统设计,就可以避免盲目的拼凑,能够较圆满地完成设计任务。

1.5.4　电子电路系统设计方法与步骤

1. 课题分析与研究

充分了解设计要求,明确设计系统的全部功能及技术指标要求;熟悉所处理的信号与控制对象的各种参数、关系和特点。

2. 总体设计方案确定

根据系统功能将系统分解为若干子系统(或功能电路模块),即选用合适的子系统(或功能电路模块)来实现整个系统的功能和技术指标。根据各个子系统(或功能电路模块)之间的相互关系,画出系统的原理框图,确定框图间各种信号的类型、特点和接口方式。

3. 方案论证

能够满足某一功能和技术指标要求的电路方案通常有多种,但多数存在简单与复杂、成本高与低、知识储备和实现条件是否满足等不同,因此需要对可能的方案进行论证,最后选择一个不受实现条件限制且性价比最高的方案。

4. 功能电路设计与仿真

根据构成各功能模块的基本单元电路以及在电路中的工作条件,计算并选择合适的电子元器件。在计算或选择电子元器件的参数时,要充分考虑可能的极限工作条件,保证每个元器件可靠、稳定地工作。

接着应用 Multisim、protel 或其他 EDA 软件绘制各功能电路的原理图,并标注各单元电路可能的输入输出信号波形。原理图中所用的元器件应使用标准符号,电路的排列一般按信号流向由左至右排列,重要的线路放在图的上方,次要的线路放在图的下方,主电路放在图的中央位置。当信号通路分开画时,在分开的两端必须做出网络标记,并指出断开处的引出与引入点。

然后利用 Multisim 等电路仿真软件对功能电路进行仿真测试。如果出现功能或技术指标不能满足设计要求的情况,则需要对功能(或单元电路)电路进行分析,找到存在原因并修改设计,直至完全满足要求为止。

5. 系统整体设计

在各功能(或单元电路)设计的基础上,用 EDA 软件把各功能(或单元电路)连接起来,画出符合系统框图要求的系统整体电路图。尽管所有功能电路都经过仿真证明是可行的,但把它们连接起来构成系统整体电路后有可能不能正常工作,此时需要考虑以下因素:

(1)当电路中采用 TTL、CMOS、运放、分立元件等多种器件时,如果采用不同的电源供电,则要注意不同电路之间电平的正确转换,并设计出电平转换电路。

(2)如果功能电路之间传输的是模拟信号,则有直流、交流、交直流共存之分,有高频、低频和带宽要求的差别,同时还有幅度和失真度等不同要求。因此,模拟电路接口需要考虑合适的耦合方式、阻抗匹配和抗干扰等技术问题。

(3)如果功能电路之间传输的是数字信号,则有逻辑关系与时序关系是否正确,也有幅度与频率等的差别。因此,数字电路接口需要考虑逻辑是否正确、电平是否匹配、时延和接口协议是否满足要求等技术问题。

对于不同信号要采用合适的接口和传输线,这样才能保证信号高效、可靠地传输。因此,当发现问题时,要在深入分析的基础上,通过对原设计电路的不断修改,才能获得最佳的设计方案。

6. 系统整体仿真

系统整体电路设计完成后,对系统整体进行仿真,验证设计的正确性,即其功能和技术指标是否满足设计要求。

7. 元器件准备与 PCB 制作

从 EDA 软件上输出整体电路的元器件清单,根据清单准备好所有元器件,并进行必要的检测,确保各元器件的完好性。然后根据整体电路原理图绘制 PCB,对于形体有特别要求的元器件,需要调整该元器件在 PCB 上的布局,在保证满足电气规则要求的基础上,尽可能使元器件在 PCB 板上的排列整齐、美观。

8. 电路安装与调试

系统经过仿真验证正确性,所有元器件包括 PCB 制作就绪后,就可以进行电路组装,最后进行电路调试。

电路测试分为功能测试和技术指标测试。测试前需要明确测试内容、测试要求、所需的仪器仪表以及相应的测试方法等,最好事先设计一个测试表格,然后逐项进行测试并做好测试结果和现象的记录,最后根据测试结果对本设计项目进行分析和评价。

1.5.5 设计实施安排计划

表 1—4   设计实施计划表

序号	内 容	基本要求	学 时
1	收集文献资料	理解设计任务,查阅相关文献	1 天
2	确定设计方案	方案论证、比较,确定总体设计方案	2 天
3	系统电路设计	设计单元电路,计算参数,系统仿真,器件选择	3 天
4	PCB 设计与制作	检测并确认电子元器件完好,制作 PCB	2 天
5	组装调试	根据确定的方案安装调试,验证各项技术指标	2 天
6	设计说明书	按课程设计指导书的要求编写设计报告	2 天

结语:

认真学习好电子相关课程,掌握基本的电路知识,运用好各种基本的的设计工具和测量工具,完成一些基础电路的设计和制作,为后续的电子设计和应用能力奠定基础。

第二章　电路基础实验

2.1　基础实验部分

　　电路基础实验是学习电子技术的一个重要环节。实验对巩固和加深课堂教学内容有很重要的作用。通过实验可以提高学生的实际工作技能,培养他们严谨的科学作风,为后续课程的学习和从事实践技术工作奠定重要的基础。

　　本实验内容主要包括直流电路实验、交流电路实验、动态电路实验、二端口网络实验。实验内容的安排遵循由浅入深、由易到难的规律。考虑到不同层次的需要,安排了基础实验和扩展实验两部分内容。

　　在做每项实验之前,需要同学们先复习电路基础课程中相应章节的知识点,预习实验内容,然后再进行实验操作。这样,同学们既可以提高实验效率,又可以做到理论联系实际。

　　部分实验内容引用自浙江天煌科技实业有限公司编制的《电工实验指导书》。

实验一　电路元件伏安特性的测绘

一、实验目的

1. 学会识别常用电路元件的方法。
2. 掌握线性电阻、非线性电阻元件伏安特性的曲线特征及掌握曲线的测绘。
3. 掌握实验台上直流电工仪表、各种元件和整套设备的使用方法。

二、原理说明

任何一个二端元件的特性可用该元件上的端电压 U 与通过该元件的电流 I 之间的函数关系 I＝f(U) 来表示,即用 I−U 平面上的一条曲线来表征,这条曲线称为该元件的伏安特性曲线。

1. 线性电阻器的伏安特性曲线是一条通过坐标原点的直线,如图 2.1.1 中 a 所示,该直线的斜率等于该电阻器的电阻值。

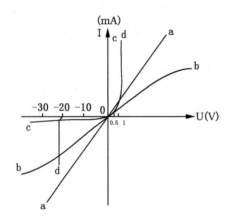

图 2.1.1　曲线

2. 一般的白炽灯在工作时灯丝处于高温状态,其灯丝电阻随着温度的升高而增大,通过白炽灯的电流越大,其温度越高,阻值也越大,一般灯泡的"冷电阻"与"热电阻"的阻值可相差几倍至十几倍,所以它的伏安特性如图 2.1.1 中 b 曲线所示。

3. 一般的半导体二极管是一个非线性电阻元件,其伏安特性如图 2.1.1 中 c 曲线所示。正向压降很小(一般的锗管为 0.2~0.3V,硅管为 0.5~0.7V),正向电流随正向压降的升高而急骤上升,而反向电压从零一直增加到十多至几十伏时,其反向电流增加很小,粗略地可视为零。可见,二极管具有单向导电性,但反向电压加得过高,超过管子的极限值,则会导致管子击穿损坏。

【注意】

流过二极管的电流不能超过管子的极限值,否则管子会被烧坏。

三、实验设备

表 2.1.1   实验设备列表

序号	名称	型号与规格	数量	备注
1	可调直流稳压电源	0～30V	1	
2	万用表	FM-47 或其他	1	自备
3	直流数字毫安表	0～200mA	1	
4	直流数字电压表	0～200V	1	
5	二极管	IN4007	1	DGJ-05
6	稳压管	2CW51	1	DGJ-05
7	白炽灯	12V,0.1A	1	DGJ-05
8	线性电阻	200Ω,1KΩ/8W, 2KΩ/8W	1	DGJ-05

四、实验内容

1. 测定线性电阻的伏安特性

按图 2.1.2 接线,调节稳压电源的输出电压 U,从 0 伏开始缓慢地增加,一直加到 10V,记下相应的电压表和电流表的读数 U_R、I。

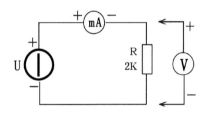

图 2.1.2 电路图

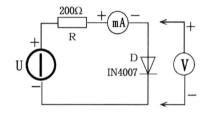

图 2.1.3 电路图

表 2.1.2   测量数据

U_R(V)	0	2	4	6	8	10
I(mA)						

2. 测定非线性白炽灯泡的伏安特性

将图 2.1.2 中的 R 换成一只 12V、0.1A 的灯泡,重复步骤 1。U_L 为灯泡的端电压。

表 2.1.3   测量数据

U_L(V)	0.1	0.5	1	2	3	4	5
I(mA)							

3. 测定半导体二极管的伏安特性

按图 2.1.3 接线,R 为限流电阻。测二极管的正向特性时,其正向电流不得超过 35mA,

二极管 D 的正向施压 U_{D+} 可在 $0 \sim 0.75V$ 之间取值。在 $0.5 \sim 0.75V$ 之间应多取几个测量点。测反向特性时,只需将图 2.1.3 中的二极管 D 反接,且其反向施压 U_{D-} 可达 30V。

表 2.1.4   正向特性实验测量数据

U_{D+} (V)	0.10	0.30	0.50	0.55	0.60	0.65	0.70	0.72	0.74	0.75
I(mA)										

表 2.1.5   反向特性实验测量数据

U_{D-} (V)	0	−5	−10	−15	−20	−25	−30
I(mA)							

五、实验注意事项

1. 测二极管正向特性时,稳压电源输出应由小至大逐渐增加,应时刻注意电流表读数不得超过 35mA。

2. 如果要测定 2AP9 的伏安特性,则正向特性的电压值应取 0,0.10,0.13,0.15,0.17,0.19,0.21,0.24,0.30(V),反向特性的电压值取 0,2,4,…,10(V)。

3. 进行不同实验时,应先估算电压和电流值,合理选择仪表的量程,勿使仪表超量程,仪表的极性亦不可接错。

六、思考题

1. 线性电阻与非线性电阻的概念是什么?电阻器与二极管的伏安特性有何区别?

2. 设某器件伏安特性曲线的函数式为 $I=f(U)$,试问在逐点绘制曲线时,其坐标变量如何放置?

3. 在图 2.1.3 中,设 $U=2V$,$U_{D+}=0.7V$,则 mA 表读数为多少?

七、实验报告

1. 根据各实验数据,分别在方格纸上绘制出光滑的伏安特性曲线(其中二极管和稳压管的正、反向特性均要求画在同一张图中,正、反向电压可取为不同的比例尺)。

2. 根据实验结果,总结、归纳被测各元件的特性。

3. 必要的误差分析。

实验二　电位、电压的测定及电路电位图的绘制

一、实验目的

1. 加深理解电位和电压的区别。
2. 验证电路中电位的相对性和电压的绝对性。
3. 掌握电路电位图的绘制方法。

二、原理说明

在一个闭合电路中,各点电位的高低视所选的电位参考点的不同而变,但任意两点间的电位差(即电压)则是绝对的,它不因参考点的变动而改变。

电位图是一种平面坐标一、四两个象限内的折线图。其纵坐标为电位值,横坐标为各被测点。要制作某一电路的电位图,先以一定的顺序对电路中各被测点编号。以图 2.2.1 的电路为例,如图中的 A~F,并在坐标横轴上按顺序、均匀间隔标上 A、B、C、D、E、F、A。再根据测得的各点电位值,在各点所在的垂直线上描点。用直线依次连接相邻两个电位点,即得该电路的电位图。

在电位图中,任意两个被测点的纵坐标值之差即为该两点之间的电压值。

在电路中电位参考点可任意选定。对于不同的参考点,所绘出的电位图形是不同的,但其各点电位变化的规律却是一样的。

三、实验设备

表 2.2.1　　　　　　　　　　　　　　实验设备列表

序号	名称	型号与规格	数量	备注
1	直流可调稳压电源	0~30V	二路	
2	万用表		1	自备
3	直流数字电压表	0~200V	1	
4	电位、电压测定实验电路板		1	DGJ-03

四、实验内容

利用 DGJ-03 实验挂箱上的"基尔霍夫定律/叠加原理"线路,按图 2.2.1 接线。

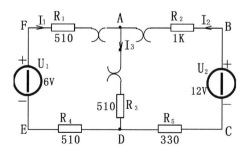

图 2.2.1　电路图

1. 分别将两路直流稳压电源接入电路,令 $U_1 = 6V$,$U_2 = 12V$。(先调准输出电压值,再接入实验线路中。)

2. 以图 2.2.1 中的 B 点作为电位的参考点,分别测量 A、C、D、E、F 各点的电位值 φ 及相邻两点之间的电压值 U_{AB}、U_{BC}、U_{CD}、U_{DE}、U_{EF} 及 U_{FA},数据列于表中。

3. 以 D 点作为参考点,重复实验内容 2 的测量,测得数据列于表 2.2.2 中。

4. 以 F 点作为参考点,重复实验内容 2 的测量,测得数据列于表 2.2.2 中。

表 2.2.2 测量数据

电位参考点	φ 与 U	φ_A	φ_B	φ_C	φ_D	φ_E	φ_F	U_{AB}	U_{BC}	U_{CD}	U_{DE}	U_{EF}	U_{FA}
B	计算值												
	测量值												
	相对误差												
D	计算值												
	测量值												
	相对误差												
F	计算值												
	测量值												
	相对误差												

五、实验注意事项

1. 本实验线路板系多个实验通用,本次实验中不使用电流插头。DG05 上的 K_3 应向上拨向 330Ω 侧,三个故障按键都不得按下。

2. 测量电位时,用指针式万用表的直流电压档或用数字直流电压表测量时,用负表棒(黑色)接参考电位点,用正表棒(红色)接被测各点。若指针正向偏转或数显表显示正值,则表明该点电位为正(即高于参考点电位);若指针反向偏转或数显表显示负值,此时应调换万用表的表棒,然后读出数值,此时在电位值之前应加一负号(表明该点电位低于参考点电位)。数显表也可不调换表棒,直接读出负值。

六、思考题

若以 E 点为参考电位点,实验测得各点的电位值;现令 E 点作为参考电位点,试问此时各点的电位值应有何变化?

七、实验报告

1. 根据实验数据,绘制两个电位图形,并对照观察各测试两点间的电压情况。两个电位图的参考点不同,但各点的相对顺序应一致,以便对照。

2. 完成数据表格中的计算,对误差作必要的分析。

3. 总结电位相对性和电压绝对性的结论。

实验三　基尔霍夫定律的验证

一、实验目的

1. 验证基尔霍夫定律的正确性,加深对基尔霍夫定律的理解。
2. 学习由给定的电路模型绘制实际的实验电路图。
3. 学会用电流插头、插座测量各支路电流。
4. 通过实验加强测量值、实际值的理解,学会分析实验误差。

二、原理说明

基尔霍夫定律是电路的基本定律。测量某电路的各支路电流及每个元件两端的电压,应能分别满足基尔霍夫电流定律(KCL)和电压定律(KVL)。即对电路中的任一个节点而言,应有$\sum I=0$;对任何一个闭合回路而言,应有$\sum U=0$。

运用上述定律时必须注意各支路或闭合回路中电流的正方向,此方向可预先任意设定。

三、实验设备

表 2.3.1　　　　　　　　　　　　　　　实验设备列表

序号	名称	型号与规格	数量	备注
1	直流可调稳压电源	0～30V	二路	
2	万用表		1	自备
3	直流数字电压表	0～200V	1	
4	基尔霍夫定律实验电路板		1	DGJ-03
5	电流插头		1	

四、实验内容

利用 DGJ-03 实验挂箱上的元器件,按图 2.3.1 接线(支路 AD 和图 2.2.1 不同)。

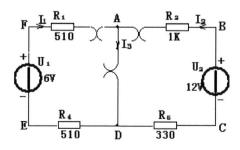

图 2.3.1　电路图

实验线路与实验二图 2.2.1 不完全相同,用 DGJ-03 挂箱的"基尔霍夫定律/叠加原理"线路。

1. 实验前先任意设定三条支路和三个闭合回路的电流正方向。图 2.3.1 中的 I_1、I_2、I_3 的方向已设定。三个闭合回路的电流正方向可设为 ADEFA、BADCB 和 FBCEF。

2. 分别将两路直流稳压源接入电路,令 $U_1 = 12V$,$U_2 = 6V$。

3. 熟悉电流插头的结构,将电流插头的两端接至数字毫安表的"+、−"两端。

4. 将电流插头分别插入三条支路的三个电流插座中,读出并记录电流值。

5. 用直流数字电压表分别测量两路电源及电阻元件上的电压值,记录之。

表 2.3.2   测量数据

被测量	I_1(mA)	I_2(mA)	I_3(mA)	U_1(V)	U_2(V)	U_{FA}(V)	U_{AB}(V)	U_{AD}(V)	U_{CD}(V)	U_{DE}(V)
计算值										
测量值										
相对误差										

五、实验注意事项

1. 同实验二的注意事项 1,但需用到电流插座。

2. 所有需要测量的电压值,均以电压表测量的读数为准。U_1、U_2 也需测量,不应取电源本身的显示值。

3. 防止稳压电源两个输出端碰线短路。

4. 用指针式电压表或电流表测量电压或电流时,如果仪表指针反偏,则必须调换仪表极性,重新测量。此时指针正偏,可读得电压或电流值。若用数显电压表或电流表测量,则可直接读出电压或电流值。但应注意:所读得的电压或电流值的正确正、负号应根据设定的电流参考方向来判断。

六、思考题

1. 根据图 2.3.1 的电路参数,计算出待测的电流 I_1、I_2、I_3 和各电阻上的电压值,记入表中,以便实验测量时,可正确地选定毫安表和电压表的量程。

2. 实验中,若用指针式万用表直流毫安档测各支路电流,在什么情况下可能出现指针反偏,应如何处理? 在记录数据时应注意什么? 若用直流数字毫安表进行测量时,则会有什么显示?

七、实验报告

1. 根据实验数据,选定节点 A,验证 KCL 的正确性。

2. 根据实验数据,选定实验电路中的任一个闭合回路,验证 KVL 的正确性。

3. 将支路和闭合回路的电流方向重新设定,重复 1、2 两项验证。

4. 误差原因分析。

实验四　叠加原理的验证

一、实验目的

1. 验证线性电路叠加原理的正确性,加深对线性电路的叠加性和齐次性的认识与理解。
2. 通过实验加强对电路中电压、电流参考方向的理解和运用能力。
3. 提高电路故障的诊断和排查能力。

二、原理说明

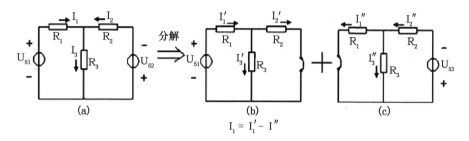

图 2.4.1　电路图

叠加原理指出:在有多个独立源共同作用下的线性电路中,通过每一个元件的电流或其两端的电压,可以看成是由每一个独立源单独作用时在该元件上所产生的电流或电压的代数和。例如图 2.4.1 电路,用叠加原理计算 R_1 支路中 I_1。

线性电路的齐次性是指当激励信号(某独立源的值)增加或减小 K 倍时,电路的响应(即在电路中各电阻元件上所建立的电流和电压值)也将增加或减小 K 倍。

三、实验设备

表 2.4.1　　　　　　　　　　　　　　　　实验设备列表

序号	名称	型号与规格	数量	备注
1	直流稳压电源	0～30V 可调	二路	
2	万用表		1	自备
3	直流数字电压表	0～200V	1	
4	直流数字毫安表	0～200mV	1	
5	叠加原理实验电路板		1	DGJ-03

四、实验内容

实验线路如图 2.4.2 所示,用 DGJ-03 挂箱的"基尔夫定律/叠加原理"线路。
1. 将两路稳压源的输出分别调节为 4V 和 8V,接入 U_1 和 U_2 处。

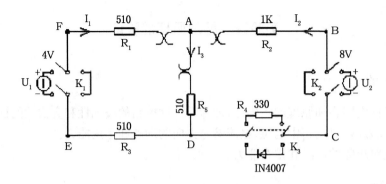

图 2.4.2　电路图

2. 令 U_1 电源单独作用(将开关 K_1 投向 U_1 侧,开关 K_2 投向短路侧)。用直流数字电压表和毫安表(接电流插头)测量各支路电流及各电阻元件两端的电压,数据记入表 2.4.2。

3. 令 U_2 电源单独作用(将开关 K_1 投向短路侧,开关 K_2 投向 U_2 侧),重复实验步骤 2 的测量和记录,数据记入表 2.4.2。

4. 令 U_1 和 U_2 共同作用(开关 K_1 和 K_2 分别投向 U_1 和 U_2 侧),重复上述的测量和记录,数据记入表 2.4.2。

5. $2U_1$ 和 $2U_2$ 单独作用下,重复试验步骤 2 的测量和记录,数据记入表 2.4.2。

表 2.4.2　　　　　　　　　　　　　　　　测量数据

测量项目 实验内容	U_1 (V)	U_2 (V)	I_1 (mA)	I_2 (mA)	I_3 (mA)	U_{AB} (V)	U_{CD} (V)	U_{AD} (V)	U_{DE} (V)	U_{FA} (V)
U_1 单独作用										
U_2 单独作用										
U_1、U_2 共同作用										
$2U_2$ 单独作用										
$2U_1$ 单独作用										

6. 将 R_5(330Ω)换成二极管 IN4007(即将开关 K_3 投向二极管 IN4007 侧),重复 1～5 的测量过程,数据记入表 2.4.3。

表 2.4.3　　　　　　　　　　　　　　　　测量数据

测量项目 实验内容	U_1 (V)	U_2 (V)	I_1 (mA)	I_2 (mA)	I_3 (mA)	U_{AB} (V)	U_{CD} (V)	U_{AD} (V)	U_{DE} (V)	U_{FA} (V)
U_1 单独作用										
U_2 单独作用										
U_1、U_2 共同作用										
$2U_2$ 单独作用										
$2U_1$ 单独作用										

五、实验注意事项

1. 用电流插头测量各支路电流时,或者用电压表测量电压降时,应注意仪表的极性,正确判断测得值的＋、－号后,记入数据表格。

2. 注意仪表量程的及时更换。

六、思考题

1. 在叠加原理实验中,要令 U_1、U_2 分别单独作用,应如何操作? 可否直接将不作用的电源(U_1 或 U_2)短接置零?

2. 实验电路中,若有一个电阻器改为二极管,试问叠加原理的叠加性与齐次性还成立吗? 为什么?

七、实验报告

1. 根据实验数据表格进行分析、比较,归纳、总结实验结论,即验证线性电路的叠加性与齐次性。

2. 各电阻所消耗的功率能否用叠加原理计算得出? 试用上述实验数据进行计算并作结论。

3. 通过实验步骤 6 及分析表格 2.4.2 的数据,你能得出什么样的结论?

实验五 电压源与电流源的等效变换

一、实验目的

1. 掌握电源外特性的测试方法。
2. 验证电压源与电流源等效变换的条件。

二、原理说明

任何一个实际的电源设备,都可以用两种不同的电路模型来表示,一种称电压源模型,一种称电流源模型(如图 2.5.1 所示)。

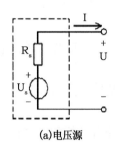 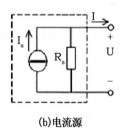

(a)电压源   (b)电流源

图 2.5.1 电路图

在电路分析中,为简便计算,可将电压源模型与电流源模型进行互换。等效变换的条件是保证互换前后两个电源的端电压和输出电流对外电路保持不变,即 $U=U'$、$I=I'$。还必须注意两点:

1. 电源的"等效"变换是对外电路来说的,在电源内部则不能等效。例如:当 $I=0$ 时,电压源 $P_{RS}=I_s^2R_s=0$,而电流源 $P_{RS}=I_s^2R_s$ 最大。
2. 互换条件。

一个电压源与一个电流源等效变换的条件为:

$I_s=U_s/R_0$,$g_0=1/R_0$ 或 $U_s=I_sR_0$,$R_0=1/g_0$,如图 2.5.2 所示。

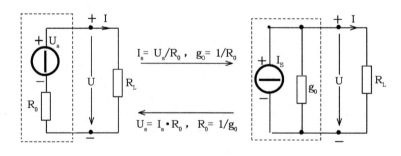

图 2.5.2 电路图

三、实验设备

表 2.5.1   实验设备列表

序号	名称	型号与规格	数量	备注
1	可调直流稳压电源	0～30V	1	
2	可调直流恒流源	0～200mA	1	
3	直流数字电压表	0～200V	1	
4	直流数字毫安表	0～200mA	1	
5	万用表		1	自备
6	电阻器	51Ω,200Ω 300Ω,1KΩ		DGJ-05
7	可调电阻箱	0～99999.9Ω	1	DGJ-05

四、实验内容

1. 测定直流稳压电源与实际电压源的外特性

(1)按图 2.5.3(a)接线。U_s 为＋6V 直流稳压电源。调节 R_2,令其阻值由大至小变化,记录两表的读数。

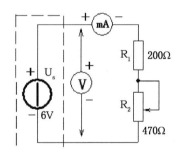 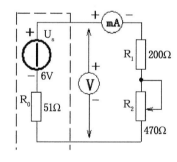

图 2.5.3 电路图

表 2.5.2   测量数据

U(V)						
I(mA)						

(2) 按图 2.5.3(b)接线,虚线框可模拟为一个实际的电压源。调节 R_2,令其阻值由大至小变化,记录两表的读数。

表 2.5.3   测量数据

U(V)							
I(mA)							

2. 测定电流源的外特性

按图 2.5.4 接线，I_S 为直流恒流源，调节其输出为 10mA，令 R_0 分别为 1KΩ 和 ∞（即接入和断开），调节电位器 R_L（从 0 至 470Ω），测出这两种情况下的电压表和电流表的读数。自拟数据表格，记录实验数据。

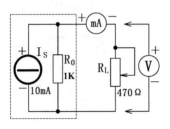

图 2.5.4 电路图

3. 测定电源等效变换的条件

先按图 2.5.5(a) 线路接线，记录线路中两表的读数。然后利用图 2.5.5(a) 中右侧的元件和仪表，按图 2.5.5(b) 接线。调节恒流源的输出电流 I_S，使两表的读数与 2.5.5(a) 时的数值相等，记录 I_S 的值，验证等效变换条件的正确性。

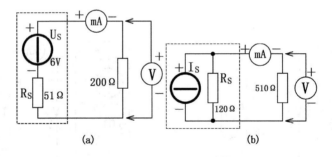

图 2.5.5 电路图

五、实验注意事项

1. 在测电压源的外特性时，不要忘记测空载时的电压值，测电流源的外特性时，不要忘记测短路时的电流值，注意恒流源负载电压不要超过 20V，负载不要开路。

2. 换接线路时，必须关闭电源开关。

3. 直流仪表的接入应注意极性与量程。

六、思考题

1. 通常直流稳压电源的输出端不允许短路，直流恒流源的输出端不允许开路，为什么？

2. 电压源与电流源的外特性为什么呈下降变化趋势，稳压源和恒流源的输出在任何负载下是否保持恒值？

七、实验报告

1. 根据实验数据绘出电源的四条外特性曲线,并总结、归纳各类电源的特性。
2. 从实验结果验证电源等效变换的条件。
3. 心得体会及其他。

实验六　戴维南定理和诺顿定理的验证
——有源二端网络等效参数的测定

一、实验目的

1. 验证戴维南定理和诺顿定理的正确性,加深对该定理的理解。
2. 掌握测量有源二端网络等效参数的一般方法。

二、原理说明

1. 定理内容

戴维南定理:任何一个线性有源网络,总可以用一个电压源与一个电阻的串联来等效代替,此电压源的电动势 U_s 等于这个有源二端网络的开路电压 U_{oc},其等效内阻 R_0 等于该网络中所有独立源均置零(理想电压源视为短接,理想电流源视为开路)时的等效电阻。

诺顿定理:任何一个线性有源网络,总可以用一个电流源与一个电阻的并联组合来等效代替,此电流源的电流 I_s 等于这个有源二端网络的短路电流 I_{SC},其等效内阻 R_0 定义同戴维南定理。

$U_{oc}(U_s)$ 和 R_0 或者 $I_{SC}(I_S)$ 和 R_0 称为有源二端网络的等效参数。

2. 有源二端网络等效参数的测量方法

(1)开路电压、短路电流法测 R_0

在有源二端网络输出端开路时,用电压表直接测其输出端的开路电压 U_{oc},然后再将其输出端短路,用电流表测其短路电流 I_{sc},则等效内阻为:

$$R_0 = \frac{U_{oc}}{I_{sc}}$$

如果二端网络的内阻很小,将其输出端口短路则易损坏其内部元件,故不宜用此法。

(2)伏安法测 R_0

用电压表、电流表测出有源二端网络的外特性曲线,如图 2.6.1 所示。根据外特性曲线求出斜率 $\mathrm{tg}\varphi$,则内阻为:

$$R_0 = \mathrm{tg}\varphi = \frac{\Delta U}{\Delta I} = \frac{U_{oc}}{I_{sc}} \tag{6-1}$$

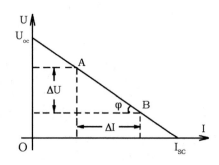

图 2.6.1　伏安曲线

也可以先测量开路电压 U_{oc} ，再测量电流为额定值 I_N 时的输出端电压值 U_N ，则内阻为：

$$R_0 = \frac{U_{oc} - U_N}{I_N} \tag{6-2}$$

（3）半电压法测 R_0

如图 2.6.2 所示，当负载电压为被测网络开路电压的一半时，负载电阻（由电阻箱的读数确定）即为被测有源二端网络的等效内阻值。

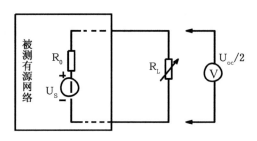

图 2.6.2 示意图

三、实验设备

表 2.6.1 实验设备列表

序号	名称	型号与规格	数量	备注
1	可调直流稳压电源	0～30V	1	
2	可调直流恒流源	0～500mA	1	
3	直流数字电压表	0～200V	1	
4	直流数字毫安表	0～200mA	1	
5	万用表		1	自备
6	可调电阻箱	0～99999.9Ω	1	DGJ-05
7	电位器	1K/2W	1	DGJ-05
8	戴维南定理实验电路板		1	DGJ-05

四、实验内容

被测有源二端网络如图 2.6.3(a)所示。

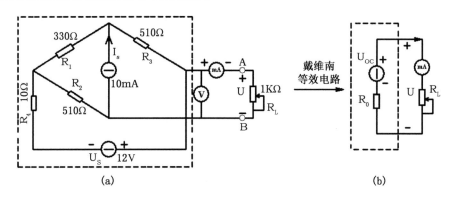

(a)   (b)

图 2.6.3 等效图

1. 用开路电压、短路电流法测定戴维南等效电路的 U_{oc}、R_0 和诺顿等效电路的 I_{SC}、R_0

按图 2.6.3(a)接入稳压电源 $U_s=12V$ 和恒流源 $I_s=10mA$,不接入 R_L。测出 U_{oc} 和 I_{sc},并计算出 R_0。(测 U_{OC} 时,不接入 mA 表。)

表 2.6.2   测量数据

$U_{oc}(V)$	$I_{sc}(mA)$	$R_0=U_{OC}/I_{sc}(\Omega)$

2. 负载实验

按图 2.6.3(a)接入 R_L。改变 R_L 阻值,测量有源二端网络的外特性曲线。

表 2.6.3   测量数据

U(V)								
I(mA)								

3. 验证戴维南定理

从电阻箱上取得按步骤"1"所得的等效电阻 R_0 之值,然后令其与直流稳压电源(调到步骤"1"时所测得的开路电压 U_{oc} 之值)相串联,如图 2.6.3(b)所示,仿照步骤"2"测其外特性,对戴维南定理进行验证。

表 2.6.4   测量数据

U(V)								
I(mA)								

4. 验证诺顿定理

从电阻箱上取得按步骤"1"所得的等效电阻 R_0 之值,然后令其与直流恒流源(调到步骤"1"时所测得的短路电流 I_{SC} 之值)相并联,如图 2.6.4 所示,仿照步骤"2"测其外特性,对诺顿定理进行验证。

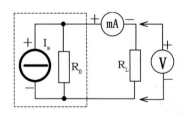

图 2.6.4 电路图

表 2.6.5   测量数据

U(V)								
I(mA)								

5. 有源二端网络等效电阻(又称入端电阻)的直接测量法

见图 2.6.3(a)。将被测有源网络内的所有独立源置零(去掉电流源 I_s 和电压源 U_s,并在原电压源所接的两点用一根短路导线相连），然后用伏安法或者直接用万用表的欧姆档去测定负载 R_L 开路时 A、B 两点间的电阻，此即为被测网络的等效内阻 R_0，或称网络的入端电阻 R_i。

五、实验注意事项

1. 测量时应注意电流表量程的更换。

2. 步骤"5"中，电压源置零时不可将稳压源短接。

3. 用万用表直接测 R_0 时，网络内的独立源必须先置零，以免损坏万用表。其次，欧姆档必须经调零后再进行测量。

4. 改接线路时，要关掉电源。

六、思考题

1. 在求戴维南或诺顿等效电路时，作短路试验，测 I_{SC} 的条件是什么？在本实验中可否直接作负载短路实验？请实验前对线路 2.6.3(a) 预先做好计算，以便调整实验线路及测量时可准确地选取电表的量程。

2. 说明测有源二端网络开路电压及等效内阻的几种方法，并比较其优缺点。

七、实验报告

1. 根据步骤 2、3、4，分别绘出曲线，验证戴维南定理和诺顿定理的正确性，并分析产生误差的原因。

2. 根据步骤 1、5、6 的几种方法测得的 U_{oc} 与 R_0 与预习时电路计算的结果作比较，你能得出什么结论？

3. 归纳、总结实验结果。

实验七 最大功率传输条件测定

一、实验目的

1. 理解并掌握负载获得最大传输功率的条件。
2. 了解电源输出功率与效率的关系。

二、原理说明

1. 电源与负载功率的关系

图 2.7.1 可视为由一个电源向负载输送电能的模型，R_0 可视为电源内阻和传输线路电阻的总和，R_L 为可变负载电阻。

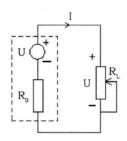

图 2.7.1 原理图

负载 R_L 上消耗的功率 P 可由下式表示：

$$P = I^2 R_L = \left(\frac{U}{R_0 + R_L}\right)^2 R_L \qquad (7-1)$$

当 $R_L = 0$ 或 $R_L = \infty$ 时，电源输送给负载的功率均为零。而以不同的 R_L 值代入上式可求得不同的 P 值，其中必有一个 R_L 值使负载能从电源处获得最大的功率。

2. 负载获得最大功率的条件

根据数学求最大值的方法，令负载功率表达式中的 R_L 为自变量，P 为应变量，并使 $\frac{dP}{dR_L} = 0$，即：

$$\frac{dP}{dR_L} = \frac{[(R_0 + R_L)^2 - 2R_L(R_L + R_0)]U^2}{(R_0 + R_L)^4}$$

令 $(R_L + R_0)^2 - 2R_L(R_L + R_0) = 0$，解得：$R_L = R_0$。

$dP/dR_L = 0$，即可求得最大功率传输的条件。

当满足 $R_L = R_0$ 时，负载从电源获得的最大功率：

$$P_{MAX} = \left(\frac{U}{R_0 + R_L}\right)^2 R_L = \left(\frac{U}{2R_L}\right)^2 R_L = \frac{U^2}{4R_L} \qquad (7-2)$$

这时，称此电路处于"匹配"工作状态。

3. 匹配电路的特点及应用

在电路处于"匹配"状态时，电源本身要消耗一半的功率。此时电源的效率只有 50%。显然,这对电力系统的能量传输过程是绝对不允许的。发电机的内阻是很小的,电路传输的最主要指标是要高效率送电,最好是 100% 的功率均传送给负载。为此负载电阻应远大于电源的内阻,即不允许运行在匹配状态。而在电子技术领域里却完全不同。一般的信号源本身功率较小,且都有较大的内阻。而负载电阻(如扬声器等)往往是较小的定值,且希望能从电源获得最大的功率输出,而电源的效率往往不予考虑。通常设法改变负载电阻,或者在信号源与负载之间加阻抗变换器(如音频功放的输出级与扬声器之间的输出变压器),使电路处于工作匹配状态,以使负载能获得最大的输出功率。

三、实验设备

表 2.7.1　　　　　　　　　　　　　　实验设备列表

序号	名称	型号与规格	数量	备注
1	直流电流表	$0\sim200\text{mA}$	1	
2	直流电压表	$0\sim200\text{V}$	1	
3	直流稳压电源	$0\sim30\text{V}$	1	
4	实验线路		1	
5	元件箱		1	DGJ-05

四、实验内容与步骤

1. 按图 2.7.2 接线,负载 R_L 取自元件箱 DGJ-05 的电阻箱。

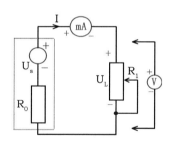

图 2.7.2　原理图

2. 按表 2.7.2 所列内容,令 R_L 在 $0\sim1\text{K}$ 范围内变化时,分别测出 U_0、U_L 及 I 的值,表中 U_0、P_0 分别为稳压电源的输出电压和功率,U_L、P_L 分别为 R_L 两端的电压和功率,I 为电路的电流。在 P_L 最大值附近应多测几点。

表 2.7.2　　　　　　　　　测试数据(单位:R 为 Ω,U 为 V,I 为 mA,P 为 W)

					1K	∞
$U_s=6\text{V}$, $R_0=51\Omega$	R_L					
	U_0					
	U_L					
	I					
	P_0					
	P_L					

续表

			1K	∞
$U_S = 12V$, $R_0 = 200\Omega$	R_L			
	U_0			
	U_L			
	I			
	P_0			
	P_L			

五、思考题

1. 电力系统进行电能传输时为什么不能工作在匹配工作状态?

2. 实际应用中,电源的内阻是否随负载而变?

3. 电源电压的变化对最大功率传输的条件有无影响?

六、实验报告

1. 整理实验数据,分别画出两种不同内阻下的下列各关系曲线:

$$I \sim R_L, U_0 \sim R_L, U_L \sim R_L, P_0 \sim R_L, P_L \sim R_L$$

2. 根据实验结果,说明负载获得最大功率的条件是什么?

实验八　受控源的实验研究

一、实验目的

1. 通过测试受控源的外特性及其转移参数,进一步理解受控源的物理概念,加深对受控源的认识和理解。

2. 掌握受控源特性的测量方法。

二、原理说明

1. 电源有独立电源(如电池、发电机等)与非独立电源(或称为受控源)之分。

受控源与独立源的不同点是:独立源的电势 E_s 或电激流 I_s 是某一固定的数值或是时间的某一函数,它不随电路其余部分的状态而变。而受控源的电势或电激流则是随电路中另一支路的电压或电流而变的一种电源。

受控源又与无源元件不同,无源元件两端的电压和它自身的电流有一定的函数关系,而受控源的输出电压或电流则与另一支路(或元件)的电流或电压有某种函数关系。

2. 独立源与无源元件是二端器件,受控源则是四端器件,或称为双口元件。它有一对输入端(U_1、I_1)和一对输出端(U_2、I_2)。输入端可以控制输出端电压或电流的大小。施加于输入端的控制量可以是电压或电流,因而有两种受控电压源(即电压控制电压源 VCVS 和电流控制电压源 CCVS)和两种受控电流源(即电压控制电流源 VCCS 和电流控制电流源 CCCS)。它们的示意图见图 2.8.1。

3. 当受控源的输出电压(或电流)与控制支路的电压(或电流)呈正比例变化时,则称该受控源是线性的。

理想受控源的控制支路中只有一个独立变量(电压或电流),另一个独立变量等于零,即从输入口看,理想受控源或者是短路(即输入电阻 $R_1=0$,因而 $U_1=0$),或者是开路(即输入电导 $G_1=0$,因而输入电流 $I_1=0$);从输出口看,理想受控源或是一个理想电压源,或者是一个理想电流源。

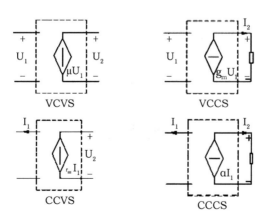

图 2.8.1　原理图

4. 受控源的控制端与受控端的关系式称为转移函数。

四种受控源的转移函数参量的定义如下：

(1)压控电压源(VCVS)：$U_2 = f(U_1)$，$\mu = U_2/U_1$ 称为转移电压比(或电压增益)。

(2)压控电流源(VCCS)：$I_2 = f(U_1)$，$g_m = I_2/U_1$ 称为转移电导。

(3)流控电压源(CCVS)：$U_2 = f(I_1)$，$r_m = U_2/I_1$ 称为转移电阻。

(4)流控电流源(CCCS)：$I_2 = f(I_1)$，$\alpha = I_2/I_1$ 称为转移电流比(或电流增益)。

三、实验设备

表 2.8.1 实验设备列表

序号	名称	型号与规格	数量	备注
1	可调直流稳压源	0～30V	1	
2	可调恒流源	0～500mA	1	
3	直流数字电压表	0～200V	1	
4	直流数字毫安表	0～200mA	1	
5	可变电阻箱	0～99999.9Ω	1	DGJ-05
6	受控源实验电路板		1	DGJ-08

四、实验内容

1. 测量受控源 VCVS 的转移特性 $U_2 = f(U_1)$ 及负载特性 $U_2 = f(I_L)$，实验线路如图 2.8.2 所示。

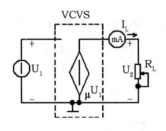

图 2.8.2 示意图

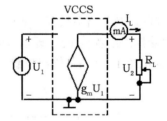

图 2.8.3 示意图

(1)不接电流表，固定 $R_L = 2K\Omega$，调节稳压电源输出电压 U_1，测量 U_1 及相应的 U_2 值，记入表 2.8.2。

表 2.8.2 测量数据

U_1(V)	0	1	2	3	5	7	8	9	μ
U_2(V)									

在方格纸上绘出电压转移特性曲线 $U_2 = f(U_1)$，并在其线性部分求出转移电压比 μ。

(2) 接入电流表，保持 $U_1 = 2V$，调节 R_L 可变电阻箱的阻值，测 U_2 及 I_L，绘制负载特性曲线 $U_2 = f(I_L)$。

表 2.8.3 　　　　　　　　　　　　　　　　测量数据

$R_L(\Omega)$	50	70	100	200	300	400	500	∞
$U_2(V)$								
$I_L(mA)$								

2. 测量受控源 VCCS 的转移特性 $I_L=f(U_1)$ 及负载特性 $I_L=f(U_2)$，实验线路如图 2.8.3 所示。

（1）固定 $R_L=2K\Omega$，调节稳压电源的输出电压 U_1，测出相应的 I_L 值，绘制 $I_L=f(U_1)$ 曲线，并由其线性部分求出转移电导 g_m。

表 2.8.4 　　　　　　　　　　　　　　　　测量数据

$U_1(V)$	0.1	0.5	1.0	2.0	3.0	3.5	3.7	4.0	g_m
$I_L(mA)$									

（2）保持 $U_1=2V$，令 R_L 从大到小变化，测出相应的 I_L 及 U_2，绘制 $I_L=f(U_2)$ 曲线。

表 2.8.5 　　　　　　　　　　　　　　　　测量数据

$R_L(K\Omega)$	50	20	10	8	7	6	5	4	2	1
$I_L(mA)$										
$U_2(V)$										

3. 测量受控源 CCVS 的转移特性 $U_2=f(I_1)$ 与负载特性 $U_2=f(I_L)$，实验线路如图 2.8.4 所示。

（1）固定 $R_L=2K\Omega$，调节恒流源的输出电流 I_1，按表 2.8.6 所列 I_1 值，测出 U_2，绘制 $U_2=f(I_1)$ 曲线，并由其线性部分求出转移电阻 r_m。

表 2.8.6 　　　　　　　　　　　　　　　　测量数据

$I_1(mA)$	0.1	1.0	3.0	5.0	7.0	8.0	9.0	9.5	r_m
$U_2(V)$									

（2）保持 $I_s=2mA$，按表 2.8.7 所列 R_L 值，测出 U_2 及 I_L，绘制负载特性曲线 $U_2=f(I_L)$。

表 2.8.7 　　　　　　　　　　　　　　　　测量数据

$R_L(K\Omega)$	0.5	1	2	4	6	8	10
$U_2(V)$							
$I_L(mA)$							

4. 测量受控源 CCCS 的转移特性 $I_L=f(I_1)$ 及负载特性 $I_L=f(U_2)$，实验线路如图 2.8.5 所示。

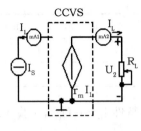

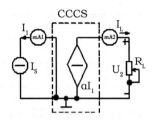

图 2.8.4　示意图　　　　　　　　图 2.8.5　原理图

（1）参见 3（1）测出 I_L，绘制 $I_L=f(I_1)$ 曲线，并由其线性部分求出转移电流比 α。

表 2.8.8　　　　　　　　　　　　　　　测量数据

I_1(mA)	0.1	0.2	0.5	1	1.5	2	2.2	α
I_L(mA)								

（2）保持 $I_s=1$mA，令 R_L 为表 2.8.9 所列值，测出 I_L，绘制 $I_L=f(U_2)$ 曲线。

表 2.8.9　　　　　　　　　　　　　　　测量数据

R_L(KΩ)	0	0.1	0.5	1	2	5	10	20	30	80
I_L(mA)										
U_2(V)										

五、实验注意事项

1. 每次组装线路，必须事先断开供电电源，但不必关闭电源总开关。

2. 用恒流源供电的实验中，不要使恒流源的负载开路。

六、思考题

1. 受控源和独立源相比有何异同点？比较四种受控源的代号、电路模型、控制量与被控量的关系。

2. 四种受控源中的 r_m、g_m、α 和 μ 的意义是什么？如何测得？

3. 若受控源控制量的极性反向，试问其输出极性是否发生变化？

4. 受控源的控制特性是否适合于交流信号？

5. 如何由两个基本的 CCVS 和 VCCS 获得其他两个 CCCS 和 VCVS，它们的输入输出如何连接？

七、实验报告

1. 根据实验数据，在方格纸上分别绘出四种受控源的转移特性和负载特性曲线，并求出相应的转移参量。

2. 对思考题作必要的回答。

3. 对实验的结果作出合理的分析和结论，总结对四种受控源的认识和理解。

实验九　RC 一阶电路的响应测试

一、实验目的

1. 测定 RC 一阶电路的零输入响应、零状态响应及完全响应。
2. 学习电路时间常数的测量方法。
3. 掌握有关微分电路和积分电路的概念。
4. 掌握示波器观测波形的方法。

二、原理说明

1. 动态网络的过渡过程是十分短暂的单次变化过程。要用普通示波器观察过渡过程和测量有关的参数,就必须使这种单次变化的过程重复出现。为此,我们利用信号发生器输出的方波来模拟阶跃激励信号,即利用方波输出的上升沿作为零状态响应的正阶跃激励信号;利用方波的下降沿作为零输入响应的负阶跃激励信号。只要选择方波的重复周期远大于电路的时间常数 τ,那么电路在这样的方波序列脉冲信号的激励下,它的响应就和直流电接通与断开的过渡过程是基本相同的。

2. RC 一阶电路的零输入响应和零状态响应分别按指数规律衰减和增长,其变化的快慢决定于电路的时间常数 τ。

3. 时间常数 τ 的测定方法:

用示波器测量零输入响应的波形,如图 2.9.1(a)所示。

根据一阶微分方程的求解得知 $u_c = U_m e^{-t/R_C} = U_m e^{-t/\tau}$。当 $t = \tau$ 时,$U_c(\tau) = 0.368 U_m$。此时所对应的时间就等于 τ。亦可用零状态响应波形增加到 $0.632 U_m$ 所对应的时间测得,如图 2.9.1(c)所示。

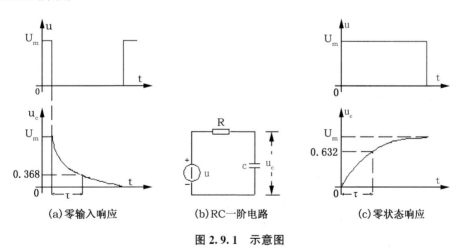

(a)零输入响应　　　　　(b)RC一阶电路　　　　　(c)零状态响应

图 2.9.1　示意图

4. 微分电路和积分电路是 RC 一阶电路中较典型的电路,它对电路元件参数和输入信号的周期有着特定的要求。一个简单的 RC 串联电路,在方波序列脉冲的重复激励下,当满足 τ

$=RC \ll \dfrac{T}{2}$ 时(T 为方波脉冲的重复周期),且由 R 两端的电压作为响应输出,则该电路就是一个微分电路。因为此时电路的输出信号电压与输入信号电压的微分成正比。如图 2.9.2(a)所示。利用微分电路可以将方波转变成尖脉冲。

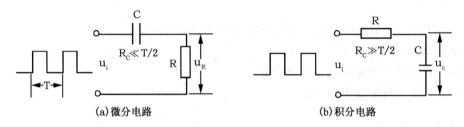

图 2.9.2　原理图

若将图 2.9.2(a)中的 R 与 C 位置调换一下,如图 2.9.2(b)所示,由 C 两端的电压作为响应输出,且当电路的参数满足 $\tau=RC \gg \dfrac{T}{2}$,则该 RC 电路称为积分电路。因为此时电路的输出信号电压与输入信号电压的积分成正比。利用积分电路可以将方波转变成三角波。

从输入输出波形来看,上述两个电路均起着波形变换的作用,请在实验过程中仔细观察与记录。

三、实验设备

表 2.9.1　　　　　　　　　　　　　　　　实验设备列表

序号	名称	型号与规格	数量	备注
1	函数信号发生器		1	
2	双踪示波器		1	自备
3	动态电路实验板		1	DGJ-03

四、实验内容

实验线路板的器件组件如图 2.9.3 所示,请认清 R、C 元件的布局及其标称值、各开关的通断位置等。

1. 从电路板上选 R=10KΩ,C=6800pF 组成如图 2.9.1(b)所示的 RC 充放电电路。u_i 为脉冲信号发生器输出的 $U_m=3V$、$f=1KHz$ 的方波电压信号,并通过两根同轴电缆线,将激励源 u_i 和响应 u_c 的信号分别连至示波器的两个输入口 Y_A 和 Y_B。这时可在示波器的屏幕上观察到激励与响应的变化规律,请测算出时间常数 τ,并用方格纸按 1:1 的比例描绘波形。

少量地改变电容值或电阻值,定性地观察对响应的影响,记录观察到的现象。

2. 令 R=10KΩ,C=0.1μF,观察并描绘响应的波形,继续增大 C 之值,定性地观察对响应的影响。

3. 令 C=0.01μF,R=100Ω,组成如图 2.9.2(a)所示的微分电路。在同样的方波激励信号($U_m=3V$,$f=1KHz$)作用下,观测并描绘激励与响应的波形。

增减 R 之值,定性地观察对响应的影响,并作记录。当 R 增至 1MΩ 时,输入输出波形有何本质上的区别?

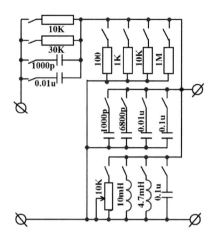

图 2.9.3　动态电路、选频电路实验板

五、实验注意事项

1. 调节电子仪器各旋钮时,动作不要过快、过猛。实验前,需熟读双踪示波器的使用说明书。观察双踪时,要特别注意相应开关、旋钮的操作与调节。

2. 信号源的接地端与示波器的接地端要连在一起(称共地),以防外界干扰而影响测量的准确性。

3. 示波器的辉度不应过亮,尤其是光点长期停留在荧光屏上不动时,应将辉度调暗,以延长示波管的使用寿命。

六、思考题

1. 什么样的电信号可作为 RC 一阶电路零输入响应、零状态响应和完全响应的激励源?

2. 已知 RC 一阶电路 $R=10K\Omega$,$C=0.1\mu F$,试计算时间常数 τ,并根据 τ 值的物理意义拟定测量 τ 的方案。

3. 何谓积分电路和微分电路,它们必须具备什么条件? 它们在方波序列脉冲的激励下,其输出信号波形的变化规律如何? 这两种电路有何功用?

4. 预习要求:熟读仪器使用说明,回答上述问题,准备方格纸。

七、实验报告

1. 根据实验观测结果,在方格纸上绘出 RC 一阶电路充放电时 u_C 的变化曲线,由曲线测得 τ 值,并与参数值的计算结果作比较,分析误差原因。

2. 根据实验观测结果,归纳、总结积分电路和微分电路的形成条件,阐明波形变换的特征。

实验十 R、L、C 元件阻抗特性的测定

一、实验目的

1. 验证电阻、感抗、容抗与频率的关系,测定 R~f、X_L~f 及 X_C~f 特性曲线。
2. 加深理解 R、L、C 元件端电压与电流间的相位关系。

二、原理说明

1. 在正弦交变信号作用下,R、L、C 电路元件在电路中的抗流作用与信号的频率有关,它们的阻抗频率特性 R~f,X_L~f,X_C~f 曲线如图 2.10.1 所示。

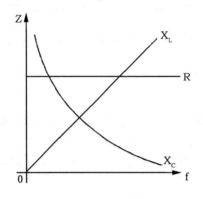

图 2.10.1 示意图

2. 元件阻抗频率特性的测量电路如图 2.10.2 所示。

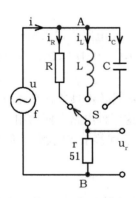

图 2.10.2 示意图

图 2.10.2 中的 r 是提供测量回路电流用的标准小电阻,由于 r 的阻值远小于被测元件的阻抗值,因此可以认为 AB 之间的电压就是被测元件 R、L 或 C 两端的电压,流过被测元件的电流则可由 r 两端的电压除以 r 所得。

若用双踪示波器同时观察 r 与被测元件两端的电压,就可以展现出被测元件两端的电压和流过该元件电流的波形,从而可在荧光屏上测出电压与电流的幅值及它们之间的相位差。

1. 将元件 R、L、C 串联或并联相接,亦可用同样的方法测得 Z$_串$ 与 Z$_并$ 的阻抗频率特性 Z～f,根据电压、电流的相位差可判断 Z$_串$ 或 Z$_并$ 是感性还是容性负载。

2. 元件的阻抗角(即相位差 φ)随输入信号的频率变化而改变,将各个不同频率下相位差画在以频率 f 为横坐标、阻抗角 φ 为纵坐标的坐标纸上,并用光滑的曲线连接这些点,即得到阻抗角的频率特性曲线。

用双踪示波器测量阻抗角的方法如图 2.10.3 所示。

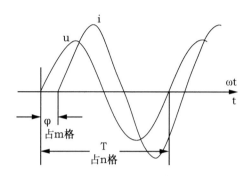

图 2.10.3 曲线图

从荧光屏上数得一个周期占 n 格、相位差占 m 格,则实际的相位差 φ(阻抗角)为:

$$\varphi = m \times \frac{360°}{n}(度) \tag{10-1}$$

三、实验设备

表 2.10.1   实验设备列表

序号	名称	型号与规格	数量	备注
1	信号发生器		1	
2	交流毫伏表		1	
3	双踪示波器		1	自备
4	频率计		1	
5	实验线路元件	R＝1KΩ,r＝51Ω,C＝1μF, L 约 10mH	1	DGJ-05

四、实验内容

1. 测量 R、L、C 元件的阻抗频率特性。

通过电缆线将函数信号发生器输出的正弦信号接至如图 2.10.2 的电路,作为激励源 u,并用交流毫伏表测量,使激励电压的有效值为 U＝3V,并保持不变。

使信号源的输出频率从 200Hz 逐渐增至 5KHz(用频率计测量),并使开关 S 分别接通 R、L、C 三个元件,用交流毫伏表测量 U$_r$,并计算各频率点时的 I$_R$、I$_L$ 和 I$_C$(即 U$_r$/r)以及 R＝U/I$_R$、X$_L$＝U/I$_U$ 及 X$_C$＝U/I$_C$ 之值。

注意:在接通 C 测试时,信号源的频率应控制在 200～2500Hz。

2. 用双踪示波器观察在不同频率下各元件阻抗角的变化情况,按图 2.10.3 记录 n 和 m,

算出 φ。

3. 测量 R、L、C 元件串联的阻抗角频率特性。

五、实验注意事项

1. 交流毫伏表属于高阻抗电表,测量前必须先调零。

2. 测 φ 时,示波器的"V/div"和"t/div"的微调旋钮应旋置"校准位置"。

六、思考题

测量 R、L、C 各个元件的阻抗角时,为什么要与它们串联一个小电阻?可否用一个小电感或大电容代替?为什么?

七、实验报告

1. 根据实验数据,在方格纸上绘制 R、L、C 三个元件的阻抗频率特性曲线,从中可以得出什么结论?

2. 根据实验数据,在方格纸上绘制 R、L、C 三个元件串联的阻抗角频率特性曲线,并总结、归纳出结论。

实验十一　正弦稳态交流电路相量的研究

一、实验目的

1. 研究并掌握正弦稳态交流电路中电压、电流相量之间的关系。
2. 理解并掌握日光灯线路的接线。
3. 理解改善电路功率因数的意义并掌握其改善的方法。

二、原理说明

1. 在单相正弦交流电路中,用交流电流表测得各支路的电流值,用交流电压表测得回路各元件两端的电压值,它们之间的关系满足相量形式的基尔霍夫定律,即 $\Sigma I = 0$ 和 $\Sigma U = 0$。

2. 图 2.11.1 所示的 RC 串联电路,在正弦稳态信号 U 的激励下,U_R 与 U_C 保持有 90°的相位差,即当 R 阻值改变时,U_R 的相量轨迹是一个半圆。U、U_C 与 U_R 三者形成一个直角形的电压三角形,如图 2.11.2 所示。R 值改变时,可改变 φ 角的大小,从而达到移相的目的。

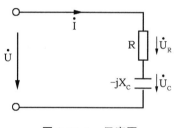

图 2.11.1　示意图

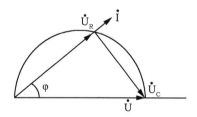

图 2.11.2　向量图

3. 日光灯线路如图 2.11.3 所示,图中 A 是日光灯管,L 是镇流器,S 是启辉器,C 是补偿电容器,用以改善电路的功率因数(cosφ 值)。有关日光灯的工作原理请自行翻阅有关资料。

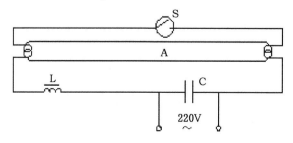

图 2.11.3　示意图

三、实验设备

表 2.11.1   实验设备列表

序号	名称	型号与规格	数量	备注
1	交流电压表	0~500V	1	
2	交流电流表	0~5A	1	
3	功率表		1	(DGJ-07)
4	自耦调压器		1	
5	镇流器、启辉器	与40W灯管配用	各1	DGJ-04
6	日光灯灯管	40W	1	屏内
7	电容器	$1\mu F$,$2.2\mu F$,$4.7\mu F/500V$	各1	DGJ-05
8	白炽灯及灯座	220V,15W	1~3	DGJ-04
9	电流插座		3	DGJ-04

四、实验内容

1. 按图 2.11.1 接线。R 为 220V、15W 的白炽灯泡,电容器为 $4.7\mu F/450V$。经指导教师检查后,接通实验台电源,将自耦调压器输出(即 U)调至 220V。记录 U、U_R、U_C 值,验证电压三角形关系。

2. 日光灯线路接线与测量。

表 2.11.2   测量数据

测量值			计算值		
U(V)	U_R(V)	U_C(V)	U′(与 U_R、U_C 组成 Rt△) ($U'=\sqrt{U_R^2+U_C^2}$)	$\Delta U = U' - U$(V)	$\Delta U/U$(%)

按图 2.11.4 接线。

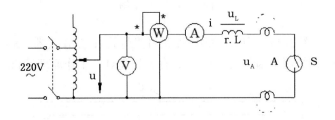

图 2.11.4   示意图

经指导教师检查后接通实验台电源,调节自耦调压器的输出,使其输出电压缓慢增大,直到日光灯刚启辉点亮为止,记下三表的指示值。然后将电压调至 220V,测量功率 P,电流 I,电

压 U、U_L、U_A 等值,验证电压、电流相量关系。

表 2.11.3　　　　　　　　　　　　　　　测量数据

	测量数值						计算值	
	P(W)	Cosφ	I(A)	U(V)	U_L(V)	U_A(V)	r(Ω)	Cosφ
启辉值								
正常工作值								

3. 并联电路——电路功率因数的改善。按图 2.11.5 组成实验线路。

经指导老师检查后,接通实验台电源,将自耦调压器的输出调至 220V,记录功率表、电压表读数。通过一只电流表和三个电流插座分别测得三条支路的电流,改变电容值,进行三次重复测量。数据记入表 2.11.4 中。

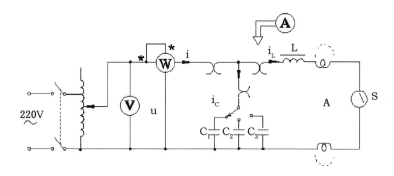

图 2.11.5　示意图

表 2.11.4　　　　　　　　　　　　　　　测量数据

电容值	测量数值						计算值	
(μF)	P(W)	cosφ	U(V)	I(A)	I_L(A)	I_C(A)	I'(A)	cosφz
0								
1								
2.2								
4.7								

五、实验注意事项

1. 本实验用交流市电 220V,务必注意用电和人身安全。

2. 功率表要正确接入电路。

3. 线路接线正确,日光灯不能启辉时,应检查启辉器及其接触是否良好。

六、预习思考题

1. 参阅课外资料,了解日光灯的启辉原理。

2. 在日常生活中,当日光灯上缺少了启辉器时,人们常用一根导线将启辉器的两端短接一下,然后迅速断开,使日光灯点亮(DGJ-04 实验挂箱上有短接按钮,可用它代替启辉器做试验),或用一只启辉器去点亮多只同类型的日光灯,这是为什么?

3. 为了改善电路的功率因数,常在感性负载上并联电容器,此时增加了一条电流支路,试问电路的总电流是增大还是减小,此时感性元件上的电流和功率是否改变?

4. 提高线路功率因数为什么只采用并联电容器法,而不用串联法?所并的电容器是否越大越好?

七、实验报告

1. 完成数据表格中的计算,进行必要的误差分析。
2. 根据实验数据,分别绘出电压、电流相量图,验证相量形式的基尔霍夫定律。
3. 讨论改善电路功率因数的意义和方法。

实验十二　RC 选频网络特性测试

一、实验目的

1. 熟悉文氏电桥电路的结构特点及其应用。
2. 学会用交流毫伏表和示波器测定文氏桥电路的幅频特性和相频特性。

二、原理说明

文氏电桥电路是一个 RC 的串、并联电路,如图 2.12.1 所示。该电路结构简单,被广泛用于低频振荡电路中作为选频环节,可以获得很高纯度的正弦波电压。

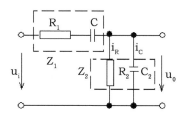

图 2.12.1　示意图

1. 用函数信号发生器的正弦输出信号作为图 2.12.1 的激励信号 u_i,并保持 u_i 值不变的情况下,改变输入信号的频率 f,用交流毫伏表或示波器测出输出端相应于各个频率点下的输出电压 U_0 值,将这些数据画在以频率 f 为横轴、U_0 为纵轴的坐标纸上,用一条光滑的曲线连接这些点,该曲线就是上述电路的幅频特性曲线。

文氏桥路的一个特点是其输出电压幅度不仅会随输入信号的频率而变,而且还会出现一个与输入电压同相位的最大值,如图 2.12.2 所示。

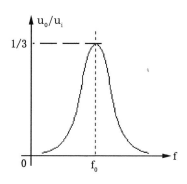

图 2.12.2　曲线图

由电路分析得知,该网络的传递函数为:

$$\beta = \frac{1}{3 + j(\omega RC - 1/\omega RC)} \tag{12-1}$$

当角频率 $\omega=\omega_0=\dfrac{1}{RC}$ 时, $|\beta|=\dfrac{U_0}{U_i}=\dfrac{1}{3}$,此时 u_0 与 u_i 同相。由图 2.12.2 可见 RC 串并联路具有带通特性。

2. 将上述电路的输入和输出分别接到双踪示波器的 Y_A 和 Y_B 两个输入端,改变输入正弦信号的频率,观测相应的输入和输出波形间的时延 τ 及信号的周期 T,则两波形间的相位差为:

$$\varphi=\dfrac{\tau}{T}\times360°=\varphi_0-\varphi_i(输出相位与输入相位之差) \tag{12-2}$$

将各个不同频率下的相位差 φ 画在以 f 为横轴、φ 为纵轴的坐标纸上,用光滑的曲线将这些点连接起来,即是被测电路的相频特性曲线,如图 2.12.3 所示。

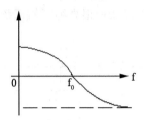

图 2.12.3　曲线图

由电路分析理论得知,当 $\omega=\omega_0=\dfrac{1}{RC}$,即 $f=f_0=\dfrac{1}{2\pi RC}$ 时,$\varphi=0$,即 u_0 与 u_i 同相位。

三、实验设备

表 2.12.1　　　　　　　　　　　　实验设备列表

序号	名称	型号与规格	数量	备注
1	函数信号发生器及频率计		1	
2	双踪示波器		1	自备
3	交流毫伏表	0~600V	1	
4	RC 选频网络实验板		1	DGJ-03

四、实验内容与步骤

1. 测量 RC 串、并联电路的幅频特性

(1)利用 DGJ-03 挂箱上"RC 串、并联选频网络"线路,组成图 2.12.1 线路。取 R=1KΩ,C=0.1 μF。

(2)调节信号源输出电压为 3V 的正弦信号,接入图 2.12.1 的输入端。

(3)改变信号源的频率 f(由频率计读得),并保持 U_i=3V 不变,测量输出电压 U_0(可先测量 β=1/3 时的频率 f_0,然后再在 f_0 左右设置其他频率点测量)。

(4)取 R=200Ω,C=2.2 μF,重复上述测量。

表 2.12. 2　　　　　　　　　　　　　　　　测量数据

R＝1K， C＝0.1μF	f(H$_z$)	
	U$_0$(V)	
R＝200Ω， C＝2.2μF	f(H$_z$)	
	U$_0$(V)	

2. 测量 RC 串、并联电路的相频特性

将图 2.12.1 的输入 U$_i$ 和输出 U$_0$ 分别接至双踪示波器的 Y$_A$ 和 Y$_B$ 两个输入端,改变输入正弦信号的频率,观测不同频率点时,相应的输入与输出波形间的时延 τ 及信号的周期 T。

两波形间的相位差为：$\varphi＝\varphi_0－\varphi_i＝\dfrac{\tau}{T}\times360°$。

表 2.12. 3　　　　　　　　　　　　　　　　测量数据

R＝1KΩ， C＝0.1μF	f(Hz)	
	T(ms)	
	τ(ms)	
	φ	
R＝200Ω， C＝2.2μF	f(Hz)	
	T(ms)	
	τ(ms)	
	φ	

五、实验注意事项

由于信号源内阻的影响,输出幅度会随信号频率变化。因此,在调节输出频率时,应同时调节输出幅度,使实验电路的输入电压保持不变。

六、思考题

1. 根据电路参数,分别估算文氏桥电路两组参数时的固有频率 f$_0$。
2. 推导 RC 串并联电路的幅频、相频特性的数学表达式。

七、实验报告

1. 根据实验数据,绘制文氏桥电路的幅频特性和相频特性曲线。找出 f$_0$,并与理论计算值比较,分析误差原因。
2. 讨论实验结果。
3. 心得体会及其他。

实验十三 R、L、C 串联谐振电路的研究

一、实验目的

1. 学习用实验方法绘制 R、L、C 串联电路的幅频特性曲线。

2. 加深理解电路发生谐振的条件、特点,掌握电路品质因数(电路 Q 值)的物理意义及其测定方法。

二、原理说明

1. 在图 2.13.1 所示的 R、L、C 串联电路中,当正弦交流信号源的频率 f 改变时,电路中的感抗、容抗随之而变,电路中的电流也随 f 而变。取电阻 R 上的电压 u_o 作为响应,当输入电压 u_i 的幅值维持不变时,在不同频率的信号激励下,测出 U_O 之值,然后以 f 为横坐标,以 U_O/U_i 为纵坐标(因 U_i 不变,故也可直接以 U_O 为纵坐标),绘出光滑的曲线,此即为幅频特性曲线,亦称谐振曲线,如图 2.13.2 所示。

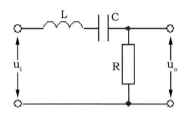

图 2.13.1 示意图

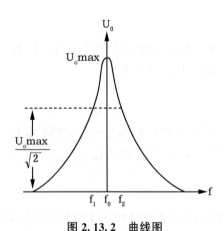

图 2.13.2 曲线图

2. 在 $f = f_0 = \dfrac{1}{2\pi\sqrt{LC}}$ 处,即幅频特性曲线尖峰所在的频率点称为谐振频率。此时 $X_L = X_C$,电路呈纯阻性,电路阻抗的模为最小。在输入电压 U_i 为定值时,电路中的电流达到最大值,且与输入电压 u_i 同相位。从理论上讲,此时 $U_i = U_R = U_O$,$U_L = U_C = QU_i$,式中的 Q 称为电路的品质因数。

3. 电路品质因数 Q 值的两种测量方法：

一个方法是根据公式 $Q=\dfrac{U_L}{U_o}=\dfrac{U_C}{U_o}$ 测定，U_C 与 U_L 分别为谐振时电容器 C 和电感线圈 L

上的电压；另一个方法是通过测量谐振曲线的通频带宽度 $\Delta f=f_2-f_1$，再根据 $Q=\dfrac{f_0}{f_2-f_1}$ 求出

Q 值。式中 f_0 为谐振频率，f_2 和 f_1 是失谐时，亦即输出电压的幅度下降到最大值的 $1/\sqrt{2}$
（=0.707）倍时的上、下频率点。Q 值越大，曲线越尖锐，通频带越窄，电路的选择性越好。在
恒压源供电时，电路的品质因数、选择性与通频带只决定于电路本身的参数，而与信号源无关。

三、实验设备

表 2.13.1 实验设备列表

序号	名称	型号与规格	数量	备注
1	函数信号发生器		1	
2	交流毫伏表	0～600V	1	
3	双踪示波器		1	自备
4	频率计		1	
5	谐振电路实验电路板	R=200Ω,1KΩ C=0.01μF,0.1μF, L=约 30mH		DGJ-03

四、实验内容

1. 按图 2.13.3 组成监视、测量电路。先选用 C1、R1。用交流毫伏表测电压，用示波器监视信号源输出。令信号源输出电压 $U_i=4V_{P-P}$，并保持不变。

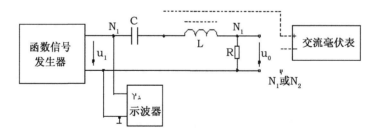

图 2.13.3 框图

2. 找出电路的谐振频率 f_0，其方法是，将毫伏表接在 R(200Ω)两端，令信号源的频率由小逐渐变大(注意要维持信号源的输出幅度不变)，当 U_o 的读数为最大时，读得频率计上的频率值即为电路的谐振频率 f_0，并测量 U_C 与 U_L 之值(注意及时更换毫伏表的量限)。

3. 在谐振点两侧，按频率递增或递减 500Hz 或 1KHz，依次各取 8 个测量点，逐点测出 U_O、U_L、U_C 之值，记入数据表格。

表 2.13.2   量数据

f(KHz)											
U_O(V)											
U_L(V)											
U_C(V)											
$U_i=4V_{P-P}$,C$=0.01\mu$F,R$=510\Omega$,$f_o=$, $f_2-f_1=$,Q$=$											

4. 将电阻改为 R2,重复步骤 2、3 的测量过程。

表 2.13.3   量数据

f(KHz)											
U_O(V)											
U_L(V)											
U_C(V)											
$U_i=4$VPP,C$=0.01\mu$F,R$=1$KΩ,$f_o=$, $f_2-f_1=$,Q$=$											

5. 选 C2,重复步骤 2~4(自制表格)。

五、实验注意事项

1. 测试频率点的选择应在靠近谐振频率附近多取几点。在变换频率测试前,应调整信号输出幅度(用示波器监视输出幅度),使其维持在 3V。

2. 测量 U_C 和 U_L 数值前,应将毫伏表的量限改大,而且在测量 U_L 与 U_C 时毫伏表的"+"端应接 C 与 L 的公共点,其接地端应分别触及 L 和 C 的近地端 N_2 和 N_1。

3. 实验中,信号源的外壳应与毫伏表的外壳绝缘(不共地)。如能用浮地式交流毫伏表测量,则效果更佳。

六、思考题

1. 根据实验线路板给出的元件参数值,估算电路的谐振频率。

2. 改变电路的哪些参数可以使电路发生谐振,电路中 R 的数值是否影响谐振频率值?

3. 如何判别电路是否发生谐振?测试谐振点的方案有哪些?

4. 电路发生串联谐振时,为什么输入电压不能太大,如果信号源给出 3V 的电压,电路谐振时,用交流毫伏表测 U_L 和 U_C 应该选择用多大的量限?

5. 要提高 R、L、C 串联电路的品质因数,电路参数应如何改变?

6. 本实验在谐振时,对应的 U_L 与 U_C 是否相等?如有差异,原因何在?

七、实验报告

1. 根据测量数据,绘出不同 Q 值时三条幅频特性曲线,即:

$$U_O=f(f),U_L=f(f),U_C=f(f)$$

2. 计算出通频带与 Q 值,说明不同 R 值时对电路通频带与品质因数的影响。

3. 对两种不同的测 Q 值的方法进行比较,分析误差原因。

4. 谐振时,比较输出电压 U_O 与输入电压 U_i 是否相等。试分析原因。

5. 通过本次实验,总结、归纳串联谐振电路的特性。

6. 心得体会及其他。

实验十四　三相交流电路电压、电流的测量

一、实验目的

1. 掌握三相负载作星形联接、三角形联接的方法,验证这两种接法下线、相电压及线、相电流之间的关系。

2. 充分理解三相四线供电系统中中线的作用。

二、原理说明

1. 三相负载可接成星形(又称"Y"接)或三角形(又称"△"接)。当三相对称负载作 Y 形联接时,线电压 U_L 是相电压 U_p 的倍。线电流 I_L 等于相电流 I_p,即:

$$U_L = \sqrt{3}\,U_P, \qquad I_L = I_p$$

在这种情况下,流过中线的电流 $I_0 = 0$,所以可以省去中线。

当对称三相负载作△联接时,有 $I_L = \sqrt{3}\,I_p$,$U_L = U_p$。

2. 不对称三相负载作 Y 联接时,必须采用三相四线制接法,即 Y_0 接法。而且中线必须牢固联接,以保证三相不对称负载的每相电压维持对称不变。

倘若中线断开,会导致三相负载电压的不对称,致使负载轻的那一相的相电压过高,使负载遭受损坏;负载重的一相相电压又过低,使负载不能正常工作。尤其是对于三相照明负载,无条件地一律采用 Y_0 接法。

3. 当不对称负载作△联接时,$I_L \neq \sqrt{3}\,I_p$,但只要电源的线电压 U_L 对称,加在三相负载上的电压仍是对称的,对各相负载工作没有影响。

三、实验设备

表 2.14.1　　　　　　　　　　　　实验设备列表

序号	名称	型号与规格	数量	备注
1	交流电压表	0～500V	1	
2	交流电流表	0～5A	1	
3	万用表		1	自备
4	三相自耦调压器		1	
5	三相灯组负载	220V,15W 白炽灯	9	DGJ-04
6	电门插座		3	DGJ-04

四、实验内容

1. 三相负载星形联接(三相四线制供电)

按图 2.14.1 线路组接实验电路。即三相灯组负载经三相自耦调压器接通三相对称电源。将三相调压器的旋柄置于输出为 0V 的位置(即逆时针旋到底)。经指导教师检查合格后,方

可开启实验台电源,然后调节调压器的输出,使输出的三相线电压为220V,并按下述内容完成各项实验,分别测量三相负载的线电压、相电压、线电流、相电流、中线电流、电源与负载中点间的电压。将所测得的数据记入表2.14.2中,并观察各相灯组亮暗的变化程度,特别要注意观察中线的作用。

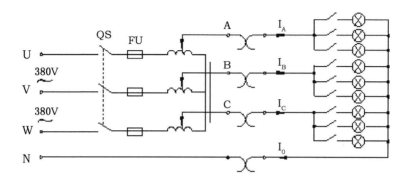

图 2.14.1 示意图

表 2.14.2 测量数据

测量数据 实验内容 (负载情况)	开灯盏数			线电流(A)			线电压(V)			相电压(V)			中线 电流 I_0 (A)	中点 电压 U_{N0} (V)
	A相	B相	C相	I_A	I_B	I_C	U_{AB}	U_{BC}	U_{CA}	U_{A0}	U_{B0}	U_{C0}		
Y_0 接平衡负载	3	3	3											
Y 接平衡负载	3	3	3											
Y_0 接不平衡负载	1	2	3											
Y 接不平衡负载	1	2	3											
Y_0 接 B 相断开	1		3											
Y 接 B 相断开	1		3											
Y 接 B 相短路	1		3											

2. 负载三角形联接(三相三线制供电)

按图 2.14.2 改接线路,经指导教师检查合格后接通三相电源,并调节调压器,使其输出线电压为220V,并按表 2.14.3 的内容进行测试。

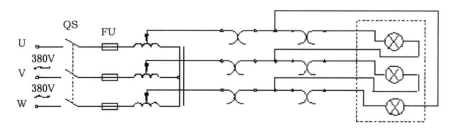

图 2.14.2 示意图

表 2.14.3   测量数据

测量数据 负载情况	开灯盏数			线电压＝相电压(V)			线电流(A)			相电流(A)		
	A－B相	B－C相	C－A相	U_{AB}	U_{BC}	U_{CA}	I_A	I_B	I_C	I_{AB}	I_{BC}	I_{CA}
三相平衡	3	3	3									
三相不平衡	1	2	3									

五、实验注意事项

1. 本实验采用三相交流市电,线电压为 380V,应穿绝缘鞋进实验室。实验时要注意人身安全,不可触及导电部件,防止意外事故发生。

2. 每次接线完毕,同组同学应自查一遍,然后由指导教师检查后,方可接通电源,必须严格遵守先断电、再接线、后通电,先断电、后拆线的实验操作原则。

3. 星形负载作短路实验时,必须首先断开中线,以免发生短路事故。

4. 为避免烧坏灯泡,DGJ-04 实验挂箱内设有过压保护装置。当任一相电压＞245～250V时,即声光报警并跳闸。因此,在做 Y 接不平衡负载或缺相实验时,所加线电压应以最高相电压＜240V 为宜。

六、思考题

1. 三相负载根据什么条件作星形或三角形联接?

2. 复习三相交流电路有关内容,试分析三相星形联接不对称负载在无中线情况下,当某相负载开路或短路时会出现什么情况? 如果接上中线,情况又如何?

3. 本次实验中为什么要通过三相调压器将 380V 的市电线电压降为 220V 的线电压使用?

七、实验报告

1. 用实验测得的数据验证对称三相电路中的 $\sqrt{3}$ 关系。

2. 用实验数据和观察到的现象,总结三相四线供电系统中中线的作用。

3. 不对称三角形联接的负载,能否正常工作? 实验是否能证明这一点?

4. 根据不对称负载三角形联接时的相电流值作相量图,并求出线电流值,然后与实验测得的线电流作比较,并分析之。

5. 心得体会及其他。

实验十五　双口网络测试

一、实验目的

1. 加深理解双口网络的基本理论。
2. 掌握直流双口网络传输参数的测量技术。

二、原理说明

对于任何一个线性网络,我们所关心的往往只是输入端口和输出端口的电压与电流之间的相互关系,并通过实验测定方法求取一个极其简单的等值双口电路来替代原网络,此即为"黑盒理论"的基本内容。

1. 一个双口网络两端口的电压和电流四个变量之间的关系,可以用多种形式的参数方程来表示。本实验采用输出口的电压 U_2 和电流 I_2 作为自变量,以输入口的电压 U_1 和电流 I_1 作为因变量,所得的方程称为双口网络的传输方程,如图 2.15.1 所示的无源线性双口网络(又称为四端网络)的传输方程为:

$$U_1 = AU_2 + BI_2 ; I_1 = CU_2 + DI_2$$

式中的 A、B、C、D 为双口网络的传输参数,其值完全决定于网络的拓扑结构及各支路元件的参数值。这四个参数表征了该双口网络的基本特性,它们的含义是:

$A = U_{1O}/U_{2O}$(令 $I_2 = 0$,即输出口开路时)

$B = U_{1S}/I_{2S}$(令 $U_2 = 0$,即输出口短路时)

$C = I_{1O}/U_{2O}$(令 $I_2 = 0$,即输出口开路时)

$D = I_{1S}/I_{2S}$(令 $U_2 = 0$,即输出口短路时)

由上可知,只要在网络的输入口加上电压,在两个端口同时测量其电压和电流,即可求出 A、B、C、D 四个参数,此即为双端口同时测量法。

图 2.15.1　框图

2. 若要测量一条远距离输电线构成的双口网络,采用同时测量法就很不方便。这时可采用分别测量法,即先在输入口加电压,而将输出口开路和短路,在输入口测量电压和电流,由传输方程可得:

$$R_{1O} = \frac{U_{1O}}{I_{1O}} = \frac{A}{C}（令 I_2 = 0,即输出口开路时）$$

$$R_{1S} = \frac{U_{1S}}{I_{1S}} = \frac{B}{D}（令 U_2 = 0,即输出口开路时）$$

然后在输出口加电压,而将输入口开路和短路,测量输出口的电压和电流。此时可得:

$$R_{2O} = \frac{U_{2O}}{I_{2O}} = \frac{D}{O} (令 I_1 = 0,即输入口开路时)$$

$$R_{2S} = \frac{U_{2S}}{I_{2S}} = \frac{B}{A} (令 U_1 = 0,即输入口短路时)$$

R_{1O}、R_{1S}、R_{2O}、R_{2S} 分别表示一个端口开路和短路时另一端口的等效输入电阻,这四个参数中只有三个是独立的($\because AD - BC = 1$)。至此,可求出四个传输参数:

$$A = \sqrt{R_{1O}/(R_{2O} - R_{2S})},\quad B = R_{2S}A,\quad C = A/R_{1O},\quad D = R_{2O}C$$

3. 双口网络级联后的等效双口网络的传输参数亦可采用前述的方法之一求得。从理论推得两个双口网络级联后的传输参数与每一个参加级联的双口网络的传输参数之间有如下的关系:

$$A = A_1 A_2 + B_1 C_2, B = A_1 B_2 + B_1 D_2, C = C_1 A_2 + D_1 C_2, D = C_1 B_2 + D_1 D_2$$

三、实验设备

表 2.15.1   实验设备列表

序号	名称	型号与规格	数量	备注
1	可调直流稳压电源	0～30V	1	
2	数字直流电压表	0～200V	1	
3	数字直流毫安表	0～200mA	1	
4	双口网络实验电路板		1	DGJ-03

四、实验内容

双口网络实验线路如图 2.15.2 所示。将直流稳压电源的输出电压调到 10V,作为双口网络的输入。

1. 按同时测量法分别测定两个双口网络的传输参数 A_1、B_1、C_1、D_1 和 A_2、B_2、C_2、D_2,并列出它们的传输方程。

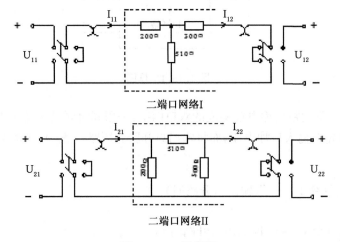

图 2.15.2 示意图

记录表 2.15.2 数据：

表 2.15.2 测量数据

双口网络Ⅰ	输出端开路 $I_{12}=0$	测量值			计算值	
		U_{11O} (V)	U_{12O} (V)	I_{11O} (mA)	A_1	B_1
	输出端短路 $U_{12}=0$	U_{11S} (V)	I_{11S} (mA)	I_{12S} (mA)	C_1	D_1
双口网络Ⅱ	输出端开路 $I_{22}=0$	测量值			计算值	
		U_{21O} (V)	U_{22O} (V)	I_{21O} (mA)	A_2	B_2
	输出端短路 $U_{22}=0$	U_{21S} (V)	I_{21S} (mA)	I_{22S} (mA)	C_2	D_2

2. 将两个双口网络级联,即将网络Ⅰ的输出接至网络Ⅱ的输入。用两端口分别测量法测量级联后等效双口网络的传输参数 A、B、C、D,并验证等效双口网络传输参数与级联的两个双口网络传输参数之间的关系。

表 2.15.3 测量数据

输出端开路 $I_2=0$			输出端短路 $U_2=0$			计算传输参数
U_{1O} (V)	I_{1O} (mA)	R_{1O} (KΩ)	U_{1S} (V)	I_{1S} (mA)	R_{1S} (KΩ)	
输出端开路 $I_1=0$			输出端短路 $U_1=0$			$A=$
U_{2O} (V)	I_{2O} (mA)	R_{2O} (KΩ)	U_{2S} (V)	I_{2S} (mA)	R_{2S} (KΩ)	$B=$ $C=$
						$D=$

五、实验注意事项

1. 用电流插头插座测量电流时,要注意判别电流表的极性及选取适合的量程(根据所给的电路参数,估算电流表量程)。

2. 计算传输参数时,I、U 均取其正值。

六、思考题

1. 试述双口网络同时测量法与分别测量法的测量步骤、优缺点及其适用情况。

2. 本实验方法可否用于交流双口网络的测定?

七、实验报告

1. 完成对数据表格的测量和计算任务。

2. 列写参数方程。

3. 验证级联后等效双口网络的传输参数与级联的两个双口网络传输参数之间的关系。

4. 总结、归纳双口网络的测试技术。

5. 心得体会及其他。

实验十六　回转器

一、实验目的

1. 掌握回转器的基本特性。
2. 测量回转器的基本参数。
3. 了解回转器的应用。

二、原理说明

1. 回转器是一种有源非互易的新型两端口网络元件,电路符号及其等效电路如图 2.16.1 (a)、(b)所示。

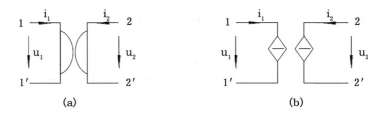

（a）　　　　　　　　　　　　　　　　（b）

图 2.16.1　示意图

理想回转器的导纳方程如下:

$$\begin{vmatrix} I_1 \\ I_2 \end{vmatrix} = \begin{vmatrix} 0 & g \\ -g & 0 \end{vmatrix} \begin{vmatrix} u_1 \\ u_2 \end{vmatrix}$$,或写成 $i_1 = gu_2$, $i_2 = -gu_1$

也可写成电阻方程:

$$\begin{vmatrix} u_1 \\ u_2 \end{vmatrix} = \begin{vmatrix} 0 & -R \end{vmatrix} \begin{vmatrix} i_1 \\ i_2 \end{vmatrix}$$,或写成 $u_1 = -Ri_2$, $u_2 = Ri_1$

式中,g 和 R 分别称为回转电导和回转电阻,统称为回转常数。

2. 若在 $2-2'$ 端接一电容负载 C,则从 $1-1'$ 端看进去就相当于一个电感,即回转器能把一个电容元件"回转"成一个电感元件;相反,也可以把一个电感元件"回转"成一个电容元件,所以也称为阻抗逆变器。

$2-2'$ 端接有 C 后,从 $1-1'$ 端看进去的导纳 Y_i 为:

$$Y_i = \frac{i_1}{u_1} = \frac{gu_2}{-i_2/g} = \frac{-g^2 u_2}{i_2}$$

$\because \quad \dfrac{u_2}{i_2} = -Z_L = \dfrac{1}{j\omega C}$

$\therefore \quad Y_i = g^2/j\omega C = \dfrac{1}{j\omega L}$

式中, $L = \dfrac{C}{g^2}$ 为等效电感。

3. 由于回转器有阻抗逆变作用,在集成电路中得到重要的应用。因为在集成电路制造中,制造一个电容元件比制造电感元件容易得多,我们可以用一带有电容负载的回转器来获得数值较大的电感。

图 2.16.2 为用运算放大器组成的回转器电路图。

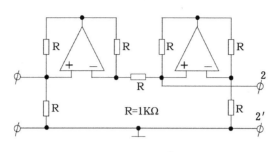

图 2.16.2 示意图

三、实验设备

表 2.16.1　　　　　　　　　　　　实验设备列表

序号	名称	型号与规格	数量	备注
1	低频信号发生器		1	
2	交流毫伏表	$0\sim600\text{V}$	1	
3	双踪示波器		1	自备
4	可变电阻箱	$0\sim99999.9\Omega$	1	DGJ-05
5	电容器	$0.1\mu\text{F},1\mu\text{F}$	1	DGJ-08
6	电阻器	$1\text{K}\Omega$	1	DGJ-08
7	回转器实验电路板	G	1	DGJ-08

四、实验内容

实验线路如图 2.16.3 所示。R3 跨接于 DGJ-08 挂箱中 G 线路板左下部的两个插孔间。

1. 在图 2.16.3 的 2—2′端接纯电阻负载(电阻箱),信号源频率固定在 1KHz,信号源电压 ≤3 伏。

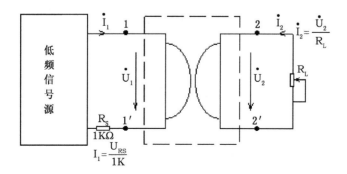

图 2.16.3 示意图

用交流毫伏表测量不同负载电阻 R_L 时的 U_1、U_2 和 U_{RS},并计算相应的电流 I_1、I_2 和回转常数 g,一并记入表 2.16.2 中。

表 2.16.2 测量数据

R_L (Ω)	测量值			计算值				
	U_1 (V)	U_2 (V)	U_{RS} (V)	I_1 (mA)	I_2 (V)	$g'=\dfrac{I_1}{U_2}$	$g''=\dfrac{I_2}{U_1}$	$g=\dfrac{g'+g''}{2}$
500								
1K								
1.5K								
2K								
3K								
4K								
5K								

2. 用双踪示波器观察回转器输入电压和输入电流之间的相位关系。按图 2.16.4 接线。信号源的高端接 1 端,低("地")端接 M,示波器的"地"端接 M,Y_A、Y_B 分别接 1、1′端。

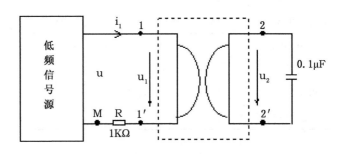

图 2.16.4 示意图

在 2—2′端接电容负载 C=$0.1\mu F$,取信号电压 U≤3V,频率 f=1KHz。观察 i_1 与 u_1 之间的相位关系,是否具有感抗特征。

3. 测量等效电感

线路同 2(不接示波器)。取低频信号源输出电压 U≤3V,并保持恒定。用交流毫伏表测量不同频率时的 U_1、U_2、U_R 值,并算出 $I_1=U_R/1K$,$g=I_1/U_2$,$L'=U_1/(2\pi f I_1)$,$L=C/g^2$ 及误差 $\Delta L=L'-L$,分析 U、U_1、U_R 之间的相量关系。

表 2.16.3 测量数据

频率参数	200	400	500	700	800	900	1000	1200	1300	1500	2000
U_2 (V)											
U (V)											
U_R (V)											

续表

频率参数	200	400	500	700	800	900	1000	1200	1300	1500	2000
I_1(mA)											
$g(\frac{1}{\Omega})$											
L'(H)											
L(H)											
$\Delta L = L' - L$ (H)											

4. 用模拟电感组成 R、L、C 并联谐振电路。

用回转器作电感,与电容器 C＝1μf 构成并联谐振电路,如图 2.16.5 所示。

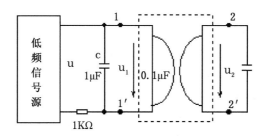

图 2.16.5　示意图

取 U≤3V 并保持恒定,在不同频率时用交流毫伏表测量 $1-1'$ 端的电压 U_1,并找出谐振频率。

五、实验注意事项

1. 回转器的正常工作条件是 u 或 u_1、i_1 的波形必须是正弦波。为避免运放进入饱和状态使波形失真,所以输入电压不宜过大。

2. 实验过程中,示波器及交流毫伏表电源线应使用两线插头。

六、实验报告

1. 完成各项规定的实验内容(测试、计算、绘曲线等)。

2. 从各实验结果中总结回转器的性质、特点和应用。

2.2 扩展实验部分

实验十七 二阶动态电路响应的研究

一、实验目的

1. 测试二阶动态电路的零状态响应和零输入响应,了解电路元件参数对响应的影响。

2. 观察、分析二阶电路响应的三种状态轨迹及其特点,以加深对二阶电路响应的认识与理解。

二、原理说明

一个二阶电路在方波正、负阶跃信号的激励下,可获得零状态与零输入响应,其响应的变化轨迹决定于电路的固有频率。当调节电路的元件参数值,使电路的固有频率分别为负实数、共轭复数及虚数时,可获得单调地衰减、衰减振荡和等幅振荡的响应。在实验中可获得过阻尼、欠阻尼和临界阻尼这三种响应图形。

简单而典型的二阶电路是一个 RLC 串联电路和 GCL 并联电路,这二者之间存在着对偶关系。本实验仅对 GCL 并联电路进行研究。

三、实验设备

表 2.17.1　　　　　　　　　　　　实验设备列表

序号	名称	型号与规格	数量	备注
1	函数信号发生器		1	
2	双踪示波器		1	自备
3	动态实验电路板		1	DGJ-03

四、实验内容

动态电路实验板与实验十二相同,如图 2.17.1 所示。利用动态电路板中的元件与开关的配合作用,组成如图 2.17.1 所示的 GCL 并联电路。

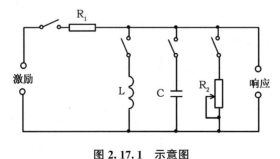

图 2.17.1　示意图

令 $R_1 = 10K\Omega$，$L = 4.7mH$，$C = 1000PF$，R_2 为 $10K\Omega$ 可调电阻。令脉冲信号发生器的输出为 $U_m = 1.5V$，$f = 1KHz$ 的方波脉冲，通过同轴电缆接至图中的激励端，同时用同轴电缆将激励端和响应输出接至双踪示波器的 Y_A 和 Y_B 两个输入口。

1. 调节可变电阻器 R_2 之值，观察二阶电路的零输入响应和零状态响应由过阻尼过渡到临界阻尼，最后过渡到欠阻尼的变化过渡过程，分别定性地描绘、记录响应的典型变化波形。

2. 调节 R_2 使示波器荧光屏上呈现稳定的欠阻尼响应波形，定量测定此时电路的衰减常数 α 和振荡频率 ω_d。

3. 改变一组电路参数，如增、减 L 或 C 之值，重复步骤 2 的测量，并作记录。随后仔细观察，改变电路参数时，ω_d 与 α 的变化趋势，并作记录。

表 2.17.2　　　　　　　　　　　　　　　测量数据

电路参数 实验次数	元件参数				测量值	
	R_1	R_2	L	C	α	ω
1	10KΩ		4.7mH	1000PF		
2	10KΩ	调至某一次欠阻尼状态	4.7mH	0.01μF		
3	30KΩ		4.7mH	0.01μF		
4	10KΩ		10mH	0.01μF		

五、实验注意事项

1. 调节 R_2 时，要细心、缓慢，临界阻尼要找准。

2. 观察双踪时，显示要稳定，如不同步，则可采用外同步法触发(看示波器说明)。

六、思考题

1. 根据二阶电路实验电路元件的参数，计算出处于临界阻尼状态的 R_2 之值。

2. 在示波器荧光屏上，如何测得二阶电路零输入响应欠阻尼状态的衰减常数 α 和振荡频率 ω_d？

七、实验报告

1. 根据观测结果，在方格纸上描绘二阶电路过阻尼、临界阻尼和欠阻尼的响应波形。

2. 测算欠阻尼振荡曲线上的 α 与 ω_d。

3. 归纳、总结电路元件参数的改变对响应变化趋势的影响。

4. 心得体会及其他。

实验十八　用三表法测量电路等效参数

一、实验目的

1. 学会用交流电压表、交流电流表和功率表测量元件的交流等效参数的方法。
2. 学会功率表的接法和使用。

二、原理说明

1. 正弦交流信号激励下的元件值或阻抗值,可以用交流电压表、交流电流表及功率表分别测量出元件两端的电压 U、流过该元件的电流 I 和它所消耗的功率 P,然后通过计算得到所求的各值,这种方法称为三表法,是用以测量 50Hz 交流电路参数的基本方法。

计算的基本公式为:

阻抗的模 $|Z|=\dfrac{U}{I}$,电路的功率因数 $\cos\varphi=\dfrac{P}{UI}$

等效电阻 $R=\dfrac{P}{I^2}=|Z|\cos\varphi$,等效电抗 $X=|Z|\sin\varphi$

或 $X=X_L=2\pi fL$,$X=X_c=\dfrac{1}{2\pi fC}$

2. 阻抗性质的判别方法:可用在被测元件两端并联电容或将被测元件与电容串联的方法来判别。其原理如下:

(1)在被测元件两端并联一只适当容量的试验电容,若串接在电路中电流表的读数增大,则被测阻抗为容性,电流减小则为感性。

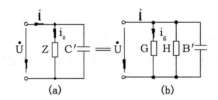

图 2.18.1　并联电容测量法

图 2.18.1(a)中,Z 为待测定的元件,C′为试验电容器。(b)图是(a)的等效电路,图中 G、B 为待测阻抗 Z 的电导和电纳,B′为并联电容 C′的电纳。在端电压有效值不变的条件下,按下面两种情况进行分析:

①设 B+B′=B″,若 B′增大,B″也增大,则电路中电流 I 将单调地上升,故可判断 B 为容性元件。

②设 B+B′=B″,若 B′增大,而 B″先减小然后再增大,电流 I 也是先减小后上升,如图 2.18.2 所示,则可判断 B 为感性元件。

由以上分析可见,当 B 为容性元件时,对并联电容 C′值无特殊要求;而当 B 为感性元件时,B′<|2B|才有判定为感性的意义。B′>|2B|时,电流单调上升,与 B 为容性时相同,并不

能说明电路是感性的。因此 $B' < |2B|$ 是判断电路性质的可靠条件,由此得判定条件为 $C' < \left|\dfrac{2B}{\omega}\right|$。

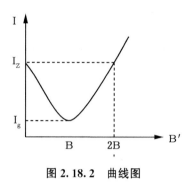

图 2.18.2　曲线图

（2）与被测元件串联一个适当容量的试验电容,若被测阻抗的端电压下降,则判为容性,端压上升则为感性,判定条件为 $\dfrac{1}{\omega C'} < |2X|$,式中 X 为被测阻抗的电抗值,$C'$ 为串联试验电容值,此关系式可自行证明。

判断待测元件的性质,除上述借助于试验电容 C' 测定法外,还可以利用该元件的电流 i 与电压 u 之间的相位关系来判断。若 i 超前于 u,为容性;i 滞后于 u,则为感性。

3. 本实验所用的功率表为智能交流功率表,其电压接线端应与负载并联,电流接线端应与负载串联。

三、实验设备

表 2.18.1　　　　　　　　　　　　　　实验设备列表

序号	名称	型号与规格	数量	备注
1	交流电压表	0～500V	1	
2	交流电流表	0～5A	1	
3	功率表		1	(DGJ-07)
4	自耦调压器		1	
5	镇流器(电感线圈)	与 30W 日光灯配用	1	DGJ-04
7	电容器	$1\mu F,4.7\mu F/500V$	1	DG09
8	白炽灯	15W/220V	3	DGJ-04

四、实验内容

测试线路如图 2.18.3 所示。

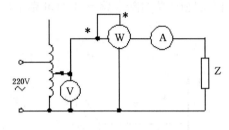

图 2.18.3　示意图

1. 按图 2.18.3 接线,并经指导教师检查后,方可接通市电电源。

2. 分别测量 15W 白炽灯(R)、30W 日光灯镇流器(L)和 $4.7\mu F$ 电容器(C)的等效参数。

3. 测量 L、C 串联与并联后的等效参数。

表 2.18.2　　　　　　　　　　　　　　　测量数据

被测阻抗	测量值			计算值			电路等效参数		
	U (V)	I (A)	P (W)	$\cos\varphi$	Z (Ω)	$\cos\varphi$	R (Ω)	L (mH)	C (μF)
15W 白炽灯 R									
电感线圈 L									
电容器 C									
L 与 C 串联									
L 与 C 并联									

4. 验证用串、并试验电容法判别负载性质的正确性。

实验线路同图 2.18.3,但不必接功率表,按下表内容进行测量和记录。

表 2.18.3　　　　　　　　　　　　　　　测量数据

被测元件	串 $1\mu F$ 电容		并 $1\mu F$ 电容	
	串前端电压 (V)	串后端电压 (V)	并前电流 (A)	并后电流 (A)
R (三只 15W 白炽灯)				
C($4.7\mu F$)				
L(1H)				

五、实验注意事项

1. 本实验直接用市电 220V 交流电源供电,实验中要特别注意人身安全,不可用手直接触摸通电线路的裸露部分,以免触电,进实验室应穿绝缘鞋。

2. 自耦调压器在接通电源前,应将其手柄置在零位上,调节时,使其输出电压从零开始逐渐升高。每次改接实验线路、换拨黑匣子上的开关及实验完毕,都必须先将其旋柄慢慢调回零位,再断电源。必须严格遵守这一安全操作规程。

3. 实验前应详细阅读智能交流功率表的使用说明书,熟悉其使用方法。

六、思考题

1. 在 50Hz 的交流电路中,测得一只铁心线圈的 P、I 和 U,如何算得它的阻值及电感量?

2. 如何用串联电容的方法来判别阻抗的性质? 试用 I 随 X'_c(串联容抗)的变化关系作定性分析,证明串联试验时,C′满足 $\dfrac{1}{\omega C'}<|2X|$。

七、实验报告

1. 根据实验数据,完成各项计算。
2. 完成思考题 1、2 的任务。
3. 心得体会及其他。

实验十九　三相电路功率的测量

一、实验目的

1. 掌握用一瓦特表法、二瓦特表法测量三相电路有功功率与无功功率的方法。
2. 进一步熟练掌握功率表的接线和使用方法。

二、原理说明

1. 对于三相四线制供电的三相星形联接的负载（即 Y_o 接法），可用一只功率表测量各相的有功功率 P_A、P_B、P_C，则三相负载的总有功功率 $\sum P = P_A + P_B + P_C$。这就是一瓦特表法，如图 2.19.1 所示。若三相负载是对称的，则只需测量一相的功率，再乘以 3 即得三相总的有功功率。

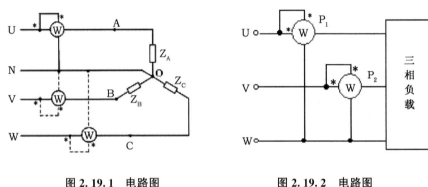

图 2.19.1　电路图　　　　　　　图 2.19.2　电路图

2. 三相三线制供电系统中，不论三相负载是否对称，也不论负载是 Y 接还是△接，都可用二瓦特表法测量三相负载的总有功功率。测量线路如图 2.19.2 所示。若负载为感性或容性，且当相位差 $\varphi > 60°$ 时，线路中的一只功率表指针将反偏（数字式功率表将出现负读数），这时应将功率表电流线圈的两个端子调换（不能调换电压线圈端子），其读数应记为负值。而三相总功率 $\sum P = P_1 + P_2$（P_1、P_2 本身不含任何意义）。除 I_A、U_{AC} 与 I_B、U_{BC} 接法外，还有 I_B、U_{AB} 与 I_C、U_{AC} 以及 I_A、U_{AB} 与 I_C、U_{BC} 两种接法。

3. 对于三相三线制供电的三相对称负载，可用一瓦特表法测得三相负载的总无功功率 Q，测试原理线路如图 2.19.3 所示。

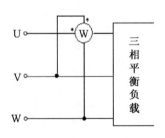

图 2.19.3　电路图

图示功率表读数的√3倍,即为对称三相电路总的无功功率。除了此图给出的一种连接法(I_U、U_VW)外,还有另外两种连接法,即接成(I_V、U_UW)或(I_W、U_UV)。

三、实验设备

表 2.19.1　　　　　　　　　　　　　实验设备列表

序号	名称	型号与规格	数量	备注
1	交流电压表	0～500V	2	
2	交流电流表	0～5A	2	
3	单相功率表		2	(DGJ-07)
4	万用表		1	自备
5	三相自耦调压器		1	
6	三相灯组负载	220V,15W 白炽灯	9	DGJ-04
7	三相电容负载	$1\mu F, 2.2\mu F, 4.7\mu F/500V$	各3	DGJ-05

四、实验内容

1. 用一瓦特表法测定三相对称 Y_0 接以及不对称 Y_0 接负载的总功率$\sum P$。实验按图 2.19.4 线路接线。线路中的电流表和电压表用以监视该相的电流和电压,不要超过功率表电压和电流的量程。

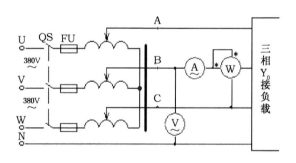

图 2.19.4　原理图

经指导教师检查后,接通三相电源,调节调压器输出,使输出线电压为 220V,按表 2.19.2 的要求进行测量及计算。

表 2.19.2　　　　　　　　　　　　　测量数据

负载情况	开灯盏数			测量数据			计算值
	A相	B相	C相	P_A (W)	P_B (W)	P_C (W)	$\sum P$ (W)
Y_0 接对称负载	3	3	3				
Y_0 接不对称负载	1	2	3				

首先将三只表按图 2.19.4 接入 B 相进行测量,然后分别将三只表换接到 A 相和 C 相,再

进行测量。

2. 用二瓦特表法测定三相负载的总功率。

(1)按图 2.19.5 接线,将三相灯组负载接成 Y 形接法。

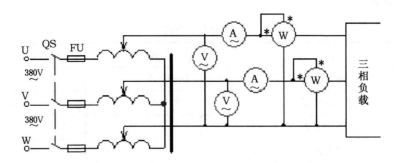

图 2.19.5 原理图

经指导教师检查后,接通三相电源,调节调压器的输出线电压为 220V,按表 2.19.2 的内容进行测量。

(2)将三相灯组负载改成△形接法,重复(1)的测量步骤,数据记入表 2.19.3 中。

表 2.19.3 测量数据

负载情况	开灯盏数			测量数据		计算值
	A 相	B 相	C 相	P_1 (W)	P_2 (W)	$\sum P$ (W)
Y 接平衡负载	3	3	3			
Y 接不平衡负载	1	2	3			
△接不平衡负载	1	2	3			
△接平衡负载	3	3	3			

(3)将两只瓦特表依次按另外两种接法接入线路,重复(1)、(2)的测量(表格自拟)。

3. 用一瓦特表法测定三相对称星形负载的无功功率,按图 2.19.6 所示的电路接线。

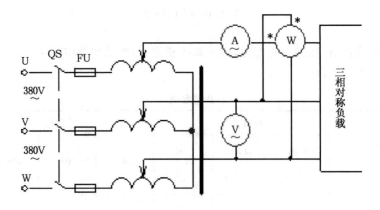

图 2.19.6 结构图

(1)每相负载由白炽灯和电容器并联而成,并由开关控制其接入。检查接线无误后,接通三相电源,将调压器的输出线电压调到220V,读取三表的读数,并计算无功功率$\sum Q$,记入表2.19.4。

(2)分别按I_V、U_{UW}和I_W、U_{UV}接法,重复(1)的测量,并比较各自的$\sum Q$值。

表2.19.4　　　　　　　　　　　　　　　　测量数据

接法	负载情况	测量值			计算值
		U（V）	I（A）	Q（var）	$\sum Q=\sqrt{3}Q$
I_U,U_{VW}	①三相对称灯组(每相开3盏)				
	②三相对称电容器(每相4.7μF)				
	③(1)、(2)的并联负载				
I_V,U_{VW}	①三相对称灯组(每相开3盏)				
	②三相对称电容器(每相4.7μF)				
	③(1)、(2)的并联负载				
I_W,U_{VW}	①三相对称灯组(每相开3盏)				
	②三相对称电容器(每相4.7μF)				
	③(1)、(2)的并联负载				

五、实验注意事项

每次实验完毕,均须将三相调压器旋柄调回零位。每次改变接线,均须断开三相电源,以确保人身安全。

六、思考题

1. 复习二瓦特表法测量三相电路有功功率的原理。
2. 复习一瓦特表法测量三相对称负载无功功率的原理。
3. 测量功率时为什么在线路中通常都接有电流表和电压表?

七、实验报告

1. 完成数据表格中的各项测量和计算任务。比较一瓦特表和二瓦特表法的测量结果。
2. 总结、分析三相电路功率测量的方法与结果。
3. 心得体会及其他。

实验二十 互感电路观测

一、实验目的

1. 学会互感电路同名端、互感系数以及耦合系数的测定方法。
2. 理解两个线圈相对位置的改变,以及用不同材料作线圈芯时对互感的影响。

二、原理说明

1. 判断互感线圈同名端的方法

(1)直流法

如图 2.20.1 所示,当开关 S 闭合瞬间,若毫安表的指针正偏,则可断定"1"、"3"为同名端;指针反偏,则"1"、"4"为同名端。

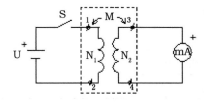

图 2.20.1 示意图

(2) 交流法

如图 2.20.2 所示,将两个绕组 N_1 和 N_2 的任意两端(如 2、4 端)联在一起,在其中的一个绕组(如 N_1)两端加一个低电压,另一绕组(如 N_2)开路,用交流电压表分别测出端电压 U_{13}、U_{12} 和 U_{34}。若 U_{13} 是两个绕组端压之差,则 1、3 是同名端;若 U_{13} 是两绕组端电压之和,则 1、4 是同名端。

2. 两线圈互感系数 M 的测定

在图 2.20.2 的 N_1 侧施加低压交流电压 U_1,测出 I_1 及 U_2。根据互感电势 $E_{2M} \approx U_{20} = \omega M I_1$,可算得互感系数为 $M = \dfrac{U_2}{\omega I_1}$。

3. 耦合系数 k 的测定

两个互感线圈耦合松紧的程度可用耦合系数 k 来表示:

$$k = M / \sqrt{L_1 L_2}$$

如图 2.20.2,先在 N_1 侧加低压交流电压 U_1,测出 N_2 侧开路时的电流 I_1;然后再在 N_2 侧加电压 U_2,测出 N_1 侧开路时的电流 I_2,求出各自的自感 L_1 和 L_2,即可算得 k 值。

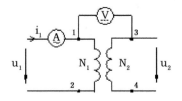

图 2.20.2 结构图

三、实验设备

表 2.20.1　　　　　　　　　　　　　　实验设备列表

序号	名称	型号与规格	数量	备注
1	数字直流电压表	0～200V	1	
2	数字直流电流表	0～200mA	2	
3	交流电压表	0～500V	1	
4	交流电流表	0～5A	1	
5	空心互感线圈	N_1 为大线圈 N_2 为小线圈	1 对	DGJ-04
6	自耦调压器		1	
7	直流稳压电源	0～30V	1	
8	电阻器	30Ω/8W 510Ω/2W	各 1	DGJ-05
9	发光二极管	红或绿	1	DGJ-05
10	粗、细铁棒、铝棒		各 1	DGJ-04
11	变压器	36V/220V	1	DGJ-04

四、实验内容

1. 分别用直流法和交流法测定互感线圈的同名端。

（1）直流法

实验线路如图 2.20.3 所示。先将 N_1 和 N_2 两线圈的四个接线端子编以 1、2 和 3、4 号。将 N_1、N_2 同心地套在一起，并放入细铁棒。U 为可调直流稳压电源，调至 10V。流过 N_1 侧的电流不可超过 0.4A（选用 5A 量程的数字电流表）。N_2 侧直接接入 2mA 量程的毫安表。将铁棒迅速地拔出和插入，观察毫安表读数正、负的变化，来判定 N_1 和 N_2 两个线圈的同名端。

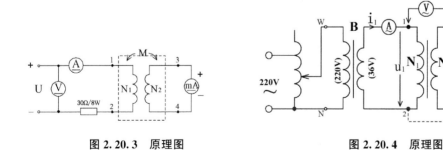

图 2.20.3　原理图　　　　　　　　　　图 2.20.4　原理图

（2）交流法

本方法中，由于加在 N_1 上的电压仅 2V 左右，直接用屏内调压器很难调节，因此采用图 2.20.4 的线路来扩展调压器的调节范围。图中 W、N 为主屏上的自耦调压器的输出端，B 为 DGJ-04 挂箱中的升压铁芯变压器，此处作降压用。将 N_2 放入 N_1 中，并在两线圈中插入铁棒。A 为 2.5A 以上量程的电流表,N_2 侧开路。

接通电源前,应首先检查自耦调压器是否调至零位,确认后方可接通交流电源,令自耦调压器输出一个很低的电压(约 12V 左右),使流过电流表的电流小于 1.4A,然后用 0~30V 量程的交流电压表测量 U_{13}、U_{12}、U_{34},判定同名端。

拆去 2、4 联线,并将 2、3 相接,重复上述步骤,判定同名端。

2. 拆除 2、3 连线,测 U_1、I_1、U_2,计算出 M。

3. 将低压交流加在 N_2 侧,使流过 N_2 侧电流小于 1A,N_1 侧开路,按步骤 2 测出 U_2、I_2、U_1。

4. 用万用表的 R×1 档分别测出 N_1 和 N_2 线圈的电阻值 R_1 和 R_2,计算 K 值。

5. 观察互感现象。

在图 2.20.4 的 N_2 侧接入 LED 发光二极管与 510Ω(电阻箱)串联的支路。

(1)将铁棒慢慢地从两线圈中抽出和插入,观察 LED 亮度的变化及各电表读数的变化,记录现象。

(2)将两线圈改为并排放置,并改变其间距,以及分别或同时插入铁棒,观察 LED 亮度的变化及仪表读数。

(3)改用铝棒替代铁棒,重复(1)、(2)的步骤,观察 LED 的亮度变化,记录现象。

五、实验注意事项

1. 整个实验过程中,注意流过线圈 N_1 的电流不得超过 1.4A,流过线圈 N_2 的电流不得超过 1A。

2. 测定同名端及其他测量数据的实验中,都应将小线圈 N_2 套在大线圈 N_1 中,并插入铁芯。

3. 作交流试验前,首先要检查自耦调压器,要保证手柄置在零位。因实验时加在 N_1 上的电压只有 2~3V 左右,因此调节时要特别仔细、小心,要随时观察电流表的读数,不得超过规定值。

六、思考题

1. 用直流法判断同名端时,可否以及如何根据 S 断开瞬间毫安表指针的正、反偏来判断同名端?

2. 本实验用直流法判断同名端是用插、拔铁芯时观察电流表的正、负读数变化来确定的,应如何确定? 这与实验原理中所叙述的方法是否一致?

七、实验报告

1. 总结对互感线圈同名端、互感系数的实验测试方法。

2. 自拟测试数据表格,完成计算任务。

3. 解释实验中观察到的互感现象。

第三章　模拟电子技术实验

3.1　基础实验部分

实验一　单级交流放大电路

【知识点准备】

单级交流放大电路是模拟电路的最基本组成部分,通过本实验,同学们可以直观地了解静态工作点的作用,掌握放大电路各参数的测量方法,熟悉放大电路的动态性能。为了方便示波器观察,本书内所写参考值均用峰值,此电路为共射放大电路。

一、实验目的

1. 熟悉电子元器件和模拟电路实验箱。
2. 掌握放大电路静态工作点的调试方法及其对放大电路性能的影响。
3. 学习测量放大电路 Q 点、AV、ri、ro 的方法,了解共射极电路特性。
4. 学习放大电路的动态性能。

二、实验仪器

1. 示波器;
2. 信号发生器;
3. 数字万用表。

三、预习要求

1. 三极管及单管放大电路工作原理。
2. 放大电路静态和动态测量方法。

四、实验内容及步骤

1. 装接电路与简单测量

提示:如三极管为 3DG6,放大倍数 β 一般是 25～45;如为 9013,一般在 150 以上。

(1)用万用表判断实验箱上三极管 V 的极性和好坏、电解电容 C 的极性和好坏。

测三极管 B、C 和 B、E 极间正反向导通电压,可以判断好坏;测电解电容的好坏必须使用指针万用表,通过测正反向电阻。

三极管导通电压 UBE＝0.7V、UBC＝0.7V,反向导通电压无穷大。

(2)按图 3.1.1 所示,连接电路(注意:接线前先测量＋12V 电源,关断电源后再连线),将 RP 的阻值调到最大位置。

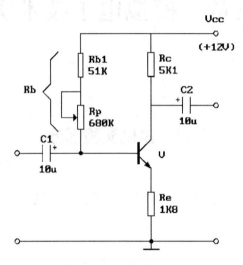

图 3.1.1 基本放大电路

2. 静态测量与调整

(1)接线完毕仔细检查,确定无误后接通电源。改变 RP,记录 IC 分别为 0.5mA、1mA、1.5mA 时三极管 V 的 β 值(其值较低)。

参考值:I_C＝0.5mA 时,I_B＝25μA,β＝20;I_C＝1mA 时,I_B＝40.2μA,β＝24.9;
　　　　I_C＝1.5mA 时,I_B＝54.5μA,β＝27.5。

【注意】

I_b 和 I_c 的测量和计算方法:

①测 I_b 和 I_c 一般可用间接测量法,即通过测 V_c 和 V_b,R_c 和 R_b 计算出 I_b 和 I_c(注意:图 3.1.2 中 I_b 为支路电流)。此法虽不直观,但操作较简单,建议初学者采用。

②直接测量法,即将微安表和毫安表直接串联在基极和集电极中测量。此法直观,但操作不当容易损坏器件和仪表,不建议初学者采用。

(2)按图 3.1.2 接线,调整 RP 使 VE＝2.2V,计算并填表 3.1.1。

为稳定工作点,在电路中引入负反馈电阻 Re,用于稳定静态工作点,即当环境温度变化时,保持静态集电极电流 I_{CQ} 和管压降 U_{CEQ} 基本不变。依靠于下列反馈关系:

T↑—β↑—I_{CQ}↑—U_E↑—U_{BE}↓—I_{BQ}↓—I_{CQ}↓,反过程也一样,其中 R_{b2} 的引入是为了稳定 U_b。但此类工作电路的放大倍数由于引入负反馈而减小了,而输入电阻 r_i 变大了,输出电阻 r_o 不变。

$$A_u = \frac{-\beta(R_c \parallel R_L)}{r_{be} + (1+\beta)R_e}, \quad r_i = R_{b1} \parallel R_{b2} \parallel (r_{be} + (1+\beta)R_e), \quad r_o = R_c$$

由以上公式可知,当 β 很大时,放大倍数 A_u 约等于 $\dfrac{R_c \parallel R_L}{R_e}$,不受 β 值变化的影响。

表 3. 1. 1

实　　测			实测计算	
$V_{BE}(V)$	$V_{CE}(V)$	$R_b(K\Omega)$	$I_B(\mu A)$	$I_C(mA)$
0.7	3.7	55	44.64	1.23

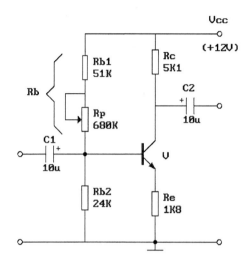

图 3. 1. 2　工作点稳定的放大电路

3. 动态研究

(1)按图 3.1.3 所示电路接线。

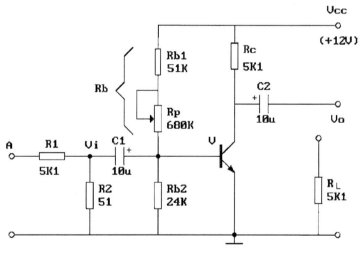

图 3. 1. 3　小信号放大电路

　　(2)将信号发生器的输出信号调到 f=1KHz,幅值为 500mV,接至放大电路的 A 点,经过 R_1、R_2 衰减(100 倍),V_i 点得到 5mV 的小信号,观察 V_i 和 V_O 端波形,并比较相位。

　　图 3.1.3 所示电路中,R_1、R_2 为分压衰减电路,除 R_1、R_2 以外的电路为放大电路。之所以采取这种结构,是由于一般信号源在输出信号小到几毫伏时,会不可避免地受到电源纹波影

响出现失真,而大信号时电源纹波几乎无影响,所以采取大信号加 R_1、R_2 衰减形式。此外,观察输出波形时要调节 R_{b1},使输出波形最大且不失真时开始测量。输入输出波形两者反相,相差 180 度。

(3)信号源频率不变,逐渐加大信号源幅度,观察 V_0 不失真时的最大值,并填表 3.1.2。

分析图 3.1.3 中的交流等效电路模型,由下述几个公式进行计算:

$$r_{be} \approx 200 + (1+\beta)\frac{26mV}{I_E}, A_V = -\beta\frac{R_L \| R_C \| r_{ce}}{r_{be}}, r_i = R_b \| R_{b2} \| r_{be}, r_o = r_{ce} \| R_C$$

合适状态时:$U_B = 0.7$, $U_E = 0$, $U_C = 3.36$, $R_b = 135.4k\Omega$, $I_B = 56\mu A$, $I_C = 1.72mA$, $\beta = 30.7$, $r_{be} = 674\Omega$。

表 3.1.2 $R_L = \infty$

实 测		实测计算	估 算
$V_i(mV)$	$V_O(V)$	A_V	A_V
5	1.28	256	231.5
10	2.6	260	231.5
12	3	250	231.5

(4)保持 $V_i = 5mV$ 不变,放大器接入负载 R_L,在改变 R_C 数值情况下测量,并将计算结果填表 3.1.3。

当 $R_C = 2K$ 时,$I_B = 56.7\mu A$,$I_C = 1.90mA$,$\beta = 33.5$,$r_{be} = 667\Omega$;

当 $R_C = 5K1$ 时,$I_B = 56.6\mu A$,$I_C = 1.76mA$,$\beta = 31.1$,$r_{be} = 671.5\Omega$。

表 3.1.3

给定参数		实测		实测计算	估算
R_C	R_L	$V_i(mV)$	$V_O(V)$	A_V	A_V
2K	5K1	5	0.44	88	72.15
2K	2K2	5	0.33	66	52.6
5K1	5K1	5	0.7	140	118.1
5K1	2K2	5	0.43	86	71.2

(5)$V_i = 5mV$,$R_C = 5K1$,不加 R_L 时,如电位器 R_P 调节范围不够,可改变 R_{b1}(51K 或 150K),增大和减小 R_P,观察 V_O 波形变化,若失真观察不明显可增大 V_i 幅值($>10mV$),并重测,将测量结果填入表 3.1.4。

加 $V_i = 10mV$ 以上,调整 R_P 到适合位置,可观察到截止失真(波形上半周平顶失真)。

表 3.1.4

R_P	V_b	V_c	V_e	输出波形情况
最大	0.28	12.11	0	完全截止,无输出
合适	0.71	3.36	0	2.6V 无失真波形
最小	0.726	0.221	0	饱和失真(波形下半周切割失真)

4. 测放大电路输入、输出电阻

（1）输入电阻测量

所谓输入电阻,指的是放大电路的输入电阻,不包括 R_1、R_2 部分。

在输入端串接一个 5K1 电阻,如图 3.1.4 所示,测量 V_S 与 V_i,即可计算 r_i。

（2）输出电阻测量（见图 3.1.5）

在输出端接入可调电阻作为负载,选择合适的 R_L 值使放大电路输出不失真(接示波器监视),测量带负载时 V_L 和空载时的 V_o,即可计算出 r_o。

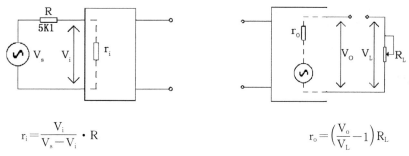

$$r_i = \frac{V_i}{V_s - V_i} \cdot R$$

图 3.1.4 输入电阻测量图

$$r_o = \left(\frac{V_o}{V_L} - 1\right) R_L$$

图 3.1.5 输出电阻测量

将上述测量及计算结果填入表 3.1.5 中。

用 $r_i = R_b \parallel R_{b2} \parallel r_{be}$, $r_o = r_{ce} \parallel R_c \approx R_c$ 公式进行估算。

表 3.1.5

测算输入电阻(设:R_S=5K1)				测算输出电阻			
实测		测算	估算	实测		测算	估算
V_S(mV)	V_i(mV)	r_i	r_i	V_o $R_L = \infty$	V_o R_L = 5K1	R_O(KΩ)	R_O(KΩ)
100	11.5	662.7Ω	650.2Ω	1.31	0.67	4.87	5.1

五、实验报告

1. 注明你所完成的实验内容和思考题,简述相应的基本结论。

2. 选择你在实验中感受最深的一个实验内容,写出较详细的报告。要求你能够使一个懂得电子电路原理但没有看过本实验指导书的人可以看懂你的实验报告,并相信你实验中得出的基本结论。

实验二　两级交流放大电路

【知识点准备】

两级阻容耦合共射极放大电路,用大电容作极间耦合。优点在于静态工作点互不影响,便于设计、分析、调试,低频特性差且大电容不利于集成化,因而多用于分立电路。

一、实验目的

1. 掌握如何合理设置静态工作点。
2. 学会放大电路频率特性测试方法。
3. 了解放大电路的失真及消除方法。

二、实验仪器

1. 双踪示波器;
2. 数字万用表;
3. 信号发生器。

三、预习要求

1. 复习教材多级放大电路内容及频率响应特性测量方法。
2. 分析图 3.2.1 两级交流放大电路。初步估计测试内容的变化范围。

四、实验内容

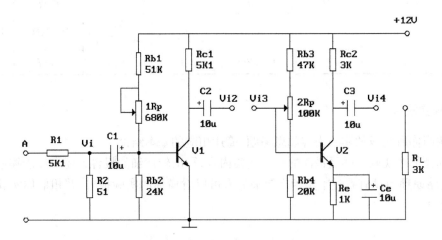

图 3.2.1　两级交流放大电路

分析其等效电路,有公式如下:

$$r'_{i1} = r_{be1}, \quad r'_{i2} = r_{be2} + (1+\beta)(R_e \parallel \frac{1}{j\omega C_e}), \quad A_{V1} = -\beta \frac{R_{c1} \parallel R'_{b3} \parallel R'_{b4} \parallel r'_{i2}}{r'_{i1}}$$

$$A_{V2} = -\beta \frac{R_{c2} \parallel R_L}{r'_{i2}}, \quad A_V = A_{V1} \cdot A_{V2}, \quad r_i = R_b \parallel R_{b2} \parallel r'_{i1}, \quad R_O = R_{c2} \parallel r_{ce2}$$

1. 设置静态工作点。

(1)按图接线,注意接线尽可能短。

(2)静态工作点设置:要求第二级在输出波形不失真的前提下幅值尽量大,第一级为增加信噪比,工作点尽可能低。

(3)在输入 A 端接入频率为 1KHz、幅度为 100mV 的交流信号(一般采用实验箱上加衰减的办法,即信号源用一个较大的信号。例如 100mV,在实验板上经 100:1 衰减电阻衰减,降为 1mV),使 Vi1 为 1mV,调整工作点使输出信号不失真。

【注意】

如发现有寄生振荡,可采用以下措施消除:

①重新布线,尽可能走短线。

②可在三极管 b、e 两极间加几 p 到几百 p 的电容。

③信号源与放大电路用屏蔽线连接。

2. 按表 3.2.1 要求测量并计算,注意测静态工作点时应断开输入信号。

	I_C	I_B	β	r_{be}
V1	2.1mA	66.1μA	31.77	602Ω
V2	1.67mA	30.8μA	54.22	1.05KΩ

$R_3' = 118.4K\Omega, R_4' = 58.4K\Omega, r_{i2}' \approx 1.05 - 0.879j(K\Omega) = 1.37\angle -39.9°K\Omega$

计算得:$A_{V1} = 57.9\angle 149.1°, A_{V2} = 118.8\angle -140.1°, A_V = 6879\angle 9°$

表 3.2.1

	静态工作点						输入/输出电压 (mA)			电压放大倍数		
	第一级			第二级						第1级	第2级	整体
	V_{C1}	V_{b1}	V_{e1}	V_{C2}	V_{b2}	V_{e2}	V_i	V_{01}	V_{02}	A_{V1}	A_{V2}	A_V
空载	1.41	0.717	0	7.11	2.42	1.71	0.5	44	4.2	88	95.5	8400
负载	同上			同上			0.5	44	2.18	88	49.5	4360

实际测出的放大倍数与估算的差距较大,但是实测相位差约为 9.5 度,与计算基本相符。

$R_O = \left(\dfrac{V_O}{V_L}\right)R_L = 2.78K\Omega$ 与理论值 $R_O = R_{c2} \parallel r_{ce2} \approx R_{c2} = 3K\Omega$ 相符。

3. 接入负载电阻 $R_L = 3K$,按表 3.2.1 测量并计算,比较实验内容 2、3 的结果。

4. 测两级放大电路的频率特性。

(1)将放大器负载断开,先将输入信号频率调到 1KHz,幅度调到使输出幅度最大而不失真。

(2)保持输入信号幅度不变,改变频率,按表 3.2.2 测量并记录。

(3)接上负载,重复上述实验。

表 3.2.2

$V_i = 0.5mV$

f(Hz)		50	100	250	500	1000	2500	5000	10000	20000
V_O	$R_L = \infty$	1	2.1	3.6	4.2	4.3	4.4	4.4	4.4	4.3
	$R_L = 3K$	0.5	1	1.75	2.1	2.2	2.25	2.24	2.24	2.22

五、实验报告

1. 整理实验数据,分析实验结果。

2. 画出实验电路的频率特性简图,标出 f_H 和 f_L。($f_H = 148KHz$,$f_L = 196Hz$)

3. 写出增加频率范围的方法。(引入负反馈,加大所用的电容)

六、附加实验

在第一级发射极也加入电阻电容并联电路,形成两极分压偏置电路。在图 3.2.1 的 V1 对地间加入 $R_{e1} = 1.8K\Omega$,$C_{e1} = 10\mu F$ 并联电路,去掉电位器 R_{P1},其余调试方法与之前相同。

分析电路可得公式除了 $r'_{i1} = r_{be1} + (1+\beta)(R_{e1} \parallel \dfrac{1}{j\omega C_{e1}})$ 外,其余不变。

	V_B	V_C	V_E	I_b	I_c	β	r_{be}
V1	3.07	2.37	5.51	$47.7\mu A$	1.33mA	27.04	748Ω
V2	2.52	1.81	6.81	$32.1\mu A$	1.79mA	55.14	1015Ω

测量得 $R'_{b3} = 103.3K\Omega$,$R'_{b4} = 69.4K\Omega$。

计算得:$r'_{i1} = 0.748 - 0.446j(K\Omega)$,$r'_{i2} = 1.015 - 0.893j(K\Omega)$。由此代入公式得:

$$A_{V1} = 33.87\angle178.59°, A_{V2} = 122.35\angle-138.7°, A_V = 4144\angle39.89°$$

V_i	V_{O1}	V_{O2}	A_{V1}	A_{V2}	A_V	相差 φ
0.5mV	18.7mV	2.19V	37.4	117.1	4380	41.6 度

此次结果与计算基本相符。

实验三　负反馈放大电路

【知识点准备】

本实验旨在研究负反馈对放大电路的影响。负反馈有开环和闭环两种形式,对失真有明显的改善作用。

一、实验目的

1. 研究负反馈对放大电路性能的影响。
2. 掌握负反馈放大电路性能的测试方法。

二、实验仪器

1. 双踪示波器;
2. 音频信号发生器;
3. 数字万用表。

三、预习要求

1. 认真阅读实验内容要求,估计待测量内容的变化趋势。
2. 设图 3.3.1 电路晶体管 β 值为 40,计算该放大电路开环和闭环电压放大倍数。

此电路为电压串联负反馈,负反馈会减小放大倍数,会稳定放大倍数,会改变输入输出电阻,展宽频带,减小非线性失真。而电压串联负反馈会增大输入电阻、减小输出电阻,公式如下:

$$A_f = \frac{A}{1+AF}, \frac{dA_f}{A_f} = \frac{1}{1+AF}\frac{dA}{A}, f_{Hf} = (1+AF)f_H, f_{Lf} = \frac{f_L}{1+AF}$$

$$r'_{if} = (1+AF)r'_i, R_{Of} = \frac{R_O}{1+AF}$$

分析图 3.3.1,与两级分压偏置电路相比,增加了 R_6,R_6 引入电压交直流负反馈,从而加大了输入电阻、减小了放大倍数。此外,R_6 与 R_F、C_F 形成了负反馈回路,从电路上分析,$F = \frac{U_f}{U_O} \approx \frac{R_6}{R_6+R_F} = \frac{1}{31} = 0.323$。

四、实验内容

1. 负反馈放大电路开环和闭环放大倍数的测试
(1)开环电路
①按图接线,R_F 先不接入。
②输入端接入 $V_i = 1mV$ $f = 1kHz$ 的正弦波(注意:输入 1mV 信号采用输入端衰减法,见实验一)。调整接线和参数使输出不失真且无振荡(参考实验二方法)。
③按表 3.3.1 要求进行测量并填表。
④根据实测值计算开环放大倍数和输出电阻 r_0。

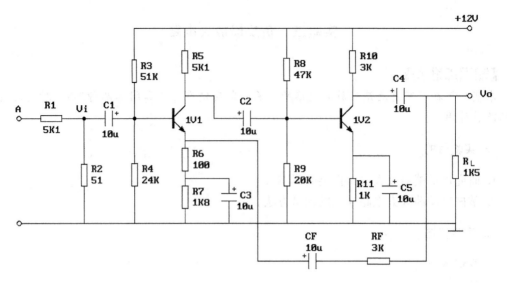

图 3.3.1 反馈放大电路

(2)闭环电路

①接通 R_F 和 C_F，按(1)的要求调整电路。

②按表 3.3.1 要求测量并填表，计算 A_{vf}。

③根据实测结果，验证 $A_{vf} \approx \dfrac{1}{F}$。

分析开环时的交流等效电路，有公式如下：

$$r'_{i1} = r_{be1} + (1+\beta)(R_6 + R_7 \parallel \frac{1}{j\omega C_3}), r'_{i2} = r_{be2} + (1+\beta)(R_{11} \parallel \frac{1}{j\omega C_5})$$

$$A_{V1} = -\beta_1 \frac{R_5 \parallel R_8 \parallel R_9 \parallel r'_{i2}}{r'_{i1}}, A_{V2} = -\beta_2 \frac{R_L \parallel R_{10} \parallel r_{ce}}{r'_{i2}}, A = A_{V1} * A_{V2}$$

$$r_i = r'_{i1} \parallel R_3 \parallel R_4, R_O = R_{10} \parallel r_{ce}$$

测量开环各项参数(不加 R_L)：

	$I_B(\mu A)$	$I_C(mA)$	β	$r_{be}(\Omega)$
1V1	46.0	1.24	27	786
1V2	40.4	2.30	57	849

$r'_{i1} = 3.58 - 0.445j = 3.61\angle -7.1°K\Omega, r'_{i2} = 0.85 - 0.92j = 1.25\angle -47.3°K\Omega$

计算得：$A_{V1} \approx 7.47\angle150.2°, A_{V2} = 136.6\angle -132.7°, A = 1020\angle17.5°$。

表 3.3.1

		$R_L(K\Omega)$	$V_i(mV)$	$V_0(mV)$	$A_V(A_{vf})$	$V_{i2}(mV)$	A_{V1}	A_{V2}
开		∞	1	1040	1040	8.8	8.8	118
环		1K5	1	360	360	8.8	8.8	40.9

续表

	$R_L(K\Omega)$	$V_i(mV)$	$V_0(mV)$	$A_V(A_{vf})$	$V_{i2}(mV)$	A_{V1}	A_{V2}
闭	∞	1	28.5	28.5	0.5	0.5	57
环	1K5	1	27	27	0.9	0.9	30

注:闭环时为方便观察,可适当加大输入幅值。

由公式 $R_O=(\dfrac{V_O}{V_L}-1)R_L$ 计算: $R_O=2.83K\Omega$, $R_{Of}=83.3\Omega$。

将 A 与 A_f 比较:不加 R_L 时,A=1040, A_f=28.5,代入 $A_f=\dfrac{A}{1+AF}$,得 F=0.034;加 R_L 时,A=360, A_f=27,代入 $A_f=\dfrac{A}{1+AF}$,得 F=0.034,基本与理论值一致。

理论值 $R_O=3K\Omega$, $R_{Of}=\dfrac{R_O}{1+AF}\approx88.45\Omega$(取理论值 A=1020,F=0.323)基本相符。负反馈对失真的改善作用:

(1)将图 3.3.1 电路开环,逐步加大 V_i 的幅度,使输出信号出现失真(注意不要过分失真)记录失真波形幅度。

(2)将电路闭环,观察输出情况,并适当增加 V_i 幅度,使输出幅度接近开环时失真波形幅度。闭环后,引入负反馈,减小失真度,改善波形失真。

(3)若 RF=3K 不变,但 RF 接入 1V1 的基极,会出现什么情况?实验验证之。

引入正反馈,产生大约 7Hz 的震荡波形。

(4)画出上述各步实验的波形图。

2. 测放大电路频率特性

(1)将图 3.3.1 电路先开环,选择 V_i 适当幅度,保持不变并调节频率使输出信号在示波器上有最大显示。

(2)保持输入信号幅度不变逐步增加频率,直到波形减小为原来的 70%,此时信号频率即为放大电路 f_H。

(3)条件同上,但逐渐减小频率,测得 f_L。

(4)将电路闭环,重复(1)~(3)步骤,并将结果填入表 3.3.2。

当频率 f 在 4KHz~10KHz 间,输出信号最大(无论开环、闭环),应以此为最大值进行测量。测出的 f_{Hf} 和 f_H 相比,基本符合公式,但 f_{Lf} 和 f_L 相比相差较大,估计是必须考虑三极管的低频特性和几个大电容的影响。

表 3.3.2

	$f_H(Hz)$	$f_L(Hz)$
开环	120K	300
闭环	5M	177

五、实验报告

1. 将实验值与理论值比较,分析误差原因。

2. 根据实验内容总结负反馈对放大电路的影响。

实验四　射极跟随电路

【知识点准备】

本实验旨在测试设计跟随电路的各种电路参数。

一、实验目的

1. 掌握射极跟随电路的特性及测量方法。
2. 进一步学习放大电路各项参数测量方法。

二、实验仪器

1. 示波器；
2. 信号发生器；
3. 数字万用表。

三、预习要求

1. 参照教材有关章节内容,熟悉射极跟随电路原理及特点,
2. 根据图 3.4.1 元器件参数,估算静态工作点。画交直流负载线。

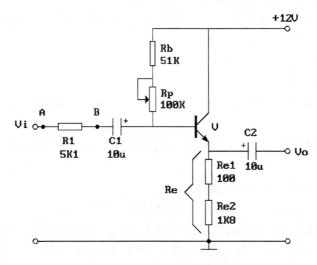

图 3.4.1　射极跟随电路

共集极放大电路,由输出电压从发射级获得且放大倍数接近 1,也被称为射极跟随器。图 3.4.1 有错误,A 点输入应为 V_S 输入点,用于测量输入电阻,B 点才是 V_i 输入点。分析交流等效电路,有公式如下：

$$U_i = i_b r_{be} + (1+\beta) i_b (R_e \parallel R_L), U_O = (1+\beta) i_b (R_e \parallel R_L)$$

$$A_u = \frac{(1+\beta)(R_e \parallel R_L)}{r_{be} + (1+\beta)(R_e \parallel R_L)}, r_i' = r_{be} + (1+\beta)(R_e \parallel R_L), r_i = r_i' \parallel R_B$$

$$R_O = \frac{r_{be}}{1+\beta} \parallel R_e$$

由以上公式可知,由于一般有 $(1+\beta)(R_e \parallel R_L) \gg r_{be}$,所以 $A_u \approx 1$,由于 $i_e \gg i_b$,因而仍有功率放大作用。输入电阻比共射放大电路大得多,r_i' 可达几十 KΩ 到几百 KΩ;输出电阻很小,R_O 可达到几十欧姆。此电路从信号源索取电流小且带负载能力强,所以常用于多级放大电路的输入输出极,也常作为联接缓冲作用。

四、实验内容与步骤

1. 按图 3.4.1 电路接线。

2. 直流工作点的调整。

将电源 +12V 接上,在 B 点加 f=1KHz 正弦波信号,输出端用示波器监视,反复调整 R_P 及信号源输出幅度,使输出幅度在示波器屏幕上得到一个最大不失真波形,然后断开输入信号,用万用表测量晶体管各级对地的电位,即为该放大器静态工作点,将所测数据填入表 3.4.1。

表 3.4.1

$V_e(V)$	$V_b(V)$	$V_C(V)$	$I_e = \dfrac{V_e}{R_e}$	R_P	I_B	β	r_{be}
6.58	7.26	12.11	3.463mA	0Ω	92.6μA	37	482Ω

3. 测量电压放大倍数 A_v。

接入负载 R_L=1K。在 B 点加入 f=1KHz 正弦波信号,调输入信号幅度(此时偏置电位器 R_P 不能再旋动),用示波器观察,在输出最大不失真情况下测 V_i 和 V_L 值,将所测数据填入表 3.4.2 中。

表 3.4.2

$V_i(V)$	$V_L(V)$	$A_V = \dfrac{V_L}{V_i}$	A_V 估(R_L=1KΩ)
2.38	2.32	0.975	0.981

4. 测量输出电阻 R。

在 B 点加入 f=1KHz 正弦波信号,V_i=100mV 左右,接上负载 R_L=2K2 时,用示波器观察输出波形,测空载时输出电压 $V_O(R_L=\infty)$,加负载时输出电压 $V_L(R=2K2)$ 的值。

则:

$$R_0 = \left(\dfrac{V_0}{V_L} - 1\right)R_L$$

将所测数据填入表 3.4.3 中。

表 3.4.3

$V_i(mV)$	$V_0(mV)$	$V_L(mV)$	$R_0 = \left(\dfrac{V_0}{V_L}-1\right)R_L$	R_O(估)
97.58	96.94	96.45	11.18Ω	12.57Ω

根据公式计算:A_V 估(不加 R_L)=0.9934,A_V 估(R_L=2K2)=0.9877。实际 A_V(不加 R_L)=0.9934,A_V(R_L=2K2)=0.9884。

5. 测量放大电路输入电阻 R_i(采用换算法)。

在输入端串入 $R_S=5K1$ 电阻,A 点加入 $f=1KHz$ 的正弦波信号,用示波器观察输出波形,用毫伏表分别测 A、B 点对地电位 V_S、V_i。

则 $r_i = \dfrac{V_i}{V_S - V_i} \cdot R_S = \dfrac{R_S}{\dfrac{V_S}{V_i} - 1}$,将测量数据填入表 3.4.4。

表 3.4.4

$V_S(V)$	$V_i(V)$	$R_i = \dfrac{R}{V_S/V_i - 1}$	r_i(估)
116	100	31.875KΩ	30.0KΩ

6. 测射极跟随电路的跟随特性并测量输出电压峰峰值 V_{OP-P}。

接入负载 $R_L=2K2$,在 B 点加入 $f=1KHz$ 的正弦波信号,逐点增大输入信号幅度 V_i,用示波器监视输出端,在波形不失真时,测对应的 V_L 值,计算出 A_V,并用示波器测量输出电压的峰值 V_{OP-P},与电压表(读)测的对应输出电压有效值比较。将所测数据填入表 3.4.5。

表 3.4.5

	1	2	3	4
V_i(峰值)	0.5	1	2	3
V_L	0.364	0.693	1.386	2.09
V_{OP-P}	0.98	1.96	3.92	5.9
A_V	0.98	0.98	0.98	0.9877

五、实验报告

1. 绘出实验原理电路图,标明实验的元件参数值。

2. 整理实验数据及说明实验中出现的各种现象,得出有关的结论;画出必要的波形及曲线。

3. 将实验结果与理论计算比较,分析产生误差的原因。

实验五　直流差动放大电路

【知识点准备】

差动放大器是相位相反的两个放大器组合,对共模信号有反相抵消作用。它对共模信号和零点漂移有极强的抑制功能。因而直流及数模放大多用差动放大器来保持高度纯净的差模信号放大。本实验旨在研究差动放大电路的工作原理。

一、实验目的

1. 熟悉差动放大电路工作原理。
2. 掌握差动放大电路的基本测试方法。

二、实验仪器

1. 双踪示波器;
2. 数字万用表;
3. 信号源。

三、预习要求

1. 计算图 3.5.1 的静态工作点(设 $r_{bc}=3K,\beta=100$)及电压放大倍数。
2. 在图 3.5.1 基础上画出单端输入和共模输入的电路。

差分放大电路是构成多级直接耦合放大电路的基本单元电路,由典型的工作点稳定电路演变而来。为进一步减小零点漂移问题而使用了对称晶体管电路,以牺牲一个晶体管放大倍数为代价获取了低温飘的效果。它还具有良好的低频特性,可以放大变化缓慢的信号,由于不存在电容,可以不失真地放大各类非正弦信号,如方波、三角波等。差分放大电路有四种接法:双端输入单端输出、双端输入双端输出、单端输入双端输出、单端输入单端输出。

由于差分电路分析一般基于理想化(不考虑元件参数不对称),因而很难作出完全分析。为了进一步抑制温飘、提高共模抑制比,实验所用电路使用 V3 组成的恒流源电路来代替一般电路中的 R_e,它的等效电阻极大,从而在低电压下实现了很高的温漂抑制和共模抑制比。为了达到参数对称,因而提供了 R_{P1} 来进行调节,称之为调零电位器。实际分析时,如认为恒流源内阻无穷大,那么共模放大倍数 $A_C=0$。分析其双端输入双端输出差模交流等效电路,分析时认为参数完全对称。

设 $\beta_1=\beta_2=\beta,r_{be1}=r_{be2}=r_{be},R'=R''=\dfrac{R_{P1}}{2}$,因此有如下公式:

$$\Delta u_{id}=2\Delta i_{B1}(r_{be}+(1+\beta)R'),\quad \Delta u_{od}=-2\beta\Delta i_{B1}\cdot\left(R_c\parallel\dfrac{R_L}{2}\right)$$

差模放大倍数 $A_d=\dfrac{\Delta u_{od}}{\Delta u_{id}}=-\beta\dfrac{R_c\parallel\dfrac{R_L}{2}}{r_{be}+(1+\beta)R'}=2A_{d1}=2A_{d2},R_O=2R_c$

同理分析双端输入单端输出有:

$$A_d=-\dfrac{1}{2}\beta\dfrac{R_c\parallel R_L}{r_{be}+(1+\beta)R'},R_O=R_c$$

单端输入时：其 A_d、R_O 由输出端是单端或是双端决定，与输入端无关。其输出必须考虑共模放大倍数：$U_O = A_d \Delta u_i + A_c \cdot \dfrac{\Delta u_i}{2}$。

无论何种输入输出方式，输入电阻不变：$r'_i = 2(r_{be} + (1+\beta)R')$。

四、实验内容及步骤

实验电路如图 3.5.1 所示。

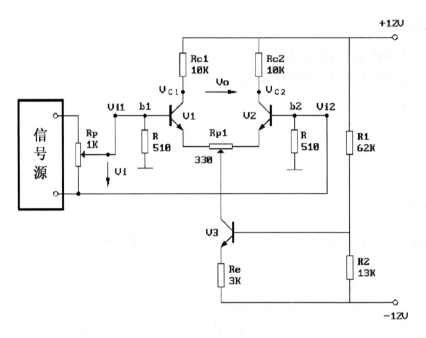

图 3.5.1　差动放大原理图

图 3.5.1 有错误，两个 510 欧的电阻 R 对实验没有意义，应去掉。

1. 测量静态工作点。

（1）调零

将输入端短路并接地，接通直流电源，调节电位器 R_{Pl} 使双端输出电压 $V_0 = 0$。

（2）测量静态工作点

测量 V_1、V_2、V_3 各极对地电压，填入表 3.5.1 中。

表 3.5.1

对地电压	V_{c1}	V_{c2}	V_{c3}	V_{b1}	V_{b2}	V_{b3}	V_{e1}	V_{e2}	V_{e3}
测量值（V）	6.35	6.35	-0.711	0	0	-7.96	-0.603	-0.601	-8.59

2. 测量差模电压放大倍数。

在输入端加入直流电压信号 $V_{id} = \pm 0.1V$，按表 3.5.2 要求测量并记录，由测量数据算出单端和双端输出的电压放大倍数。注意：先将 DC 信号源 OUT1 和 OUT2 分别接入 V_{i1} 和 V_{i2} 端，然后调节 DC 信号源，使其输出为 $+0.1V$ 和 $-0.1V$。

3. 测量共模电压放大倍数。

将输入端 b_1、b_2 短接,接到信号源的输入端,信号源另一端接地。DC 信号分先后接 OUT1 和 OUT2,分别测量并填入表 3.5.2。由测量数据算出单端和双端输出的电压放大倍数。进一步算出共模抑制比 $CMRR=\left|\dfrac{A_d}{A_c}\right|$。

表 3.5.2

测量及 计算值 输入 信号 V_i	差模输入						共模输入						共模抑制比
	测量值(V)			计算值			测量值(V)			计算值			计算值
	V_{c1}	V_{c2}	$V_{0双}$	A_{d1}	A_{d2}	$A_{d双}$	V_{c1}	V_{c2}	$V_{0双}$	A_{c1}	A_{c2}	$A_{C双}$	CMRR
$+0.1V$	1.52	11.22	9.7	24.15	24.35	48.5	6.35	6.35	0	0	0	0	
$-0.1V$							6.35	6.35	0	0	0	0	

4. 在实验板上组成单端输入的差放电路进行下列实验。

(1)在图 3.5.1 中将 b_2 接地,组成单端输入差动放大器,从 b_1 端输入直流信号 $V=\pm0.1V$,测量单端及双端输出,填表 3.5.3,记录电压值。计算单端输入时的单端及双端输出的电压放大倍数,并与双端输入时的单端及双端差模电压放大倍数进行比较。

表 3.5.3

测量仪计算值 输入信号	电压值			双端放大 倍数 A_V	单端放大倍数	
	V_{c1}	V_{c2}	V_o		A_{V1}	A_{V2}
直流$+0.1V$	3.75	8.99	5.24	52.4	26	26.4
直流$-0.1V$	9.02	3.68	5.34	53.4	26.7	2.67
正弦信号(50mV、1KHz)	1.34V(反相)	1.34(同相)	2.68	53.6	26.8	26.8

(2)从 b_1 端加入正弦交流信号 $V_i=0.05V$、$f=1000Hz$,分别测量、记录单端及双端输出电压,填入表 3.5.3,计算单端及双端的差模放大倍数。

【注意】

输入交流信号时,用示波器监视 V_{C1}、V_{C2} 波形,若有失真现象时,可减小输入电压值,使 V_{C1}、V_{C2} 都不失真为止。

五、实验报告

1. 根据实测数据计算图 3.5.1 电路的静态工作点,与预习计算结果相比较。
2. 整理实验数据,计算各种接法的 A_d,并与理论计算值相比较。
3. 计算实验步骤 3 中 A_c 和 CMRR 值。
4. 总结差放电路的性能和特点。

实验电路所用三极管均为 9013,放大倍数 β 一般在 150~200,所以基极电流很小,对电路影响可忽略不计。设 β=150,由此估算静态工作点和放大倍数:

$$V_{3B}=\frac{V_{CC}-V_{DD}}{R_1+R_2}\cdot R_2+V_{DD}=-7.84(V),V_{3E}=V_{3B}-0.7=-8.54(V)$$

$$V_{1B} = V_{2B} = 0(V), V_{1E} = V_{2E} = -0.7(V), I_{3C} \approx I_{3E} = \frac{V_{3E} - V_{DD}}{R_e} = 1.15(A)$$

$$I_{1C} = I_{2C} \approx I_{1E} = I_{2E} = \frac{I_{3C}}{2} = 0.577(A), V_{1C} = V_{2C} = V_{CC} - I_{1C} \cdot R_C = 6.23(V)$$

$$V_{3C} = V_{1E} - I_{1E} \cdot \frac{R_{P1}}{2} = -0.794(V), r_{be} \approx 200 + (1+\beta)\frac{26mV}{I_E} \approx 7K\Omega$$

$$A_d = \frac{\Delta u_{od}}{\Delta u_{id}} = -\beta \frac{R_c \parallel \frac{R_L}{2}}{r_{be} + (1+\beta)R'} = 47, A_{d1} = A_{d2} = \frac{A_d}{2} = 23.5$$

理论计算结果与实际比较基本相符。

实验六　电压比较电路

【知识点准备】

电压比较器是对输入信号进行鉴别与比较的电路,是组成非正弦波发生电路的基本单元电路。常用的电压比较器有单限比较器、滞回比较器、窗口比较器、三态电压比较器等。

电压比较器可用作模拟电路和数字电路的接口,还可以用作波形产生和变换电路等。利用简单电压比较器可将正弦波变为同频率的方波或矩形波。

一、实验目的

1. 掌握比较电路的电路构成及特点。
2. 学会测试比较电路的方法。

二、仪器设备

1. 双踪示波器;
2. 信号发生器;
3. 数字万用表。

三、预习要求

1. 分析图 3.6.1 电路,回答以下问题:
(1)比较电路是否要调零? 原因何在?
(2)比较电路两个输入端电阻是否要求对称? 为什么?
(3)运放两个输入端电位差如何估计?
2. 分析图 3.6.2 电路,计算:
(1)使 V_O 由 $+V_{om}$ 变为 $-V_{om}$ 的 V_i 临界值。
(2)使 V_0 由 $-V_{om}$ 变为 $+V_{om}$ 的 V_i 临界值。
(3)若由 V_i 输入有效值为 1V 正弦波,试画出 $V_i - V_O$ 波形图。
3. 分析图 3.6.3 电路,重复 2 的各步。
4. 按实习内容准备记录表格及记录波形的坐标纸。

电压比较器中集成运放工作在开环或正反馈状态,只要两个输入端之间电压稍有差异,输出端便输出饱和电压,因此基本工作在饱和区,输出只有正负饱和电压。

四、实验内容

1. 过零比较电路
实验电路如图 3.6.1 所示。

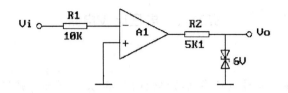

图 3.6.1　过零比较电路

(1)按图接线 V_i 悬空时测 V_O 电压。

(2)V_i 输入 500Hz 有效值为 1V 的正弦波,观察 V_i—V_O 波形并记录。

(3)改变 V_i 幅值,观察 V_O 变化。

由于 $V_+=0V$,当输入电压 U_i 大于 0V 时,U_O 输出 $-U_Z$,反之输出 U_Z。实测:悬空时,输出电压为 5.57 伏。输入正弦波时,输出正负 5.6 伏的方波,当正弦波处于上半周时,方波处于 -5.6 伏;当正弦波处于下半周时,方波处于 $+5.6$ 伏。改变输入幅值,随着幅值增大,方波的过渡斜线变得更竖直。

2. 反相滞回比较电路

实验电路如图 3.6.2 所示。

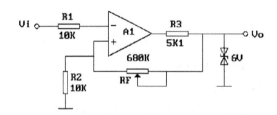

图 3.6.2　反相滞回比较电路

分析电路可得:$U_{TH}=\dfrac{R_2}{R_F+R_2}U_Z$,$U_{TL}=-\dfrac{R_2}{R_F+R_2}U_Z$。

(1)按图接线,并将 RF 调为 100K,V_i 接 DC 电压源,测出 V_O 由 $+V_{om}$ 至 $-V_{om}$ 时 V_i 的临界值。

(2)同上,V_O 由 $-V_{om}$ 至 $+V_{om}$。

以 $U_Z=6V$,公式计算 $U_{TH}=0.545V$,$U_{TL}=-0.545V$。实测 $U_{TH}=0.508V$,$U_{TL}=-0.514V$ 与 $U_Z=5.6V$ 时计算结果相符。

(3)V_i 接 500Hz 有效值 1V 的正弦信号,观察并记录 V_i—V_O 波形。

(4)将电路中 RF 调为 200K,重复上述实验。

以 $U_Z=6V$,公式计算 $U_{TH}=0.286V$,$U_{TL}=-0.286V$。实测 $U_{TH}=0.268V$,$U_{TL}=-0.267V$ 与 $U_Z=5.6V$ 时计算结果相符。

3. 同相滞回比较电路

实验电路为图 3.6.3 所示。

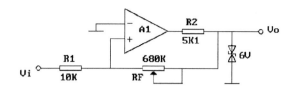

图 3.6.3 同相滞回比较电路

（1）参照实验内容 2 自拟实验步骤及方法。

（2）将结果与实验内容 2 相比较。

分析电路可得：$U_{TH}=\dfrac{R_1}{R_F}U_Z$，$U_{TL}=-\dfrac{R_1}{R_F}U_Z$。以 $U_Z=6V$、$R_F=100K\Omega$，公式计算 $U_{TH}=0.6V$，$U_{TL}=-0.6V$，实测 $U_{TH}=0.547V$，$U_{TL}=-0.552V$ 与 $U_Z=5.6V$ 时计算结果相符。以 $U_Z=6V$、$R_F=200K\Omega$，公式计算 $U_{TH}=0.3V$，$U_{TL}=-0.3V$，实测 $U_{TH}=0.280V$，$U_{TL}=-0.286V$ 与 $U_Z=5.6V$ 时计算结果相符。

五、实验报告

1. 整理实验数据及波形图，并与预习计算值比较。

2. 总结几种比较电路特点。

实验七　集成电路 RC 正弦波振荡电路

【知识点准备】

正弦波振荡电路必须具备两个条件：一是必须引入反馈，而且反馈信号要能代替输入信号，这样才能在不输入信号的情况下自发产生正弦波振荡；二是有外加的选频网络，用于确定振荡频率。因此，振荡电路由四部分电路组成：放大电路、选频网络、反馈网络、稳幅环节。

一、实验目的

1. 掌握桥式 RC 正弦波振荡电路的构成及工作原理。
2. 熟悉正弦波振荡电路的调整、测试方法。
3. 观察 RC 参数对振荡频率的影响，学习振荡频率的测定方法。

二、实验仪器

1. 双踪示波器；
2. 低频信号发生器；
3. 频率计。

三、预习要求

1. 复习 RC 桥式振荡电路的工作原理。
2. 完成下列填空题：

(1) 图 3.7.1 中，正反馈支路是由 RC 串并联电路组成，这个网络具有选频特性，要改变振荡频率，只要改变电阻或电容的数值即可。

(2) 图 3.7.1 中，1R_P 和 R_1 组成负反馈，其中电位器 R_{p2} 是用来调节放大器的放大倍数，使 $A_V \geqslant 3$。

正弦波震荡电路必须具备两个条件：一是必须引入反馈，而且反馈信号要能代替输入信号，这样才能在不输入信号的情况下自发产生正弦波震荡；二是要有外加的选频网络，用于确定震荡频率。因此震荡电路由四部分电路组成：(1) 放大电路；(2) 选频网络；(3) 反馈网络；(4) 稳幅环节。实际电路中多用 LC 谐振电路或是 RC 串并联电路（两者均起到带通滤波选频作用）用作正反馈来组成震荡电路。震荡条件如下：正反馈时 $\dot{X}'_i = \dot{X}_f = \dot{F}\dot{X}_O$，$\dot{X}_O = \dot{A}\dot{X}'_i = \dot{A}\dot{F}\dot{X}_O$，所以平衡条件为 $\dot{A}\dot{F} = 1$，即放大条件 $|\dot{A}\dot{F}| = 1$，相位条件 $\varphi_A + \varphi_F = 2n\pi$，起振条件 $|\dot{A}\dot{F}| > 1$。

本实验电路常称为文氏电桥震荡电路，由 R_{p2} 和 R_1 组成电压串联负反馈，使集成运放工作于线性放大区，形成同相比例运算电路，由 RC 串并联网络作为正反馈回路兼选频网络。分析电路可得：$|\dot{A}| = 1 + \dfrac{R_{p2}}{R_1}$，$\varphi_A = 0$。当 $R_{p1} = R_1 = R$，$C_1 = C_2 = C$ 时，有：

$$\dot{F} = \cfrac{1}{3 + j\left(\omega RC - \dfrac{1}{\omega RC}\right)}$$

设 $\omega_0 = \dfrac{1}{RC}$，有：

$$|\dot{F}|=\frac{1}{\sqrt{9+(\frac{\omega}{\omega_0}-\frac{\omega_0}{\omega})^2}}\,,\varphi_F=-\mathrm{arctg}\,\frac{1}{3}(\frac{\omega}{\omega_0}-\frac{\omega_0}{\omega})$$

当 $\omega=\omega_0$ 时，$|\dot{F}|=\frac{1}{3}$，$\varphi_F=0$，此时取 A 稍大于 3，便满足起振条件，稳定时 A=3。

四、实验内容

1. 按图 3.7.1 接线。

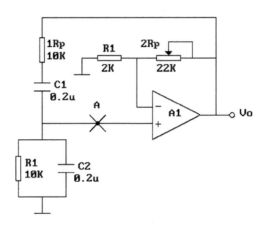

图 3.7.1

2. 用示波器观察输出波形。

思考：

(1)若元件完好、接线正确、电源电压正常，而 $V_O=0$，原因何在？应怎么办？

(2)有输出但出现明显失真，应如何解决？

无输出和输出失真都与放大倍数 A 有关，A 小则不起振，A 大则输出失真，调节电位器来调整放大倍数 A。

3. 用频率计测上述电路输出频率，若无频率计可按图 3.7.2 接线，用李沙育图形法测定，测出 V_O 的频率 f_{01} 并与计算值比较。

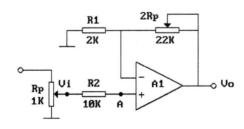

图 3.7.2

理论 $f_0=\frac{1}{2\pi RC}\approx79.58Hz$，实际输出频率约为 79Hz，峰值约为 5.2 伏。

由于 A 要大于 3,即 R_{p2} 大于 4KΩ 时才起振,但此时放大倍数大于平衡条件,易于出现输出幅值过大而失真的现象,为改善这种现象,可适当加入稳幅环节,在 R_{p2} 两端并上 6V 稳压管,利用稳压管的动态电阻变化特性进行自调节。

4. 改变振荡频率。

在实验箱上设法使文氏桥电容 $C_1 = C_2 = 0.1\mu$。

【注意】

改变参数前,必须先关断实验箱电源开关再改变参数,检查无误后再接通电源。测 f_0 之前,应适当调节 $2R_P$ 使 V_O 无明显失真后,再测频率。

理论 $f_0 = \dfrac{1}{2\pi RC} \approx 159.15\text{Hz}$,实际输出频率约为 157.5Hz,峰值约为 5.2 伏。

5. 测定运算放大器放大电路的闭环电压放大倍数 A_{uf}。

先测出图 3.7.1 电路的输出电压 V_O 值后,关断实验箱电源,保持 $2R_P$ 及信号发生器频率不变,断开图 3.7.1 中"A"点接线,把低频信号发生器的输出电压接至一个 1K 的电位器上,再从这个 1K 电位器的滑动接点取 V_i 接至运放同相输入端。如图 3.7.3 所示调节 V_i 使 V_O 等于原值,测出此时的 V_i 值。

测出:$V_i = 0.5\text{V}$, $V_O = 1.55\text{V}$,则 $A_{uf} = V_O/V_i = 3.1$ 倍,理论值应为 3 倍。

6. 自拟详细步骤,测定 RC 串并联网络的幅频特性曲线。

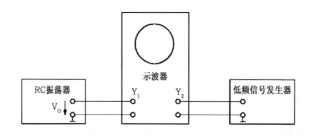

图 3.7.3

断开同相放大器电路,并取 $R_{p1} = R_1 = 10\text{KΩ}$, $C_1 = C_2 = 0.1\mu\text{F}$。输入峰峰值为 3 伏,即峰值为 1.5 伏的正弦波,改变频率按下表测量 A 点输出(以下输出值为峰值)。

f(Hz)	20	40	60	80	100	120	130	140	150
V_O(V)	0.180	0.310	0.400	0.450	0.475	0.490	0.492	0.494	0.500
f(Hz)	160	170	180	200	250	300	400	500	1000
V_O(V)	0.500	0.498	0.494	0.488	0.475	0.453	0.410	0.360	0.230

五、实验报告

1. 电路中哪些参数与振荡频率有关?将振荡频率的实测值与理论估算值比较,分析产生误差的原因。

2. 总结改变负反馈深度对振荡电路起振的幅值条件及输出波形的影响。

3. 完成预习要求中第 2、3 项内容。

4. 作出 RC 串并联网络的幅频特性曲线。

实验八　集成功率放大电路

【知识点准备】

约 95％以上的音响设备上的音频功率放大器都采用了集成电路。据统计,音频功率放大器集成电路的产品品种已超过 300 种;从输出功率容量来看,已从不到 1W 的小功率放大器发展到 10W 以上的中功率放大器,直到 25W 的厚膜集成功率放大器。从电路的结构来看,已从单声道的单路输出集成功率放大器发展到双声道立体声的二重双路输出集成功率放大器。

一、实验目的

1. 熟悉集成功率放大电路的特点。
2. 掌握集成功率放大电路的主要性能指标及测量方法。

二、实验仪器及材料

1. 示波器;
2. 信号发生器;
3. 万用表。

三、预习要求

1. 复习集成功率放大电路工作原理,对照图 3.8.1 分析电路工作原理。
2. 在图 3.8.1 电路中,若 $V_{CC}=12V$,$R_L=8\Omega$,估算该电路的 P_{cm}、P_V 值。
3. 阅读实验内容,准备记录表格。

集成功率放大器是一种音频集成功放,具有自身功耗低、电压增益可调整、电压电源范围大、外接元件少和总谐波失真少的优点。分析其内部电路,可得到一般集成功放的结构特点。LM386 是一个三级放大电路,第一级为直流差动放大电路,它可以减少温飘、加大共模抑制比的特点,由于不存在大电容,所以具有良好低频特性,可以放大各类非正弦信号,也便于集成。它以两路复合管作为放大管增大放大倍数,以两个三极管组成镜像电路源作差分发大电路的有源负载,使这个双端输入单端输出差分放大电路的放大倍数接近双端输出的放大倍数。第二级为共射放大电路,以恒流源为负载,增大放大倍数、减小输出电阻。第三级为双向跟随的准互补放大电路,可以减小输出电阻,使输出信号峰峰值尽量大(接近于电源电压),两个二极管给电路提供合适的偏置电压,可消除交越失真。可用瞬间极性法判断出,引脚 2 为反相输入端,引脚 3 为同相输入端,电路是单电源供电,故为 OTL(无输出变压器的功放电路),所以输出端应接大电容隔直再带负载。引脚 5 到引脚 1 的 15KΩ 电阻形成反馈通路,与引脚 8 引脚 1 之间的 1.35KΩ 和引脚 8 三极管发射极间的 150Ω 电阻形成深度电压串联负反馈。此时 $A_u=A_f=\dfrac{A}{1+AF}\approx\dfrac{1}{F}$,理论分析当引脚 1 和引脚 8 之间开路时,有 $A_u\approx2(1+\dfrac{15K}{1.35K+0.15K})=22$,当引脚 1 和引脚 8 之间外部串联一个大电容和一个电阻 R 时,有 $A_u\approx2(1+\dfrac{15K}{1.35K\parallel R+0.15K})$,因此当 R＝0 时,$A_u\approx202$。

四、实验内容

1. 按图 3.8.1 电路在实验板上插装电路。不加信号时测静态工作电流。

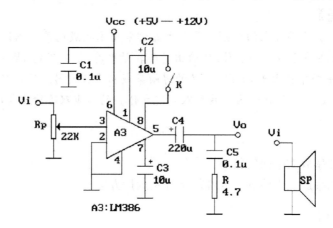

图 3.8.1　实验电路图

2. 在输入端接 1KHz 信号,用示波器观察输出波形、逐渐增加输入电压幅度,直至出现失真为止,记录此时输入电压、输出电压幅值,并记录波形。

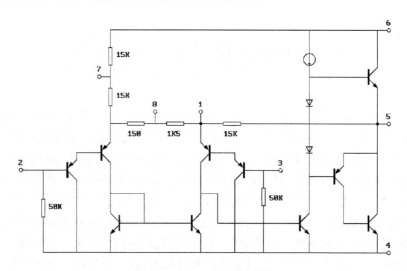

图 3.8.2　LM386 内部电路

上图引脚 1 和引脚 8 之间电阻值错误,应为 $1.35\text{K}\Omega$,而不是 $1.5\text{K}\Omega$。

3. 去掉 10μ 电容,重复上述实验。

4. 改变电源电压(选 5V、9V 两档),重复上述实验。

实验电路图 3.8.1 中,开关与 C_2 控制增益,C_3 为旁路电容,C_1 为去耦电容滤掉电源的高频交流部分,C_4 为输出隔直电容,C_5 与 R 串联构成校正网络来进行相位补偿。当负载为 R_L 时,$P_{OM} = \dfrac{(\dfrac{U_{OM}}{\sqrt{2}})^2}{R_L}$,当输出信号峰峰值接近电源电压时,有 $U_{OM} \approx E_C = \dfrac{V_{CC}}{2}$,$P_{OM} \approx \dfrac{V_{CC}{}^2}{8R_L}$。

V_{CC}	C_2	不接 R_L				$R_L = 8\Omega$(喇叭)			
		I_Q(mA)	V_i(mV)	V_O(V)	A_u	V_i(mV)	V_O(V)	A_u	P_{OM}(W)
+12V	接	44	29.5	5.35	181	19.6	4.25	216.8	1.129
	不接	5.1	235	5.2	22	205	4.3	21	1.156
+9V	接	36	20	3.8	190	13.8	3.1	224.6	0.601
	不接	4.9	168	3.7	22	149	3.12	21	0.608
+5V	接	14	9.5	1.83	192.5	6.3	1.4	222.2	0.1225
	不接	4.4	85	1.9	22	65.5	1.375	21	0.1182

以上输入输出值均为峰值(峰峰值的一半)。

五、实验报告

1. 根据实验测量值,计算各种情况下的 P_{om}、P_V 及 η。
2. 作出电源电压与输出电压、输出功率的关系曲线。

实验九　RC 正弦波振荡电路

【知识点准备】

本实验旨在测试振荡电路。

一、实验目的

1. 了解双 T 网络振荡电路的组成与原理以及振荡条件。
2. 学会测量、调试振荡电路。

二、实验仪器

1. 示波器；
2. 信号发生器。

三、预习要求

1. 复习 RC 串并联振荡电路的工作原理。
2. 计算图 3.9.1 电路的振荡频率。

四、实验内容

1. 双 T 网络先不接入（A、B 处先不与 A′B′连），调 V_i 管静态工作点，使 B 点为 7～8V。
2. 接入双 T 网络用示波器观察输出波形。若不起振，则调节 $1R_P$ 使电路振荡。

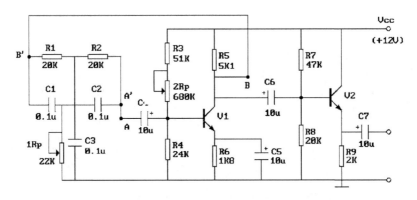

图 3.9.1　RC 正弦波振荡电路

3. 用示波器测量振荡频率并与预习值比较。
4. 由小到大调节 $1R_P$ 观察输出波形，并测量电路刚开始振荡时 $1R_P$ 的阻值（测量时断电并断开连线）。
5. 将图 3.9.1 中双 T 网络与放大器断开，用信号发生器的信号注入双 T 网络，观察输出波形。保持输入信号幅度不变，频率由低到高变化，找出输出信号幅值最低的频率。

五、实验报告

1. 整理实验测量数据和波形。

2. 回答问题：

(1)图 3.9.1 所示电路是什么形式反馈?

(2)R_5 在电路中起什么作用?

(3)为什么放大器后面要带射极跟随电路?

实验十　LC 选频放大与 LC 正弦振荡电路

【知识点准备】

当一个放大器的负载是由 LC 并联回路时,就构成了选频放大器。当工作频率等于 LC 回路的谐振频率 f_0 时,放大器的放大倍数达到最大值(A_{u0});当频率偏离 f_0 时,放大倍数将下降,当放大倍数下降为 $0.707A_{u0}$ 时的频率,称为该放大器的截止频率(f_L、f_M)。$\Delta f = f_M - f_L$,称为该放大器的通频带(工作频带)。

一、实验内容

1. 研究 LC 正弦波振荡电路特性。
2. LC 选频放大电路幅频特性。

二、实验仪器

1. 正弦波信号发生器;
2. 示波器;
3. 频率计。

三、预习要求

1. LC 电路三点式振荡电路振荡条件及频率计算方法,计算图 3.10.1 所示电路中当电容 C 分别为 0.047μ 和 0.01μ 时的振荡频率。
2. LC 选频放大电路幅频特性。

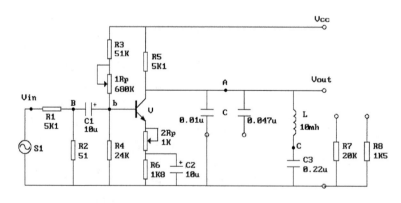

图 3.10.1

图 3.10.1 中,在接入负载时需在 out 端串联一个 $10\mu F$ 电容进行隔直,避免负载影响电路的静态工作点。

与实验十一相似,利用 LC 并联谐振产生选频作用,以之作正反馈,利用输出和输入的相位关系与反馈系数来满足震荡的平衡条件:放大条件 $|\dot{A}\dot{F}| = 1$,相位条件 $\varphi_A + \varphi_F = 2n\pi$,起振条件 $|\dot{A}\dot{F}| > 1$。对交流等效电路分析可知,R_{P2} 用于调整 A_u 来满足起振条件。本电路是电容

三点式震荡电路,优点是反馈信号取自电容,它对高频谐波阻抗较小,因此谐波分量小震荡波形好,由于电容可以选得较小,震荡频率可以做得高,缺点是频率调整范围较小,因为改变电容时直接影响反馈信号,从而改变起振条件而易出现停振或信号过大而失真。

对 LC 并联进行分析,可知其谐振角频率: $\omega=\dfrac{1}{\sqrt{L\dfrac{C\cdot C_3}{C+C_3}}}$,当处于谐振情况时,反馈系数

$\dot{F}=-\dfrac{C}{C_3}$,所以实验只需要调整电位器 R_{P2} 使放大倍数 $\dot{A}$ 满足起振要求便可以得到稳定的正弦波。

四、实验内容及步骤

1. 测选频放大电路的幅频特性曲线

(1)按图 3.10.1 接线,先选电容 C 为 0.01μ。

(2)调 $1R_P$ 使晶体管 V 的集电极电压为 6V(此时 $2R_P=0$)。

$I_B(\mu A)$	$I_C(mA)$	β	$V_B(V)$	$V_C(V)$	$V_E(V)$	$R_B(K\Omega)$	$r_{be}(K\Omega)$
29.2	1.23	42.12	2.98	6.00	2.28	60.2	1.09

注: $R_B=R_3+R_{P1}$。

(3)调信号源幅度和频率,使 $f\approx16KHz$, $V_i=10V_{p-p}$,用示波器监视输出波形,调 $2R_P$ 使失真最小、输出幅度最大,测量此时幅度,计算 A_u。

(4)微调信号源频率(幅度不变) V_{OUT} 最大,并记录此时的 f 及输出信号幅值。

(5)改变信号源频率,使 f 分别为 (f_0-2)、(f_0-1)、$(f_0-0.5)$、$(f_0+0.5)$、(f_0+1)、(f_0+2) (单位:KHz),分别测出相对应频率的输出幅度。

(6)将电容 C 改接为 0.047μ,重复上述实验步骤。

C=0.01μF	f(KHz)	14.27	15.27	15.77	16.27	16.77	17.27	18.27
	$V_{OUT}(V)$	2.45	3.25	3.6	3.65	3.6	3.45	2.85
C=0.047μF	f(KHz)	6.25	7.25	7.75	8.25	8.75	9.25	10.25
	$V_{OUT}(V)$	0.5	1.05	1.68	2.15	1.88	1.4	0.9

以上输出值均为峰值,此时 $R_{P2}=20.5\Omega$。当 $C=0.01\mu F$ 时,实测 $f_0=16.27KHz$,理论值 $f_0=16.27KHz$;当 $C=0.047\mu F$ 时,实测 $f_0=8.25KHz$,理论值 $f_0=8.088KHz$。

2. LC 振荡电路的研究

图 3.10.1 去掉信号源,先将 C=0.01 接入,断开 R_2。

在不接通 B、C 两点的情况下,令 $2R_P=0$,调 $1RP$ 使 V 的集电极电压为 6V。

(1)振荡频率

①接通 B、C 两点,用示波器观察 A 点波形,调 $2R_P$ 使波形不失真,测量此时振荡频率,并与前面实验的选频放大器谐振频率比较。

②将 C 改为 0.047μ,重复上述步骤。

(2)振荡幅度条件

①在上述形成稳定振荡的基础上,测量 V_b、V_c、V_a 求出 $A_u \cdot F$ 值,验证 $A_u \cdot F$ 是否等于 1。

②调 $2R_P$,加大负反馈,观察振荡电路是否会停振。

③在恢复振荡的情况下,在 A 点分别接入 20K、1K5 负载电阻,观察输出波形的变化。

当 C=0.01μF 时:R_{P2}=123.4Ω,f_{out}=16.32KHz,V_{out}=V_A=4V,V_B=V_C=0.185V。A =21.6,F=1/21.6(理论值|F|=C/C_3=1/22)。加入 10μF 隔直电容和 20KΩ 负载电阻后,停振,减小 R_{P2}=91.1Ω 起振,f_{out}=16.35KHz,V_{out}=4V;加入 10μF 隔直电容和 1.5KΩ 负载电阻后,停振,减小 R_{P2}=13.7Ω 起振,f_{out}=17.1KHz,V_{out}=1.6V。

当 C=0.047μF 时:R_{P2}=181.2Ω,f_{out}=8.21KHz,V_{out}=V_A=3.6V,V_B=V_C=0.725V。A=4.97,F=1/4.97(理论值|F|=C/C_3=1/4.68)。加入 10μF 隔直电容和 20KΩ 负载电阻后,f_{out}=8.24KHz,V_{out}=3.3V;加入 10μF 隔直电容和 1.5KΩ 负载电阻后,停振,减小 R_{P2}= 82.5Ω 起振,f_{out}=8.47KHz,V_{out}=1.7V。

3. 影响输出波形的因素

(1)在输出波形不失真的情况下,调 $2R_P$,使 $2R_P$ 为 0,即减小负反馈,观察振荡波形的变化。

(2)调 R_P 使波形在不失真的情况下,调 $2R_P$ 观察振荡波形变化。

调整 R_{P2} 影响到负反馈的大小,从而影响到放大倍数 A。减小 R_{P2} 放大倍数增大,到零时输出波形饱和失真(下半周失真);增大 R_{P2} 放大倍数减小,输出波形幅值下降直到波形消失。

五、实习报告

1. 由实验内容 1 作出选频的 $|A_u|$~f 曲线。

2. 记录实验内容 2 的各步实验现象,并解释原因。

3. 总结负反馈对振荡幅度和波形的影响。

4. 分析静态工作点对振荡条件和波形的影响。

注:本实验中若无频率计,可由示波器测量波形周期再进行换算。

3.2 拓展实验部分

实验十一 整流滤波与并联稳压电路

【知识点准备】

将交流电变换为直流电称为 AC/DC 变换,这正变换的功率流向是由电源传向负载,称之为整流。滤波是将信号中特定波段频率滤除的操作,是抑制和防止干扰的一项重要措施。

一、实验目的

1. 熟悉单相半波、全波、桥式整流电路。
2. 观察了解电容滤波作用。
3. 了解并联稳压电路。

二、实验仪器及材料

1. 示波器;
2. 数字万用表。

三、实验内容

1. 半波整流、桥式整流电路

实验电路分别如图 3.11.1 和图 3.11.2 所示。

分别接两种电路,用示波器观察 V_2 及 V_L 的波形,并测量 V_2、V_D、V_L。

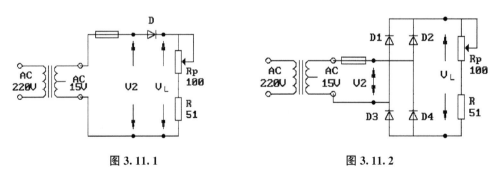

图 3.11.1   图 3.11.2

图 3.11.1 是二极管半波整流,如果忽略二极管导通电压,输出应是半波波形。如果输入交流信号有效值为 U_1,输出信号平均值为 $\frac{\sqrt{2}U_1}{\pi} \approx 0.45U_1$,有效值为 $\frac{U_1}{\sqrt{2}}$。图 3.11.2 是二极管桥式整流电路,如果忽略二极管导通电压,输出应是全波波形。输出信号平均值为 $\frac{2\sqrt{2}U_1}{\pi} \approx 0.9U_1$,有效值为 U_1。

2. 电容滤波电路

实验电路如图 3.11.3 所示。

(1)分别用不同电容接入电路,R_L 先不接,用示波器观察波形,用电压表测 V_L 并记录。

(2)接上 R_L,先用 $R_L=1K\Omega$,重复上述实验并记录。

(3)将 R_L 改为 150Ω,重复上述实验。

电容滤波电路是利用电容对电荷的存储作用来抑制纹波。在不加入负载电阻时,理论上应输出无纹波的稳定电压,但实际上考虑到二极管反向电流和电容的漏电流,所以仍然可以看到细微纹波。接入负载后,在示波器中可看到明显的纹波。纹波中电压处于上升部分时,二极管导通,通过电流一部分经过负载,一部分给电容充电,其时间常数为 $R'C(R'=r \parallel R_L$,r 为输入电路内阻);下降部分时,二极管截止,负载上的电流由电容提供,其放电时间常数为 R_LC。一般有 $R_L \gg r > R_L \parallel r$,因此滤波的效果主要取决于放电时间常数,其数值越大,滤波后输出纹波越小、电压波形越平滑,平均值也越大。平均值 $U_{Om}=\sqrt{2}U_1(1-\dfrac{T}{4R_LC})$。

实际测量结果:不接负载时,当 $C=10\mu F,V_O=21.4V$;当 $C=470\mu F,V_O=21.0V$,示波器观察均接近一直线,纹波很小。当负载电阻为 $1K\Omega$ 时,当 $C=10\mu F,V_O=16.8V$,示波器能看到峰峰值接近 9 伏的纹波;当 $C=470\mu F,V_O=19.7V$,示波器能看到峰峰值约 0.36 伏的纹波。当负载电阻为 150Ω 时,当 $C=10\mu F,V_O=13V$,示波器能看到峰峰值约 17 伏的纹波;当 $C=470\mu F,V_O=17.7V$,示波器能看到峰峰值约 1.8 伏的纹波。

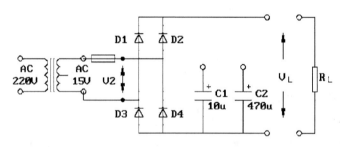

图 3.11.3　电容滤波电路

3. 并联稳压电路

实验电路如图 3.11.4 所示。

稳压管稳压电路由稳压二极管和限流电阻组成,利用稳压管的电流调节作用通过限流电阻上电流和电压来进行补偿,达到稳压目的,因而限流电阻必不可少。对于稳压电路,一般用稳压系数 S_r 和输出电阻 R_O 来描述稳压特性,S_r 表明输入电压波动的影响,R_O 表明负载电阻对稳压特性的影响。

$$S_r=\dfrac{\Delta U_O/U_O}{\Delta U_i/U_i}\bigg|_{R_L不变},R_O=-\dfrac{\Delta U_O}{\Delta I_O}\bigg|_{U_i不变}。$$ 分析电路,设稳压管两端电压为 U_Z,流过稳压管的电流为 I_Z,则稳压管交流等效电阻 $r_Z=\Delta U_Z/\Delta I_Z$。根据交流等效电路可知:$S_r=\dfrac{U_i}{U_O}$ ·

$\dfrac{\Delta U_O}{\Delta U_i}=\dfrac{U_i}{U_O}$ · $\dfrac{r_Z \parallel R_L}{R+r_Z \parallel R_L},R_O=R \parallel r_Z。$

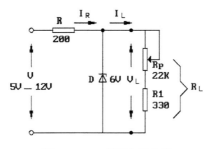

图 3.11.4　并联稳压电路

(1)电源输入电压为 10V 不变,测量负载变化时电路的稳压性能。

改变负载电阻 R_L 使负载电流 $I_L=1mA$、5mA、10mA,分别测量 V_L、V_R、I_Z、I_R,计算电源输出电阻。

I_L(mA)	V_L(V)	V_R(V)	I_Z(mA)	I_R(mA)
1	6.16	3.84	17.32	18.32
5	6.12	3.87	13.38	18.38
10	6.07	3.89	8.49	18.49

计算得:$r_Z \approx 10.2\Omega$,$R_O=10\Omega$。

(2)负载不变,电源电压变化时电路的稳压性能。

用可调的直流电压变化模拟 220V 电源电压变化,电路接入前将可调电源调到 10V,然后调到 8V、9V、11V、12V,按表 3.11.1 内容测量填表,以 10V 为基准,计算稳压系数 S_r。

$R_L=1K\Omega$。

表 3.11.1

V_I	V_L(V)	I_R(mA)	I_L(mA)	S_r
10V	6.13	18.50	6.08	
8V	6.06	9.29	6.00	0.0571
9V	6.10	13.74	6.05	0.0489
11V	6.17	24.1	6.12	0.0653
12V	6.20	28.8	6.14	0.0571

四、实验报告

1. 整理实验数据并按实验内容计算。

2. 图 3.11.4 所示电路能输出电流最大为多少? 为获得更大电流,应如何选用电路元器件及参数?

实验十二　集成稳压电路

【知识点准备】

集成稳压器又叫集成稳压电路,将不稳定的直流电压转换成稳定的直流电压的集成电路,用分立元件组成的稳压电源,具有输出功率大、适应性较广的优点,但因体积大、焊点多、可靠性差而使其应用范围受到限制,近年来,集成稳压电源已得到广泛应用,其中小功率的稳压电源以三端式串联型稳压器应用最为普遍。

一、实验目的

1. 了解集成稳压电路的特性和使用方法。
2. 掌握直流稳压电源主要参数测试方法。

二、实验仪器

1. 示波器;
2. 数字万用表。

三、预习要求

1. 复习教材直流稳压电源部分关于电源主要参数及测试方法。
2. 查阅手册,了解本实验使用稳压器的技术参数。
3. 计算图 3.12.5 电路中 lR_P 的值。估算图 3.12.3 电路输出电压范围。
4. 拟定实验步骤及记录表格。

集成负反馈串联稳压电路,稳压基本要求 $U_{in}-U_O \geq 2V$。主要分为三个系列:固定正电压输出的 78 系列、固定负电压输出的 79 系列、可调三端稳压器 X17 系列。78 系列中输出电压有 5 伏、6 伏、9 伏等,由输出最大电流分类有 1.5A 型号的 78XX(XX 为其输出电压)、0.5A 型号的 78MXX、0.1A 型号的 78LXX 三档。79 系列中输出电压有 -5 伏、-6 伏、-9 伏等,同样由输出最大电流分为三档,标识方法一样。可调式三端稳压器由工作环境温度要求不同分为三种型号,能工作在 -55 到 150 摄氏度的为 117,能工作在 -25 到 150 摄氏度的为 217,能工作在 0 到 150 摄氏度的为 317,同样根据输出最大电流不同分为 X17、X17M、X17L 三档。其输入输出电压差要求在 3 伏以上,$V_{OUT}-V_T=V_{REF}=1.25V$。

四、实验内容

1. 稳压器的测试

实验电路如图 3.12.1 所示。

以下为集成稳压电路的标准电路,其中二极管 D 是于保护,防止输入端突然短路时电流倒灌损坏稳压块。两个电容用于抑制纹波与高频噪声。

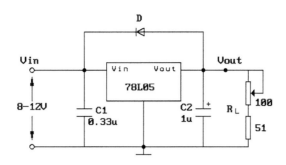

图 3.12.1　三端稳压器参数测试

测试内容：

(1)稳定输出电压。

(2)稳压系数 S_r。

空载时：$S_r = 0$。

$V_i(V)$	10	11	12	9	8
$V_O(V)$	5.16	5.16	5.16	5.16	5.16

(3)输出电阻 r_O。

取 $V_i = 10V$，计算得 $r_O = 0.2\Omega$。

$I_L(mA)$	32.4	50.8	99.5
$V_O(V)$	5.16	5.16	5.15

(4)电压纹波(有效值或峰值)。$I_L = 50mA$ 下观察，纹波峰值在 1mV 以下。

2. 稳压电路性能测试

仍用图 3.12.1 的电路，测试直流稳压电源性能。

(1)保持稳定输出电压的最小输入电压。

空载时，$V_{imin} = 5.9V$；负载电流 $I_L = 50mA$ 时，$V_{imin} = 6.5V$。

(2)输出电流最大值及过流保护性能。

当 $V_i = 10V$ 时，I_{Omax} 约为 0.3A，当输出电流超过 0.3A 后，输出电压迅速降低形成保护。

3. 三端稳压电路灵活应用(选做)

(1)改变输出电压

实验电路如图 3.12.2、图 3.12.3 所示。

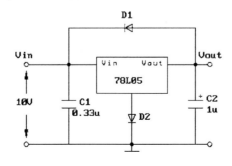

图 3.12.2

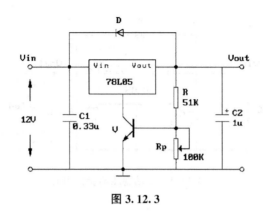

图 3.12.3

按图接线,测量上述电路输出电压及变化范围。

分析电路,结论如下:

图 3.12.2,$V_{out} \approx 5 + V_D \approx 5.7V$。

图 3.12.3,$V_{out} \approx 5 + V_{CE}$,调节电位器可以使三极管处于不同状态(截止、线性、饱和),从而改变 C、E 极间电压,改变输出电压。

实验结果:

图 3.12.2:$V_O = 5.80V$。

图 3.12.3:$V_i = 10V$ 时,$V_O = 5.23—8.30V$;$V_i = 12V$ 时,$V_O = 5.23—10.44V$。

(2)组成恒流源

实验电路如图 3.12.4 所示。按图接线,并测试电路恒流作用。

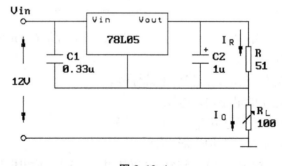

图 3.12.4

电路可根据实验箱作适当修改,C1、C2 可直接接地,R 可改为 150Ω,R_L 可改为 330Ω 电位器。

$I_O = I_R + I_Q \approx \dfrac{5V}{R} + I_Q$,其中 I_Q 是指从集成芯片中间脚流出的电流,其数值较小,一般在 5mA 以下,因此输出电流近似恒流。但恒流的前提必须保证稳压管正常工作条件即输入电压比输出电压高 2V 以上,所以当 R_L 增大时输出电压增大到一定值,就无法保证稳压条件,失去恒流作用。

实验中选 R=150Ω、R_L=330Ω 电位器,结果如下:

$R_L(\Omega)$	$I_R(mA)$	$I_O(mA)$	$V_R(V)$	$V_O(V)$
0	33.7	38.2	5.16	5.16
50.4	33.7	38.0	5.16	7.09
100.8	33.7	37.9	5.16	8.96
151.6	33.4	36.2	5.06	10.55
166	31.8	34.5	4.81	10.58

（3）可调稳压电路

①实验电路如图 3.12.5 所示，LM317L 最大输入电压 40V，输出 1.25V～37V 可调最大输出电流 100mA。（本实验只加 15V 输入电压）

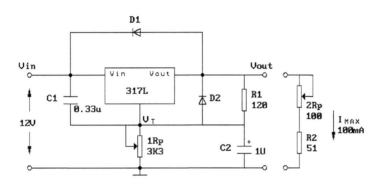

图 3.12.5

分析电路：上图输入电压改为 15V，负载也可改为 150Ω 电阻和 330Ω 电位器，电路中 D1、D2 均为保护用二极管。由于 317 中间脚流出的电流很小，忽略不计情况下，输出电压 $V_{out} \approx (1+\frac{R_P}{R_1}) \cdot (V_{out} - V_T) = (1+\frac{R_P}{R_1})V_{REF} = (1+\frac{R_P}{R_1}) \cdot 1.25V$，所以改变电位器可改变输出电压。稳压条件是输入电压比输出电压高 2 伏，在此条件下，输出电压与电位器阻值近似呈正比例关系。

②按图接线，并测试：

Ⅰ. 电压输出范围。

Ⅱ. 按实验内容 1 测试各项指标。测试时将输出电压调到合适电压。

实验结果：V_i＝15V 时，V_O＝1.37—13.53V。

不加输出电阻时，测量稳压系数 S_r＝0。

$V_i(V)$	15	14	13	16	17
$V_{out}(V)$	9.95	9.95	9.95	9.95	9.95

在 V_{out}＝10V 时测量输出电阻：

$I_L(mA)$	$V_O(V)$	$r_O(\Omega)$
20.9	10.01	

续表

I_L(mA)	V_O(V)	r_O(Ω)
40.1	9.99	1.04
59.4	9.97	1.02

输出电压纹波峰峰值约为 3 毫伏。

五、实验报告

1. 整理实验报告,计算内容 1 的各项参数。
2. 画出实验内容 2 的输出保护特性曲线。

总结本实验所用两种三端稳压器的应用方法。

实验十三　电压/频率转换电路

【知识点准备】

电压频率转换器 VFC(Voltage Frequency Converter)是一种实现模数转换功能的器件,将模拟电压量变换为脉冲信号,该输出脉冲信号的频率与输入电压的大小成正比。

一、实验电路

实验电路如图 3.13.1 所示。该图实际上就是锯齿波发生电路,只不过这里是通过改变输入电压 V_i 的大小来改变波形频率,从而将电压参量转换成频率参量。

二、实验仪器

1. 示波器;
2. 数字万用表。

三、预习内容

1. 指出图 3.13.1 中电容 C 的充电和放电回路。
2. 定性分析用可调电压 V_i 改变 V_0 频率的工作原理。
3. 电阻 R_4 和 R_5 的阻值如何确定?

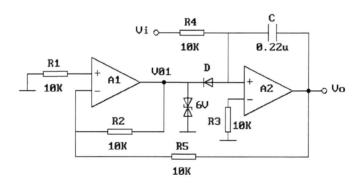

图 3.13.1　电压频率转换电路

以上电路图,两个运算放大器的正负输入端均颠倒了,为保护稳压二极管,在运放 A1 的输出端到 V_{01} 点之间加入一个约 0.4KΩ 的电阻 R_0。

分析电路可知,电路左边部分为一上行迟滞比较器,右端为一积分电路,中间由二极管连接。当运放 A1 输出正向饱和电压时,二极管截止,$V_{01}=+6V$,右端电路工作在积分状态,电容匀速充电,若输入电压 $V_i>0$,则 V_0 均匀下降直至迟滞比较器的下门限电压 $V_{TL}=-\dfrac{R_5}{R_2}V_{01}=-6V$ 时,比较器反转。反转后运放 A1 输出端输出反向饱和电压约为 $-10V$ 左右,由于二极管 D 的存在,$V_{01}=V_{A2-}-V_D\approx-0.7V$,经过二极管 D 的电流约等于经过 R_0 的电流,数值很大,约为 20 多毫安,因此电容 C 急速放电,V_0 电压迅速上升直到迟滞比较器的上门限电压 $V_{TH}=-\dfrac{R_5}{R_2}V_{01}\approx0.7V$ 时,比较器再次反转,又进入充电状态。于是 V_0 产生锯齿波,V_{01} 产生矩形波。

计算周期,电容处于充电周期(即 V_0 处于匀速下降部分)时:

$$t_1 = \frac{Q}{I} = \frac{(V_{TH} - V_{TL})C}{V_i/R_4} = \frac{V_{TH} - V_{TL}}{V_i} R_4 C$$

电容处于急速放电(即 V_0 处于急速上升部分)时,计算可得:$I' \approx 23.4mA \gg I$,所以 $t_2 \approx 63\mu S \ll t_1$ 可忽略不计。$f = \frac{1}{T} \approx \frac{1}{t_1} = \frac{V_i}{(V_{TH} - V_{TL})R_4 C}$。

四、实验内容

按图 3.13.1 接线,用示波器监视 V_0 波形。

按表 3.13.1 内容,测量电压—频率转换关系。可先用示波器测量周期,然后再换算成频率。

表 3.13.1

$V_i(V)$	0	1	2	3	4	5
理论 $f(Hz)$	0	67.84	135.69	203.5	271.4	339.2
$f(Hz)$	0	59.55	118.0	176.0	232.4	288.1

实测波形:V_{01} 产生矩形波,$V_T = 6.2V$,$V_L = -0.7V$;V_0 产生锯齿波,$V_{TH} = 1.4V$,$V_{LH} = -6.2V$;t_2 约为 $110\mu S$。以上数值与理论值有偏差,所以产生理论估算和实际结果的误差。

五、实验报告

做出频率—电压关系曲线。

实验十四 波形变换电路

【知识点准备】

波形变换分为:非方波转变为方波和方波的频率变化两种。

一、实验目的

1. 熟悉波形变换电路的工作原理及特性。
2. 掌握上述电路的参数选择和调试方法。

二、实验仪器及材料

1. 双踪示波器;
2. 函数发生器;
3. 数字万用表。

三、预习要求

1. 分析图 3.14.1 电路的工作原理,这种变换电路对工作频率要求如何?
2. 定性画出图 3.14.2 电路的 V_a 和 V_O 的波形图。
3. 设计实验内容 3 要求的正弦波变方波电路。
4. 自拟全部实验步骤与记录表格。

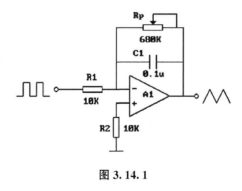

图 3.14.1

四、实验内容

1. 方波变三角波

实验电路如图 3.14.1 所示。

(1)按图接线,输入 f=500Hz、幅值为±4V 的方波信号,用示波器观察并记录 VO 的波形。

(2)改变方波频率,观察波形变化。如波形失真应如何调整电路参数?试在实验箱元件参数允许范围内调整,并验证分析。

(3)改变输入方波的幅度,观察输出三角波的变化。

与实验七相同,为一反向积分电路。(1)调整 RP=250KΩ,输出频率 500Hz 峰峰值 4 伏的三角波,当方波处于−UZ 时,三角波处于上升沿;当方波处于 UZ 时,三角波处于下降沿。

(2)改变输入频率,输出频率仍等于输入频率,输出三角波峰峰值随输入频率变化而改变,输入频率上升,输出峰峰值下降;输入频率下降,输出峰峰值上升。当输入频率很小时,输出峰峰值很大加上直流偏移也增大,容易出现波形失真。这种情况下可减小 RP 来解决,但会使输出波形出现指数波形失真,也可以加大 R1 或 C1 来减小输出幅值以解决失真问题。(3)三角波的幅值随着输入方波幅值变化而变化,方波幅值变大,三角波幅值也相应变大;方波幅值变小,三角波幅值也相应变小。

2. 精密整流电路

实验电路如图 3.14.2 所示。

(1)按图接线,输入 f=500Hz,有效值为 1V 的正弦波信号,用示波器观察。

(2)改变输入频率及幅值(至少三个值)观察波形。

(3)将正弦波换成三角波,重复上述实验。

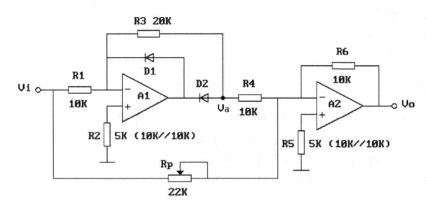

图 3.14.2

分析电路,可知精密整流电路由运放 A1 组成的半波整流电路和由 A2 组成的加法电路两部分组成。先分析半波整流电路,当输入 $V_i > 0$ 时,A1 输出小于零,D2 导通,D1 截止,形成反向比例电路;当输入 $V_i < 0$ 时,A1 输出大于零,D1 导通,D2 截止。A2 的加法电路,因此有:$V_i > 0$ 时,$V_O = -\left(-\dfrac{R_6}{R_4} \cdot \dfrac{R_3}{R_1} V_i + \dfrac{R_6}{R_P} V_i\right) = \left(\dfrac{R_6 R_3}{R_4 R_1} - \dfrac{R_6}{R_P}\right) V_i$;$V_i < 0$ 时,$V_O = -\dfrac{R_6}{R_P} V_i$。取 $R_P = 10K\Omega$,则 $V_i > 0$ 时,$V_O = V_i$;$V_i < 0$ 时,$V_O = -V_i$,形成了精密整流电路可起电压绝对值作用。

3. 正弦波变方波电路(电路自行设计)

(1)要求方波幅值为 ±6V,频率与正弦波相同。

(2)按设计电路接线,输入 f=500Hz、有效值为 0.5V 的正弦波信号,用示波器观察,并与设计要求对照。

(3)改变输入信号的频率和幅值,重复上述实验。

【注意】

观察输入与输出信号相位是否一致。使用过零比较器、迟滞比较器均可。

五、实验报告

1. 整理全部预习要求的计算及实验步骤、电路图、表格等。

2. 总结波形变换电路的特点。

第四章 数字电子技术实验

4.1 基础实验部分

实验一 门电路逻辑功能及测试

一、实验目的

1. 熟悉门电路逻辑功能。
2. 熟悉数字电路学习机及示波器使用方法。

二、实验仪器及材料

1. 双踪示波器。
2. 器件：

74LS00	二输入端四与非门	2 片
74LS20	四输入端双与非门	1 片
74LS86	二输入端四异或门	1 片
74LS04	六反相器	1 片

三、预习要求

1. 复习门电路工作原理及相应逻辑表达式。
2. 熟悉所用集成电路的引线位置及各引线用途。
3. 了解双踪示波器使用方法。

四、实验内容

实验前按学习机使用说明先检查学习机电源是否正常,然后选择实验用的集成电路,按自己设计的实验接线图接好连线。特别注意 V_{CC} 及地线不能接错,线接好后经实验指导教师检查无误方可通电实验。实验中改动接线须先断开电源,接好线后再通电实验。

1. 测试门电路逻辑功能

（1）选用双四输入与非门 74LS20 一片,插入面包板或芯片座,按图 4.1.1 接线。输入端接 $S_1 \sim S_4$（电平开关输出插口）,输出端接电平显示发光二级管（$D_1 \sim D_8$ 任意一个）。

(2)将电平开关按表 4.1.1 置位,分别测输出电压及逻辑状态。

表 4.1.1

输 入				输 出	
S_1	S_2	S_3	S_4	Y	电压(V)
H	H	H	H		
L	H	H	H		
L	L	H	H		
L	L	L	H		
L	L	L	L		

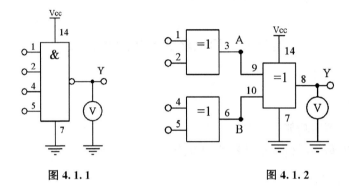

图 4.1.1   图 4.1.2

2. 异或门逻辑功能测试

(1)选二输入四异或门电路 74LS86,按图 4.1.2 接线,输入端 1、2、4、5 接电平开关,输出端 A、B、Y 接电平显示发光二极管。

(2)将电平开关按表 4.1.2 置位,将结果填入表中。

表 4.1.2

输 入				输 出			
				A	B	Y	Y电压(V)
L	L	L	L				
H	L	L	L				
H	H	L	L				
H	H	H	L				
H	H	H	H				
L	H	L	H				

3. 逻辑电路的逻辑关系

(1)用两片二输入四与非门 74LS00 按图 4.1.3、图 4.1.4 接线,将输入输出逻辑关系分别填入表 4.1.3、表 4.1.4 中。

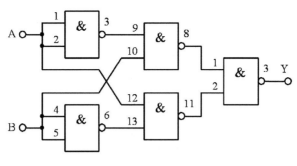

图 4.1.3

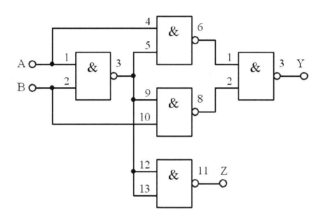

图 4.1.4

表 4.1.3

输　入		输　出	
A	B	Y	Z
L	L		
L	H		
H	L		
H	H		

表 4.1.4

输　入		输　出
A	B	Y
L	L	
L	H	
H	L	
H	H	

（2）写出上面两个电路逻辑表达式。

4. 逻辑门传输延迟时间的测量

用六反相器（非门）按图 4.1.5 接线，输入 80KHz 连续脉冲，用双踪示波器测输入、输出相位差，计算每个门的平均传输延迟时间的 t_{pd} 值。

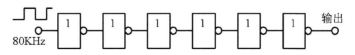

图 4.1.5

5. 利用与非门控制输出

用 74LS00 按图 4.1.6 接线,S 接任一电平开关,用示波器观察 S 对输出脉冲的控制作用。

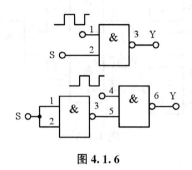

图 4.1.6

6. 用与非门组成其他门电路并测试验证

(1)组成或非门。

用一片二输入端四与非门组成或非门:

$$A=\overline{A+B}=\overline{\overline{A}\cdot\overline{B}}$$

画出电路图,测试并填表 4.1.5。

(2)组成异或门。

(a)将异或门表达式转化为与非门表达式。

(b)画出逻辑电路图。

(c)测试并填表 4.1.6。

表 4.1.5

输　　入		输　　出
A	B	Y
L	L	
L	H	
H	L	
H	H	

表 4.1.6

输　　入		输　　出
A	B	Y
L	L	
L	H	
H	L	
H	H	

五、实验报告

1. 按各步骤要求填表并画逻辑图。

2. 回答问题:

(1)怎样判断门电路逻辑功能是否正常?

(2)与非门一个输入接连续脉冲,其余端什么状态时允许脉冲通过?什么状态时禁止脉冲通过?

(3)异或门又称可控反相门,为什么?

实验二　半加器、全加器及逻辑运算

一、实验目的

1. 掌握组合逻辑电路的功能调试。
2. 验证半加器和全加器的逻辑功能。
3. 学会二进制数的运算规律。

二、实验仪器及材料

器件：

74LS00	二输入端四与非门	3 片
74LS86	二输入端四异或门	1 片
74LS54	四组输入与或非门	1 片

三、预习要求

1. 预习组合逻辑电路的分析方法。
2. 预习用与非门和异或门构成的半加器、全加器的工作原理。

四、实验内容

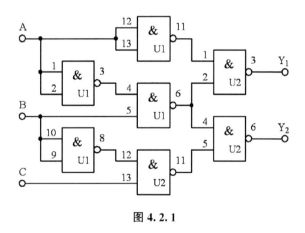

图 4.2.1

1. 组合逻辑电路功能测试

(1)用 2 片 74LS00 组成图 4.2.1 所示逻辑电路。为便于接线和检查,在图中要注明芯片编号及各引脚对应的编号。

(2)图中 A、B、C 接电平开关,Y_1、Y_2 接发光管电平显示。

(3)按表 4.2.1 要求,改变 A、B、C 的状态填表并写出 Y_1、Y_2 逻辑表达式。

(4)将运算结果与实验比较。

表 4.2.1

输　入			输　出	
A	B	C	Y_1	Y_2
0	0	0		
0	0	1		
0	1	1		
1	1	1		
1	1	0		
1	0	0		
1	0	1		
0	1	0		

2. 测试用异或门(74LS86)和与非门组成的半加器的逻辑功能

根据半加器的逻辑表达式可知,半加器 Y 是 A、B 的异或,而进位 Z 是 A、B 相与,故半加器可用一个集成异或门和二个与非门组成,如图 4.2.2 所示。

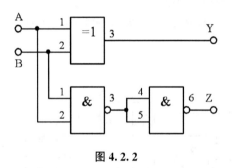

图 4.2.2

(1)在学习机上用异或门和与门接成以上电路,A、B 接电平开关,Y、Z 接电平显示。

(2)按表 4.2.2 要求改变 A、B 状态,填表 4.2.2。

表 4.2.2

输入端	A	0	1	0	1
	B	0	0	1	1
输出端	Y				
	Z				

3. 测试全加器的逻辑功能

(1)写出图 4.2.3 电路的 Y、Z、X_1、X_2、X_3 的逻辑表达式。

(2)根据逻辑表达式列真值表。

(3)根据真值表画逻辑函数 S_i、C_i 的卡诺图。

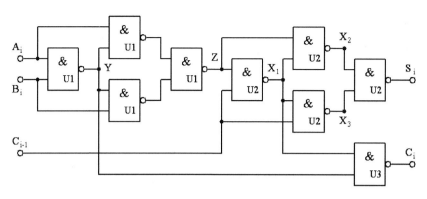

图 4.2.3

	B_i、C_{i-1}	$S_i =$		$Y =$		$Z =$	$X_1 =$
A_i	0 0	0 1	1 1	1 0			
0							
1							

	B_i、C_{i-1}	$C_i =$		$X_2 =$		$X_3 =$	
A_i	0 0	0 1	1 1	1 0			
0							
1							

(4)填写表 4.2.3 各点状态。

表 4.2.3

A_i	B_i	C_{i-1}	Y	Z	X_1	X_2	X_3	S_i	C_i
0	0	0							
0	1	0							
1	0	0							
1	1	0							
0	0	1							
0	1	1							
1	0	1							
1	1	1							

(5)按原理图选择与非门并接线进行测试,将测试结果填入表 4.2.4,并与上表进行比较,看逻辑功能是否一致。

表 4.2.4

A_i	B_i	C_{i-1}	S_i	C_i
0	0	0		
0	1	0		
1	0	0		
1	1	0		
0	0	1		
0	1	1		
1	0	1		
1	1	1		

4. 测试用异或、与或和非门组成的全加器的逻辑功能

全加器可以用两个半加器和两个与门、一个或门组成。在实验中,常用一块双异或门、一个与或非门和一个与非门实现。

(1)画出用异或门、与或非门和非门实现全加器的逻辑电路图,写出逻辑表达式。

(2)找出异或门、与或非门和非门器件按自己画出的图接线。接线时注意与或非门中不用的与门输入端接地。

(3)当输入端 A_i、B_i 及 C_{i-1} 为下列情况时,用万用表测量 S_i 和 C_i 的电位并将其转为逻辑状态,填入表格 4.2.5。

表 4.2.5

输入端	A_i	0	0	0	0	1	1	1	1
	B_i	0	0	1	1	0	0	1	1
	C_{i-1}	0	1	0	1	0	1	0	11
输出端	S_i								
	C_i								

五、实验报告

1. 整理实验数据、图表并对实验结果进行分析讨论。

2. 总结组合逻辑电路的分析方法。

实验三　竞争冒险

一、实验目的

通过实验观察组合电路中存在的竞争冒险现象,学会用实验手段消除竞争冒险对电路的影响。

二、实验内容

1. 八位串行奇偶校验电路竞争冒险现象的观察及消除

图 4.3.1 所示电路为八位串行奇偶校验电路。

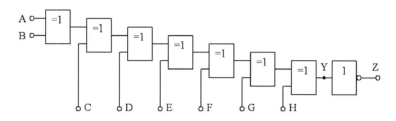

图 4.3.1　八位串行奇偶校验电路

按图接线。

测试电路的逻辑功能。A、B、…、G、H 分别接逻辑开关 K1～K8,Z 接发光二级管显示。改变 K1～K8 的状态,观察并记录 Z 的变化。

A 接脉冲,B、C、…、H 接高电平,用示波器观察并记录 A 和 Y 端的波形,测出信号经七级异或门的延迟时间。

A 和 H 端接同一脉冲,B、C、…、G 为高电平,观察并记录 A 和 Y 端的波形。说明 Y 端的波形有何异常现象?

若采用加电容的办法来消除此异常现象,则电容 C 应接在何处?

测出门电路的阈值电压 V_T,若设门的输出电阻 $R_O \approx 100\Omega$,估算电容 C 值的大小。

用实验法测出消除上述异常现象所需电容值,说明产生误差的原因有哪些?

2. 组合电路竞争冒险现象的观察及消除

组合电路如图 4.3.2 所示。

测试电路功能,结果列成真值表形式。

用实验法测定,在信号变化过程中,竞争冒险在何处、什么时刻可能出现?

用校正项的办法来消除竞争冒险,则电路应怎样修改? 画出修改后的电路,并用实验验证之。

若改用加滤波电容的办法来消除竞争冒险,则电容 C 应加在何处? 其值约为多大? 试通过实验验证之。

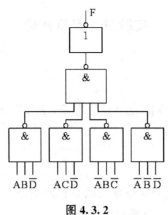

图 4.3.2

三、思考题

什么叫组合电路的竞争冒险现象？它是怎样产生的？通常有哪几种消除的办法？实验中你认为较为简单的方法是哪种？使用时应注意什么问题？

四、材料

TTL 芯片：

74LS86	四 2 输入异或门	2 片
74LS10	三 3 输入与非门	2 片
74LS20	四输入双与非门	1 片

实验四　译码器和数据选择器

一、实验目的

1. 熟悉集成译码器。
2. 了解集成译码器应用。

二、实验仪器及材料

1. 双踪示波器。
2. 器件：

74LS139	2—4 线译码器	1 片
74LS153	双 4 选 1 数据选择器	1 片
74LS00	二输入端四与非门	1 片

三、实验内容

1. 译码器功能测试

将 74LS139 译码器按图 4.4.1 接线，按表 4.4.1 输入电平置位，填输出状态表。

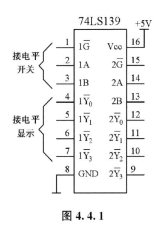

图 4.4.1

表 4.4.1

输　入			输　　出			
使能	选择					
G	B	A	Y_0	Y_1	Y_2	Y_3
H	X	X				
L	L	L				
L	L	H				
L	H	L				
L	H	H				

2. 译码器转换

将双 2—4 线译码器转换为 3—8 线译码器。

(1)画出转换电路图。

(2)在学习机上接线并验证设计是否正确。

(3)设计并填写该 3—8 线译码器功能表，画出输入、输出波形。

3. 数据选择器的测试及应用

(1)将双 4 选 1 数据选择器 74LS153 参照图 4.4.2 接线，按表 4.4.2 测试其功能并填写表格。

(2)将学习机脉冲信号源中 4 个不同频率固定脉冲的信号接到数据选择器的 4 个输入端，将选择端置位，使输出端可分别观察到 4 种不同频率脉冲信号。

(3)分析上述实验结果并总结数据选择器作用，并将其转化成 8 选 1 选择器。

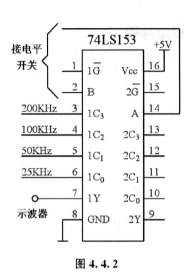

图 4.4.2

表 4.4.2

选择端		数据输入端				输出控制	输出
B	A	C_0	C_1	C_2	C_3	G	Y
X	X	X	X	X	X	H	
L	L	L	X	X	X	L	
L	L	H	X	X	X	L	
L	H	X	L	X	X	L	
L	H	X	H	X	X	L	
H	L	X	X	L	X	L	
H	L	X	X	H	X	L	
H	H	X	X	X	L	L	
H	H	X	X	X	H	L	

四、实验报告

1. 画出实验要求的波形图。
2. 画出实验内容 2、3 的接线图。
3. 总结译码器和数据选择的使用体会。

实验五　触发器（一）R—S、D、J—K

一、实验目的

1. 熟悉并掌握 R—S、D、J—K 触发器的构成、工作原理和功能测试方法。
2. 学会正确使用触发器集成芯片。
3. 了解不同逻辑功能 FF 相互转换的方法。

二、实验仪器及材料

1. 双踪示波器。
2. 器件：

74LS00	二输入端四与非门	1 片
74LS74	双 D 触发器	1 片
74LS112	双 J—K 触发器	1 片

三、实验内容

1. 基本 R—S FF 功能测试

两个 TTL 与非门首尾相接构成的基本 R—S FF 的电路如图 4.5.1 所示。

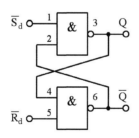

图 4.5.1　基本 R—S FF 电路

(1)试按下面的顺序在 $\overline{S_d}$、$\overline{R_d}$ 端加信号：

$$\overline{S_d}=0 \qquad \overline{R_d}=1$$
$$\overline{S_d}=1 \qquad \overline{R_d}=1$$
$$\overline{S_d}=1 \qquad \overline{R_d}=0$$
$$\overline{S_d}=1 \qquad \overline{R_d}=1$$

观察并记录 FF 的 Q、$\overline{Q}$ 端的状态，将结果填入表 4.5.1 中，并说明在上述各种输入状态下 FF 执行的是什么功能？

表 4.5.1

$\overline{S_d}$	$\overline{R_d}$	Q	$\overline{Q}$	逻辑功能
0	1			

续表

$\overline{S}_d$	$\overline{R}_d$	Q	$\overline{Q}$	逻辑功能
1	1			
1	0			
1	1			

(2) $\overline{S}_d$ 端接低电平, $\overline{R}_d$ 端加脉冲。

(3) $\overline{S}_d$ 端接高电平, $\overline{R}_d$ 端加脉冲。

(4) 连接 $\overline{R}_d$、$\overline{S}_d$ 端并加脉冲。

记录并观察(2)、(3)、(4)三种情况下 Q 和 $\overline{Q}$ 端的状态,从中你能否总结出基本 R—S FF 的 Q 或 $\overline{Q}$ 端的状态改变和输入端 $\overline{S}_d$、$\overline{R}_d$ 的关系。

(5) 当 $\overline{S}_d$、$\overline{R}_d$ 都接低电平时,观察 Q、$\overline{Q}$ 端的状态。当 $\overline{S}_d$、$\overline{R}_d$ 同时由低电平跳为高电平时,注意观察 Q、$\overline{Q}$ 端的状态,重复 3~5 次看 Q、$\overline{Q}$ 端的状态是否相同,以正确理解"不定"状态的含义。

2. 维持—阻塞型 D 触发器功能测试

双 D 型正边沿维持—阻塞型触发器 74LS74 的逻辑符号如图 4.5.2 所示。

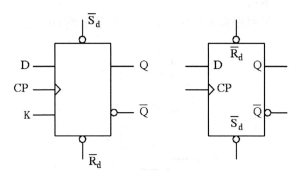

图 4.5.2 D FF 逻辑符号

图中 $\overline{S}_d$、$\overline{R}_d$ 端为异步置 1 端、置 0 端(或称异步置位、复位端)。CP 为时钟脉冲端。

试按下面步骤做实验:

(1) 分别在 $\overline{S}_d$、$\overline{R}_d$ 端加低电平,观察并记录 Q、$\overline{Q}$ 端的状态。

(2) 令 $\overline{S}_d$、$\overline{R}_d$ 端为高电平,D 端分别接高、低电平,用单动脉冲作为 CP,观察并记录当 CP 为 0、↑、1、↓ 时 Q 端状态的变化。

(3) 当 $\overline{S}_d = \overline{R}_d = 1$,CP=0(或 CP=1),改变 D 端信号,观察 Q 端的状态是否变化?整理上述实验数据,将结果填入表 4.5.2 中。

(4) 令 $\overline{S}_d = \overline{R}_d = 1$,将 D 和 $\overline{D}$ 端相连,CP 加连续脉冲,用双踪示波器观察并记录 Q 相对于 CP 的波形。

表 4.5.2

$\overline{S_d}$	$\overline{R_d}$	CP	D	Q^n	Q^{n+1}
0	1	X	X	0	
				1	
1	0	X	X	0	
				1	
1	1	⌐	0	0	
				1	
1	1	⌐	1	0	
				1	

3. 负边沿 J—K 触发器功能测试

双 J—K 负边沿触发器 74LS112 芯片的逻辑符号如图 4.5.3 所示。

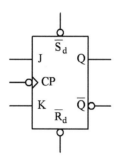

4.5.3　J—K FF 逻辑符号

自拟实验步骤,测试其功能,并将结果填入表 4.5.3 中。

若令 J=K=1 时,CP 端加连续脉冲,用双踪示波器观察 Q~CP 波形,和 D FF 的 D 端和 $\overline{D}$ 端相连时观察到的 Q 端的波形相比较,有何异同点?

4. 触发器功能转换

(1)将 D 触发器和 J—K 触发器转换成 T′ 触发器,列出表达式,画出实验电路图。

(2)接入连续脉冲,观察各触发器 CP 及 Q 端波形比较两者关系。

(3)自拟实验数据表并填写之。

表 4.5.3

$\overline{S_d}$	$\overline{R_d}$	CP	J	K	Q^n	
0	1	X	X	X	X	
1	0	X	X	X	X	
1	1	⌐	0	X	0	
1	1	⌐	1	X	0	
1	1	⌐	X	0	1	

续表

$\overline{S_d}$	$\overline{R_d}$	CP	J	K	Q^n	
1	1	⌐	X	1	1	

四、实验报告

1. 整理实验数据并填表。
2. 写出实验内容 3、4 的实验步骤及表达式。
3. 画出实验 5 的电路图及相应表格。
4. 总结各类触发器特点。

实验六　触发器应用

一、实验目的

1. 学会用常用的触发器转换成其他各种功能的触发器。
2. 熟悉和了解触发器的各种应用电路。

二、实验内容

1. 触发器的转换

（1）D FF 转换成 J—K FF

用 74LS74 转换成 J—K FF，自行设计转换电路，完成电路接线，并检测电路的功能是否满足设计的要求。

（2）J—K FF 转换成其他功能的触发器

LG 触发器的功能如表 4.6.1 所示。

表 4.6.1

Q^{a-1}	L	G	Q^a
0	0	0	0
0	0	1	0
0	1	0	0
0	1	1	1
1	0	0	1
1	0	1	1
1	1	0	0
1	1	1	1

试用 74LS112 J—K FF 转换成 LG FF。画出转换电路，完成电路接线。

用点动脉冲检测转换后电路的功能是否和给定的功能表相一致？

2. 触发器应用电路

（1）单稳态电路

74LS74 芯片组成图 4.6.1 所示电路，在 CP 端加连续脉冲，合理调节频率，观察 V_0 和 A 点随 CP 频率变化的波形。

改变 R、C 的值，观察 V_0、A 的波形怎样变化？

若想在 V_0 端得到脉宽为 $100\mu s$ 的正脉冲，怎样选择电路参数？并通过实验验证之。

（2）冲息电路

74LS112 芯片和反相器 74LS04 组成图 4.6.2 所示电路。

输入 CP 为连续脉冲，用示波器观察 V_0 端和 CP 的波形。

若电路中串接的门数分别为 5 个和 9 个，测出输出脉冲的脉宽。

通过实验观察,你认为此电路的功能是什么? 电路输出脉冲的宽度 T_W 和哪些因素有关? 写出 T_W 的表达式。

若要在输出端得到相反的尖脉冲,则电路应作何改动? 画出电路图,并用实验验证之。

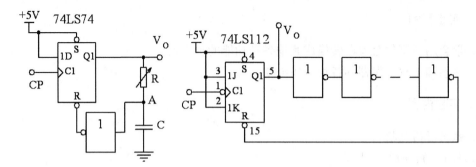

图 4.6.1 单稳态电路图   图 4.6.2 冲息电路

(3)串行数据比较电路

电路如图 4.6.3 所示。

图中触发器用具有与门逻辑输入的触发器 74H72。

电路工作时,先在 CLR 端加一负脉冲清零,再将串行数据 A_a、B_a 送入,先送高位,后送低位,输出 $Q_{A>B}$、$Q_{A=B}$、$Q_{A<B}$ 的状态,即反映 A_a、B_a 两数的大小。

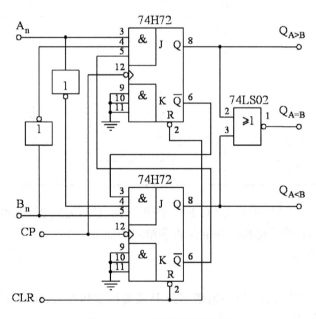

图 4.6.3 串行数据比较电路

按图接线,试输入下列几组数据验证电路的正确性。

$$\begin{cases} A_a = 0011.0000 \\ B_a = 0100.0000 \end{cases} \qquad \begin{cases} A_a = 0010.0000 \\ B_a = 0001.1111 \end{cases}$$

$$\begin{cases} A_a = 1001.0011 \\ B_a = 1001.0011 \end{cases} \qquad \begin{cases} A_n = 0110.1100 \\ B_n = 1001.0011 \end{cases}$$

A_n、B_n 端信号用逻辑开关给出,CP 用点动脉冲,Q 端用 LED 显示。

三、思考题

1. 若将图 4.6.1 电路中的触发器改为 CMOS 电路 CD4013 时,仍要实现同样的功能,则电路应作哪些改动? 若条件许可,请实验之。

2. TTL 或 CMOS 电路的触发器若要使异步置位端和异步复位端起作用,各应加什么电平? 不用这些端时,应怎样连接?

3. 按理论分析的结果,图 4.6.2 电路中 V_O 和 CP 的时序图应是什么样的?

四、材料

TTL 芯片:

双上升沿 D　FF	74LS74	1 片
双下降沿 J—K　FF	74LS112	1 片
与门输入主从 J—K　FF	74H72	2 片
六反相器	74LS04	1 片
四 2 输入或非门	74LS02	1 片
三 3 输入与非门	74LS10	1 片

实验七 三态输出触发器及锁存器

一、实验目的

1. 掌握三态触发器和锁存器的功能及使用方法。
2. 学会用三态触发器和锁存器构成的功能电路。

二、实验仪器及材料

1. 双踪示波器。
2. 器件：

CD4043	三态输出四 R—S 触发器	一片
74LS75	四位 D 锁存器	一片

三、实验内容

1. 锁存器功能及应用

图 4.7.1 为 74LS75 四 D 锁存器，每两个 D 锁存器由一个锁存信号 G 控制，当 G 为高电平时，输出端 Q 随输入端 D 信号的状态变化，当 G 由高变为低时，Q 锁存在 G 端由高变低前 Q 的电平上。

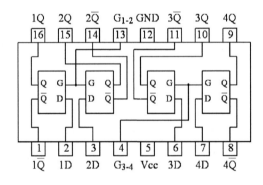

图 4.7.1

(1)验证图 4.7.1 锁存器功能，并列出功能状态表。

(2)用 74LS75 组成数据锁存器按图 4.7.2 接线，1D～4D 接逻辑开关作为数据输入端，G_{1-2} 和 G_{3-4} 接到一起作为锁存选通信号 ST，1Q～4Q 分别接到 7 段译码器的 A—D 端，数据输出由数码管显示。

设：逻辑电平 H 为"1"、L 为"0"。

ST＝1，输入 0001、0011、0111，观察数码管显示。

ST＝0，输入不同数据，观察输出变化。

2. 三态输出触发器功能及应用

4043 为三态 R—S 触发器，其包含有 4 个 R—S 触发器单元，输出端均用 CMOS 传输门对输出状态施加控制。当传输门截止时，电路输出呈"三态"，即高阻状态。管脚排列见图

4.7.3。

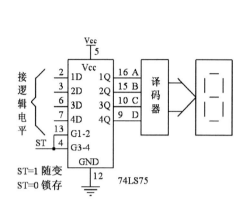

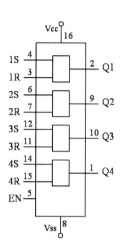

图 4.7.2

图 4.7.3

(1)三态输出 R-S 触发器功能测试

验证 R-S 触发器功能,并列出功能表。

【注意】

①不用的输入端必须接地,输出端可悬空。

②注意判别高阻状态,参考方法:输出端为高阻状态时用万用表电压档测量电压为零,用电阻档测量电阻为无穷大。

(2)用三态触发器 4043 构成总线数据锁存器

图 4.7.4 是用 4043 和一个四 2 输入端与非门 4081(数据选通器)及一片 4069(做缓冲器)构成的总线数据锁存器。

①分析电路的工作原理。(提示:ST 为选通端,R 为复位端,EN 为三态功能控制端。)

②写出输出端 Q 与输入端 A、控制端 ST、EN 的逻辑关系。

③按图接线,测试电路功能,验证(1)的分析。

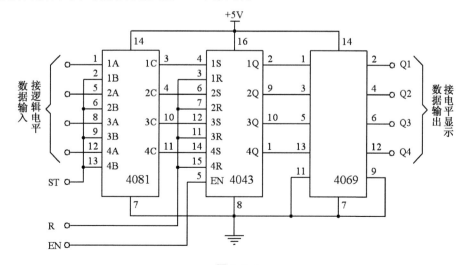

图 4.7.4

【注意】

4043 的 R 和 EN 端不能悬空,可接到逻辑开关上。

四、思考和选做

1. 图 4.7.2 中,输出端 Q 与输入端 A 的相位是否一致? 如果想使输出端与输入端完全一致,应如何改动电路?

2. 如果将输入端 A 接不同频率脉冲信号,输出结果如何? 试试看。

五、实验报告

1. 总结三态输出触发器的特点。

2. 整理并画出以 4043 和 74LS75 的逻辑功能表。

3. 比较图 4.7.2 和图 4.7.4 锁存器的异同,总结锁存器的组成、功能及应用。

实验八　时序电路测试及研究

一、实验目的

1. 掌握常用时序电路分析、设计及测试方法。
2. 训练独立进行实验的技能。

二、实验仪器及材料

1. 双踪示波器。
2. 器件：

74LS73	双 J—K 触发器	2 片
74LS175	四 D 触发器	1 片
74LS10	三输入端三与非门	1 片
74LS00	二输入端四与非门	1 片

三、实验内容

1. 异步二进制计数器
(1)按图 4.8.1 接线。

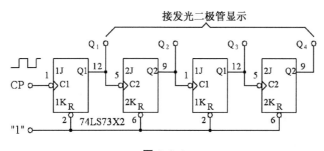

图 4.8.1

(2)由 CP 端输入单脉冲，测试并记录 $Q_1 \sim Q_4$ 端状态及波形。
(3)试将异步二进制加法计数改为减法计数，参考加法计数器，要求实验并记录。

2. 异步二—十进制加法计数器
(1)按图 4.8.2 接线。
Q_1、Q_2、Q_3、Q_4 四个输出端分别接发光二极管显示，CP 端接连续脉冲或单脉冲。
(2)在 CP 端接连续脉冲，观察 CP、Q_1、Q_2、Q_3 及 Q_4 的波形。
(3)画出 CP、Q_1、Q_2、Q_3 及 Q_4 的波形。

3. 自循环移位寄存器——环形计数器
(1)按图 4.8.3 接线，将 Q_1、Q_2、Q_3、Q_4 置为 1000，用单脉冲计数，记录各触发器状态。
改为连续脉冲计数，并将其中一个状态为"0"的触发器置为"1"（模拟干扰信号作用的结果），观察计数器能否正常工作。分析原因。
(2)按图 4.8.4 接线，与非门用 74LS10 三输入端三与非门重复上述实验，对比实验结果，

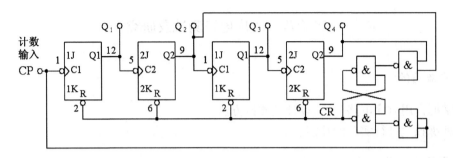

图 4.8.2

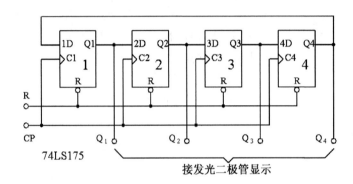

图 4.8.3

总结关于自启动的体会。

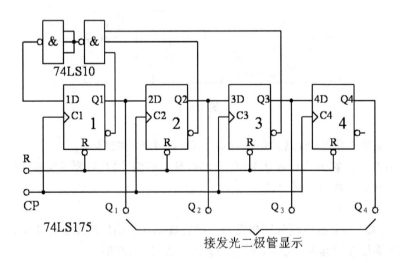

图 4.8.4

四、实验报告

1. 画出实验内容要求的波形及记录表格。
2. 总结时序电路特点。

实验九 集成计数器及寄存器

一、实验目的

1. 熟悉集成计数器逻辑功能和各控制端作用。
2. 掌握计数器使用方法。

二、实验仪器及材料

1. 双踪示波器。
2. 器件：

74LS90	十进制计数器	2 片
74LS00	二输入端四与非门	1 片

三、实验内容及步骤

1. 集成计数器 74LS90 功能测试

74LS90 是二—五—十进制异步计数器。

逻辑简图为图 4.9.1 所示。

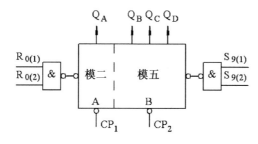

图 4.9.1 74LS90

74LS90 具有下述功能：
- 直接置 $0(R_{0(1)} \cdot R_{0(2)} = 1)$；
  直接置 $9(S_{9(1)} \cdot S_{9(2)} = 1)$。
- 二进制计数(CP_1 输入 Q_A 输出)
- 五进制计数(CP_2 输入 Q_D、Q_C、Q_B 输出)
- 十进制计数(两种接法如图 4.9.2(A)、(B)所示)
按芯片引脚图分别测试上述功能，并填入表 4.9.1、表 4.9.2 中。

2. 计数器级连

分别用 2 片 74LS90 计数器级连成二—五混合进制、十进制计数器。

(1)画出连线电路图。

(2)按图接线，并将输出端接到显示数码管的相应输入端，用单脉冲作为输入脉冲验证设计是否正确。

(3)画出四位十进制计数器连接图并总结多级计数级连规律。

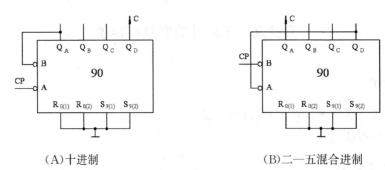

(A)十进制   (B)二—五混合进制

图 4.9.2 十进制计数器

表 4.9.1   功能表

$R_{0(1)}$	$R_{0(2)}$	$S_{9(1)}$	$S_{9(2)}$	Q_D	Q_C	Q_B	Q_A
H	H	L	X				
H	H	X	L				
X	X	H	H				
X	L	X	L				
L	X	L	X				
L	X	X	L				
X	L	L	X				

表 4.9.2   进制输出

计数	二—五混合进制输出				计数	十进制输出			
	Q_A	Q_D	Q_C	Q_B		Q_D	Q_C	Q_B	Q_A
0					0				
1					1				
2					2				
3					3				
4					4				
5					5				
6					6				
7					7				
8					8				
9					9				

3. 任意进制计数器设计方法

采用脉冲反馈法(称复位法或置位法),可用 74LS90 组成任意模(M)计数器。图 4.9.3 是用 74LS90 实现模 7 计数器的两种方案,图(A)采用复位法,即计数计到 M 异步清 0。图 (B)采用置位法,即计数计到 M−1 异步置 9。

当实现十以上进制的计数器时可将多片级连使用。

图 4.9.4 是 45 进制计数的一种方案,输出为 8421 BCD 码。

(1)按图 4.9.4 接线,并将输出接到显示数码管上验证。

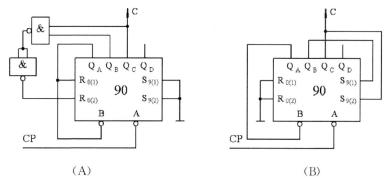

（A）　　　　　　　　　　　　（B）

图 4.9.3　74LS90 实现七进制计数方法

（2）设计一个六十进制计数器并接线验证。

（3）记录上述实验各级同步波形。

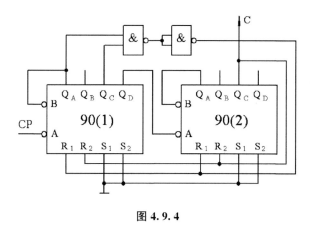

图 4.9.4

四、实验报告

1. 整理实验内容和各实验数据。

2. 画出实验内容 1、2 所要求的电路图及波形图。

3. 总结计数器使用特点。

实验十　译码器和数据选择器

一、实验目的

1. 熟悉集成译码器。
2. 了解集成译码器应用。

二、实验仪器及材料

1. 双踪示波器。
2. 器件：

74LS139	2—4 线译码器	1 片
74LS153	双 4 选 1 数据选择器	1 片
74LS00	二输入端四与非门	1 片

三、实验内容

1. 译码器功能测试

将 74LS139 译码器按图 4.10.1 接线，按表 4.10.1 输入电平置位，填输出状态表。

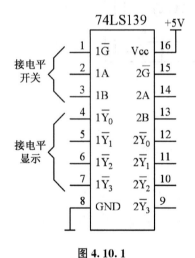

图 4.10.1

表 4.10.1

输　入			输　出			
使能	选择					
G	B	A	Y_0	Y_1	Y_2	Y_3
H	X	X				
L	L	L				
L	L	H				
L	H	L				
L	H	H				

2. 译码器转换

将双 2—4 线译码器转换为 3—8 线译码器。

(1)画出转换电路图。

(2)在学习机上接线并验证设计是否正确。

(3)设计并填写该 3—8 线译码器功能表，画出输入、输出波形。

3. 数据选择器的测试及应用

(1)将双 4 选 1 数据选择器 74LS153 参照图 4.10.2 接线，按表 4.10.2 测试其功能并填写表格。

（2）将学习机脉冲信号源中4个不同频率固定脉冲的信号接到数据选择器的4个输入端，将选择端置位，使输出端可分别观察到4种不同频率脉冲信号。

（3）分析上述实验结果并总结数据选择器作用，并将其转化成8选1选择器。

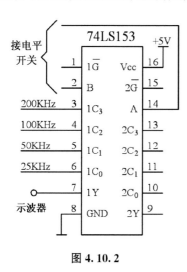

图 4.10.2

表 4.10.2

选择端		数据输入端				输出控制	输出
B	A	C_0	C_1	C_2	C_3	G	Y
X	X	X	X	X	X	H	
L	L	L	X	X	X	L	
L	L	H	X	X	X	L	
L	H	X	L	X	X	L	
L	H	X	H	X	X	L	
H	L	X	X	L	X	L	
H	L	X	X	H	X	L	
H	H	X	X	X	L	L	
H	H	X	X	X	H	L	

四、实验报告

1. 画出实验要求的波形图。
2. 画出实验内容2、3的接线图。
3. 总结译码器和数据选择的使用体会。

实验十一　波形产生及单稳态触发器

一、实验目的

1. 熟悉多谐振荡器的电路特点及振荡频率估算方法。
2. 掌握单稳态触发器的使用。

二、实验仪器及材料

1. 双踪示波器。
2. 器件：

74LS00	二输入端四与非门	1 片
CD4069	六反相器	1 片
74LS04	六反相器	1 片
电位器 10kΩ		1 只

三、实验内容

1. 多谐振荡器

(1)由 CMOS 门构成多谐振荡器,电路取值一般应满足 $R_1 = (2 \sim 10)(R_2 + R_3)$,周期 $T \approx 2.2(R_2 + R_3)C$。在学习机上按图 4.11.1 接线,并测试频率范围。

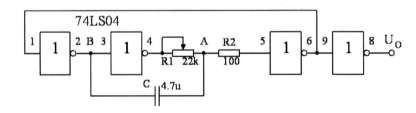

图 4.11.1

若 C 不变,要想输出 1KHz 频率波形,计算 R_2 的值并验证,分析误差。

若要实现 10KHz～100KHz 频率范围,选用上述电路并自行设计参数,接线实验并测试。

(2)由 TTL 门电路构成多谐振荡器

按图 4.11.2 接线,用示波器测量频率变化范围, 观测 A、B、U_O 各点波形并记录。

2. 单稳态触发器

(1)用一片 74LS00 接成如图 4.11.3 所示电路,输入脉冲用上面实验中由 CMOS 门电路构成的多谐振荡器所产生的脉冲。

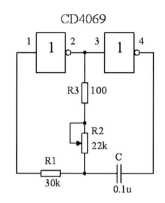

图 4.11.2

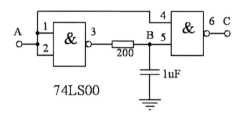

图 4.11.3

（2）选三个频率（易于观察）记录 A、B、C 上各点波形。

（3）若要改变输出波形宽度（例如增加）应如何改变电路参数？用实验验证。

四、实验报告

1. 整理实验数据及波形。

2. 画出振荡器与单稳态触发器联调的实验电路图。

3. 写出实验中各电路脉宽估算值，并与实验结果对照分析。

实验十二　555 时基电路

一、实验目的

1. 掌握 555 时基电路的结构和工作原理,学会对此芯片的正确使用。

2. 学会分析和测试用 555 时基电路构成的多谐振荡器、单稳态触发器、R－S 触发器等三种典型电路。

二、实验仪器及材料

1. 双踪示波器。

2. 器件:

NE556(或 LM556、5G556 等)双时基电路	1 片
二极管 1N4148	2 只
电位器 22k、1k	各 1 只
电阻、电容	若干
扬声器	1 个

三、实验内容

1.555 时基电路功能测试

本实验所用的 555 时基电路芯片为 NE556,同一芯片上集成了两个各自独立的 555 时基电路,图 4.12.1 中各管脚的功能简述如下:

TH 高电平触发端:当 TH 端电平大于 $2/3V_{CC}$,输出端 OUT 呈低电平,DIS 端导通。

$\overline{TR}$ 低电平触发端:当 $\overline{TR}$ 端电平小于 $1/3\ V_{CC}$ 时,OUT 端呈现高电平,DIS 端关断。

$\overline{R}$ 复位端:$\overline{R}=0$,OUT 端输出低电平,DIS 端导通。

VC 控制电压端:VC 接不同的电压值可以改变 TH、$\overline{TR}$ 的触发电平值。

DIS 放电端:其导通或关断为 RC 回路提供了放电或充电的通路。

OUT 输出端:

表 4.12.1

TH	$\overline{TR}$	$\overline{R}$	OUT	DIS
X	X	L	L	导通
$>2/3\ V_{CC}$	$>1/3\ V_{CC}$	H	L	导通
$<2/3\ V_{CC}$	$>1/3V_{CC}$	H	原状态	原状态
$<2/3\ V_{CC}$	$<1/3V_{CC}$	H	H	关断

芯片的功能如表 4.12.1 所示,管脚如图 4.12.1 所示,功能简图如图 4.12.2 所示。

(1)按图 4.12.3 接线,可调电压取自电位器分压器。

(2)按表 4.12.1 逐项测试其功能并记录。

2.555 时基电路构成的多谐振荡器

电路如图 4.12.4 所示。

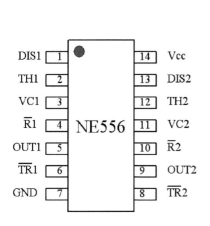

图 4.12.1　时基电路 556 管脚图

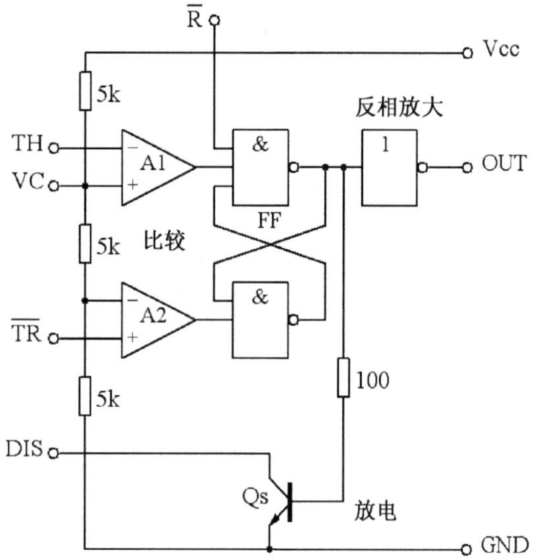

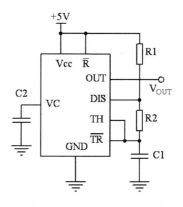

图 4.12.2　时基电路功能简图

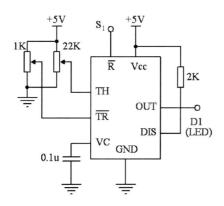

图 4.12.3　测试接线图

图 4.12.4　多谐振荡器电路

(1)按图 4.12.4 接线。图中元件参数如下：

R1＝15kΩ　　　R2＝5kΩ

C1＝0.033μF　　C2＝0.1μF

(2)用示波器观察并测量 OUT 端波形的频率。

与理论估算值比较,算出频率的相对误差值。

(3)若将电阻值改为 R1＝15kΩ、R2＝10kΩ、电容不变,上述的数据有何变化?

(4)根据上述电路的原理,充电回路的支路是 $R_1 R_2 C_1$,放电回路的支路是 $R_2 C_1$,将电路略作修改,增加一个电位器 R_P 和两个引导二极管,构成图 4.12.5 所示的占空比可调的多谐振荡器。

其占空比为：

$$q＝R_1/(R_1＋R_2)$$

改变 R_P 的位置,可调节 q 值。

合理选择元件参数(电位器选用 22kΩ),使电路的占空比 q=0.2,调试正脉冲宽度为 0.2ms。

调试电路,测出所用元件的数值,估算电路的误差。

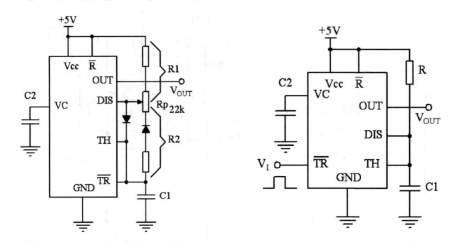

图 4.12.5　占空比可调的多谐振荡器电路　　　　图 4.12.6　单稳态触发器电路

3.555 构成的单稳态触发器

实验如图 4.12.6 所示。

(1)按图 4.12.6 接线,图中 R=10kΩ、C_1=0.01μF。V_I 是频率约为 10KHz 左右的方波时,用双踪示波器观察 OUT 端相对于 V_I 的波形,并测出输出脉冲的宽度 T_w。

(2)调节 V_I 的频率。分析并记录观察到的 OUT 端波形的变化。

(3)若想使 T_w=10μS,怎样调整电路? 测出此时各有关的参数值。

4.555 时基电路构成的 R—S 触发器

实验如图 4.12.7 所示。

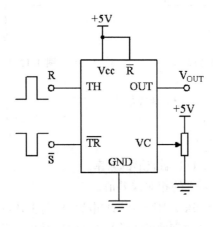

图 4.12.7　R—S 触发器电路

(1)令 VC 端悬空,调节 R、$\overline{S}$ 端的输入电平值,观察 V_O 的状态在什么时刻由 0 变 1,或由 1 变 0?

测出 V_O 的状态切换时,R、$\bar{S}$ 端的电平值。

(2)若要保持 V_O 端的状态不变,用实验法测定 R、$\bar{S}$ 端应在什么电平范围内?

整理实验数据,列成真值表的形式。和 R—S FF 比较,逻辑电平、功能等有何异同?

(3)若在 VC 端加直流电压 V_{C-v},并令 V_{C-v} 分别为 2V、4V 时,测出此时 V_O 状态保持和切换时 R、$\bar{S}$ 端应加的电压值是多少? 试用实验法测定。

5. 应用电路

图 4.12.8 所示用 556 的两个时基电路构成低频对高频调制的救护车警铃电路。

(1)参考实验内容 2 确定图 4.12.8 未定元件的参数。

(2)按图接线,注意扬声器先不接。

(3)用示波器观察输出波形并记录。

(4)接上扬声器,调整参数到声响效果满意。

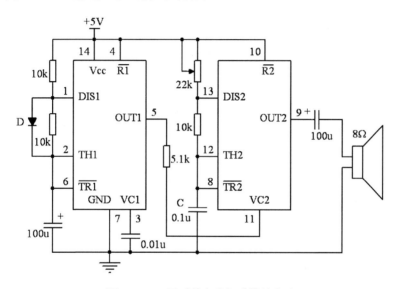

图 4.12.8　用时基电路组成警铃电路

6. 时基电路使用说明

556 定时器的电源电压范围较宽,可在 +5~+16V 范围内使用(若为 CMOS 的 555 芯片,则电压范围在 +3~+18V 内)。

电路的输出有缓冲器,因而有较强的带负载能力,双极性定时器最大的灌电流和拉电流都在 200mA 左右. 因而可直接推动 TTL 或 CMOS 电路中的各种电路,包括能直接推动蜂鸣器等器件。

本实验所使用的电源电压 $V_{CC}=+5V$。

四、实验报告

1. 按实验内容各步要求整理实验数据。

2. 画出实验内容 3 和 5 中的相应波形图。

3. 画出实验内容 5 最终调试满意的电路图并标出各元件参数。

4. 总结时基电路基本电路及使用方法。

4.2 拓展实验部分

实验十三 计数器 MSI 芯片的应用

一、实验目的

学会正确使用计数器芯片,熟悉和了解其应用电路。

二、实验内容

1. 计数器芯片 74LS160/161 功能测试

74LS160 为同步十进制计数器,74LS161 为同步十六进制计数器。

(1)带直接清除端的同步可预置数的计数器 74LS160/161 的逻辑符号如图 4.13.1 所示。

图中,$\overline{LD}$:同步置数端 $\overline{C_r}$:异步清零端

S_1、S_2:工作方式端 Q_{cc}:进位信号

$D_0 \sim D_3$:数据输入端 Q_D、Q_C、Q_B、Q_A 输出端

完成芯片的接线,测试 74LS160 或 74LS161 芯片的功能,将结果填入表 4.13.1。

表 4.13.1

C_r	S_1	S_2	LD	cp	芯片功能
0	X	X	X	X	
1	X	X	0	⌐	
1	0	1	1	⌐	
1	0	X	1	X	
1	X	0	1	X	

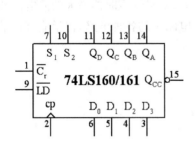

图 4.13.1　74LS160/161 逻辑符号

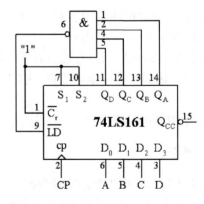

图 4.13.2

(2)74LS161 芯片接成图 4.13.2 所示电路。

按图接线,CP用点动脉冲输入。A、B、C、D接逻辑电平设置,Q_D、Q_C、Q_B、Q_A接发光二极管显示。

测出芯片的计数长度,并画出其状态转换图。

2. 计数器芯片 74LS160/161 的应用

两片 74LS160 芯片构成的同步六十进制计数电路如图 4.13.3 所示。

按图接线。

用点动脉冲作为 CP 的输入,74LS160(2)、(1)的输出端 Q_D、Q_C、Q_B、Q_A 分别接学习机上七段 LED 数码管的译码输入端。观察在点动脉冲作用下 D_Y、D_X 显示的数字变化。

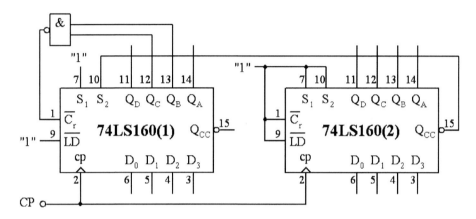

图 4.13.3 六十进制计数器电路

3. 计数器芯片 CD4520 功能测试

四位二进制同步加法计数器 CD4520 的逻辑符号如图 4.13.4 所示。

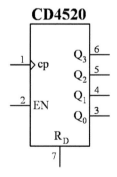

图 4.13.4 CD4520 逻辑符号

图中:cp 为时钟端;EN 为使能端;R_D 为清零端;Q_3、Q_2、Q_1、Q_0 为输出端。

完成电路接线,用点动脉冲作为时钟,测试电路的功能。

芯片的输出接发光二级管显示。

测试的结果填入表 4.13.2 中。

注意观察当 $R_D=0$ 时:EN 为 1、cp 端加脉冲和 cp＝0、EN 端加脉冲时,芯片各实现什么功能? 上述两种不同的情况下,电路状态的改变在脉冲沿的什么时刻?

表 4.13.2

R_D	EN	cp	芯片功能
1	X	X	
0	0	X	
0	1	⌐	
0	⌐	0	

三、思考题

1. 除图 4.13.3 所示的六十进制计数电路外，请用两个 74LS160 自行设计一个六十进制的计数电路，并用实验验证之。

若改用 74LS161 芯片实现六十进制计数电路，则芯片又应怎样连接？试画出电路接线图，并用实验验证其功能。

2. 用 CD4520 芯片实现 M＝9 的计数电路，则芯片应怎样连接？而且要求芯片在下降沿触发。

四、材料

TTL 芯片：

74LS160/161	十进制/十六进制同步计数器	2 片
74LS00	四 2 输入与非门	1 片
74LS20	四输入双与	1 片

CMOS 芯片：

CD4520	双十六进制同步计数器	1 片

实验十四　顺序脉冲和脉冲分配器电路

一、实验目的

通过实验进一步掌握顺序脉冲发生器和脉冲分配器等电路的原理,学会自行设计和使用这类电路。

二、实验内容

1. 顺序脉冲发生器的功能测试

图 4.14.1 所示电路为扭环形计数器构成的顺序脉冲发生器。

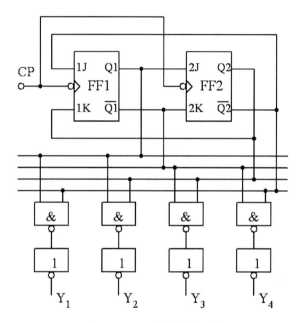

图 4.14.1　顺序脉冲发生器

图中 FF_2、FF_1 用边沿 J—K FF 芯片 74LS112。

完成电路的接线。在 CP 端加点动脉冲,测出电路的 Q_2Q_1 的状态变化顺序。画出状态转换图形式。

在 CP 端加连续脉冲,观察并记录 $Y_1 \sim Y_4$ 和 CP 的波形,画成时序图。

2. 顺序脉冲发生器的设计

试用 D FF 设计一个能自启动的环形计数器,电路的输出 $Q_3Q_2Q_1$ 为一组顺序脉冲,脉宽的宽度为 2ms,脉冲的高、低电平值分别为 5V 和 0V。试自行设计电路,合理选取器件。

完成电路的连接,测试电路的功能。

3. 脉冲分配电路的设计

三相六拍步进机的脉冲分配电路的状态转换图 4.14.2 所示。

图中 C 为控制变量。当 C=0 时,步进机正转;C=1 时,步进机反转。

试设计该电路,画出电路图。

完成电路的接线,测试电路的功能。检查你设计的电路能否自启动?

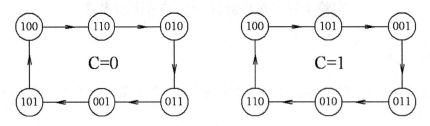

图4.14.2 三相六拍步进机状态转换图

4. 序列脉冲发生器

图 4.14.3 所示为一个序列脉冲发生器电路。

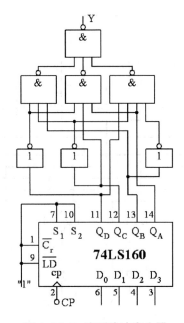

图4.14.3 序列脉冲发生器

图中芯片用 74LS160 同步计数器。

按图接线。

在 CP 端加点动脉冲,观察芯片 Q_3、Q_2、Q_1、Q_0 和 Y 的状态变化,说明电路在 CP 的作用下 Y 端能输出什么样的脉冲序列?

若希望输出端 Y 能周期性地输出 1001001110 的脉冲序列,则电路应怎样改接? 试实验之。

三、思考题

1. 顺序脉冲发生器电路的特点是什么? 可用哪几种方法实现? 各有何优缺点?

2. 步进机脉冲分配电路的自启动问题你认为应怎样解决? 以实验角度考虑,你还有别的办法吗?

3. 试设计一个四相八拍的步进机脉冲分配电路,并通过实验验证电路的功能。

4. 试用 74LS161 芯片和部分门电路设计一个脉冲序列电路。要求电路的输出端 Y 在时钟 CP 的作用下,能周期性地输出 10101000011001 的脉冲序列。

四、材料

TTL 芯片:

74LS112	双下降沿触发 J—K　FF	1 片
74LS160/161	十进制/十六进制同步计数器	1 片
74LS00	四 2 输入与非门	1 片
74LS10	三 3 输入与非门	2 片
74LS04	六反相器	1 片

CMOS 芯片:

CD4013	双 D 触发器	2 片

实验十五　施密特触发器及其应用

一、实验目的

进一步掌握施密特触发器的原理和特点,熟悉和了解由施密特触发器构成的部分应用电路,学会正确使用 TTL、CMOS 集成的施密特触发器。

二、实验内容

1. 具有施密特触发特性的门电路特性测试

(1)74LS132 芯片的特性测试

图 4.15.1 所示为 74LS132 芯片的原理电路和逻辑符号图。

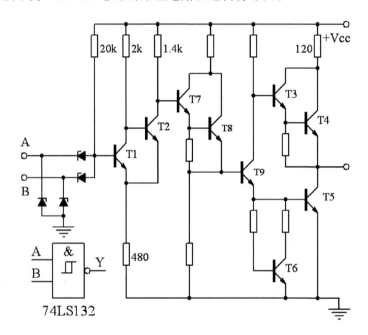

图 4.15.1　74LS132 原理电路和逻辑符号

用实验法测出芯片的电压传输特性曲线,并标出 V_{T+}、V_{T-}、ΔV_T 等值。

参照给定的原理电路图,说明 V_{T+}、V_{T-}、ΔV_T 等值和理论分析值是否一致?

理论分析时,可假设肖特基之三极管的 $V_{BES} \approx 0.8V$、$V_{CES} \approx 0.3V$,肖特基二极管的正向导通压降 $V_D \approx 0.4V$。

(2)CMOS 芯片 CD40106 特性测试

图 4.15.2 所示为 CD40106 芯片的原理电路的逻辑符号图。

令 $V_{DD} = +5V$,测出 CD40106 的 V_{T+}、V_{T-}、ΔV_T 值,画出相应的电压传输特性曲线。

改变 V_{DD} 值,使之分别为 +10V、+15V,重复上述内容。

2. 施密特触发器的应用

(1)多谐振荡器

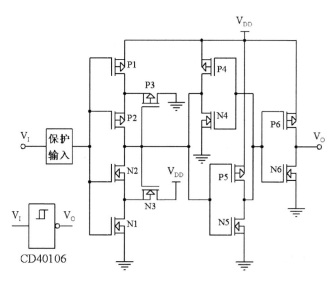

图 4.15.2　CD40106 原理电路和逻辑符号

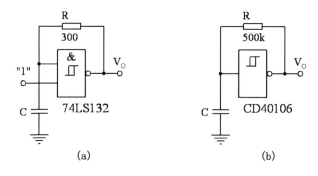

(a)　　　　　　　　　　　　　　　(b)

图 4.15.3　多谐振荡器

按图 4.15.3 所示电路接线,V_{DD}＝＋5V。

用示波器观察图(a)、图(b)电路输出端 V_O 的波形。

选择电容 C,使图(a)中 V_O 的频率 f＝100KHz～150KHz。

选取图(b)电路中的电容 C,令其分别为 100pF 和 1μF 测出 V_O 端振荡波形的相应的频率。

(2)压控振荡器

按图 4.15.4 所示电路接线,V_{DD}＝＋5V。

信号 V_I 的变化范围为 2.5～5.0V,用示波器观察并记录 V_O 端的波形。

当 V_I 取值分别为 2.5V、3V、3.5V、4V、4.5V、5V 时测出 V_O 端波形相应的频率 f。

观察电路中元件参数的大小(如电阻 R、电容 C)和 f 有何关系?

观察与非门的 V_T,施密特触发器的 V_{T+}、V_{T-} 和 f 有何关系?

三、思考题

1. 施密特触发器电路的特点是什么? 图 4.15.1 所示的原理电路是由哪几部分构成的?

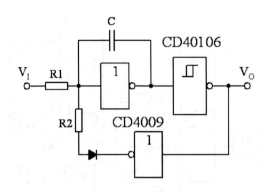

图 4.15.4 压控振荡器

各部分的作用是什么?

2. CMOS 施密特触发器的 V_{DD} 值的大小和芯片的 V_{T+}、V_{T-}、ΔV_T 参数有何关系?

3. 改变图 4.15.2 电路的 V_{DD} 值时，V_O 端的振荡频率是否会跟着变化? 怎样变化?

四、材料

CMOS 芯片：

        CD40106　具有施密特触发特性的反相器　　　　　　1 片

        CD4009　六缓冲器/转换器(反相)　　　　　　　　　1 片

TTL　芯片：

        74LS132　具有施密特触发性的与非门　　　　　　1 片

实验十六　单稳态触发器及其应用

一、实验目的

掌握单稳态电路的原理和特点,熟悉和了解部分单稳态触发器及其应用,学会正确使用集成的单稳态电路。

二、实验内容

1. 集成单稳态触发器功能测试
(1)TTL 芯片 74LS121 功能测试
74LS121 芯片的逻辑符号和逻辑结构图如图 4.16.1 所示。

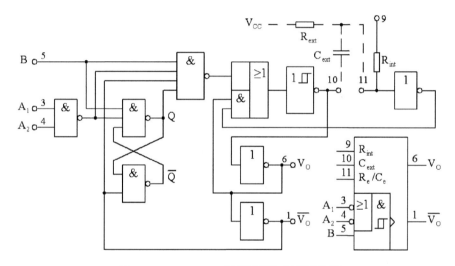

图 4.16.1　74LS121 逻辑符号和逻辑结构图

完成电路的接线,测定电路的功能,结果填入表 4.16.1 中。

仔细观察在不同的输入条件下,输出 V_O、$\overline{V_O}$ 端相应的状态。

(2)在下列各参数条件下,测出 74LS121 输出脉冲的宽度 T_W 值,取负载电容 $C_L=15pF$。

用内定时电阻,即 R_{int} 接 V_{CC},$C_{ext}=80pF$,R_{ext} 不接入。

外接定时电阻,R_{int} 不接,$R_{ext}=10k\Omega$,$C_{ext}=100pF$。

外接定时电阻,R_{int} 不接,$R_{ext}=10k\Omega$,$C_{ext}=1\mu F$。

合理选取元件参数,使输出脉宽 $T_W=10\mu s$。

表 4.16.1

A_1	A_2	B	V	$\overline{V_O}$
X	L	H		
X	L	H		
X	X	H		

续表

A_1	A_2	B	V	$\overline{V_O}$
H	H	X		
H	↓	H		
↓	H	H		
↓	↓	H		
L	X	↑		
X	L	↑		

2. 单稳态电路的应用

(1)占空比可调的多谐振荡器

按图 4.16.2 所示电路接线，$V_{DD}=+5V$。

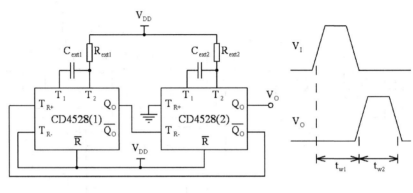

图 4.16.2　占空比可调的多谐振荡器　　　　图 4.16.3

调节 C_{ext1} 和 R_{ext1}、C_{ext2} 和 R_{ext2} 可分别改变 V_O 脉冲高、低电平的宽度 t_1 和 t_2，从而改变 V_O 的占空比 q：

$$q=\frac{t_2}{t_1+t_2}$$

试按输出脉冲 V_O 的占空比 $q=9/10$ 且正脉宽 $t_1=70\mu s$ 的要求，调试电路，并测出所用元件的参数值。

若将图 4.16.2 电路中的 T_{R+} 和 $\overline{Q}$ 端的连线断开，并在 T_{R+} 处加触发信号 V_I，则电路就成为上升沿触发的单稳态脉冲延迟电路。其输入、输出波形如图 4.16.3 所示。

t_{w1}、t_{w2} 分别外接电阻、电容确定，近似公式为：

$$t_{w1}\approx R_{ext1}\cdot C_{ext1}/2$$
$$t_{w2}\approx R_{ext2}\cdot C_{ext2}/2$$

若令 $R_{ext1}=20k\Omega$、$R_{ext2}=10k\Omega$，则 $C_{ext1}=C_{ext2}=0.1\mu F$。用占空比可调的多谐振荡器发出的 $q=5/6$ 且 $t_1=0.5ms$ 的脉冲作为 V_I 信号。观察并记录 V_O、V_I 波形，读出 t_{w1}、t_{w2} 的数值和理论估算值相比较是否一致？

(2)频率—电压变换电路

利用单稳态触发器和积分网络可构成频率—电压变换电路，即电路的输出电压 V_O 将随输入信号的频率变化而变化。若输入信号 V_I 的频率上升,则 V_O 值增大;反之,若信号频率下降,则 V_O 值减小。

按图 4.16.4 所示电路接线,令 $V_{DD} = +5V$。图中 V_I 要求是频率可调的脉冲信号,该信号可由实验十四中的第 3 个实验得到。(施密特触发器构成的压控振荡器。)

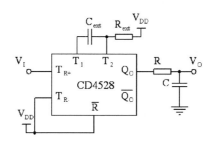

图 4.16.4　频率—电压变换电器

为使电路正常工作,在选择 R_{ext}、C_{ext} 时,要保证单稳态电路的输出 Q 端的脉宽要小于输入信号 V_I 的最小周期。

先选择几组不同频率的信号作为 V_I 输入,观察不同频率下 V_O 相应的变化。

在一定的信号频率下,改变 R_{ext}、C_{ext} 参数值,观察 V_O 的变化。

自行设计调试一个压控振荡器电路,其输出作为本电路的输入 V_I,在压控振荡器输入不同的电压时,观察压控振荡器的输出频率和频率——电压变换电路的输出 V_O 的变化情况。

记录上述实验的有关现象和数据,将结果列成表格的形式。

三、材料

1. 仪器示波器。
2. 材料。

TTL 芯片:

74LS121	单稳态触发器	1 片
74LS00	四 2 输入与非门	1 片

CMOS 芯片:

CD4528	双单稳态触发器	1 片
CD40106	六施密特触发器	1 片

实验十七　四路优先判决电路

一、实验目的

1. 掌握 D 触发器、与非门等数字逻辑基本电路原理及应用。
2. 练习分析故障及排除故障能力。

二、实验仪器及材料

74LS00、74LS20、74LS175、NE555、音乐片	各 1 片
按键开关	4 只
电阻、电容	若干只

三、预习要求

1. 认真阅读本实验说明,分析电路工作原理。
2. 在图 4.17.1 中标注管脚号,拟定实验步骤。

四、实验说明

实验电路如图 4.17.1 所示。

优先判决电路是通过逻辑电路判断哪一个预定状态优先发生的一个装置,可用于智力竞赛抢答及测试反应能力等。S1～S4 为抢答人所用按钮,LED1～LED4 为抢答成功显示,同时扬声器发声。S_C 接逻辑电平开关作控制用。

工作要求:

1. 控制开关 S_C 在输入低电平即"复位"位置时,S1～S4 按下无效。
2. 控制开关 S_C 在输入高电平即"启动"位置时:

(1)S1～S4 无人按下时 LED 不亮,扬声器不发声。

(2)S1～S4 有一个按下,对应 LED 亮,扬声器发声。其余开关再按则无效。

3. 抢答一轮结束后,控制开关 S_C 输入低电平即"复位"时,电路恢复等待状态,准备下一次抢答。

五、实验内容

1. 按图正确接线,按预习拟定的实验步骤工作。
2. 按上述工作要求测试电路工作情况(至少 4 次,即 S1～S4 各优先一次)。
3. 对应预习原理分析电路工作状态并测试。如电路工作不正常,自行研究排除。

附注:KD128 为门铃音乐集成电路,其 4 脚为高电平时发声,声音有"叮咚"等声。亦可用其他音乐电路或蜂鸣器等作声响元件。

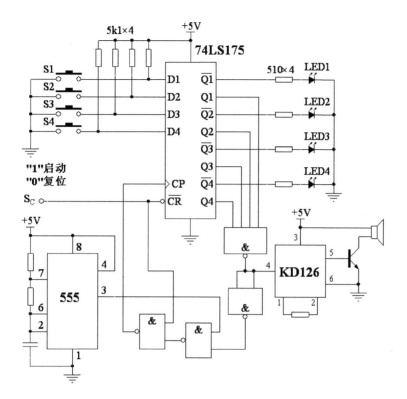

图 4.17.1

第五章　高频电子电路实验

一、高频电子线路实验箱组成

该产品由 2 个实验仪器模块和 8 个实验模块及实验箱体(含电源)组成。

1. 实验仪器及主要指标

(1)频率计(模块 6)

频率测量范围:5Hz～2400MHz

输入电平范围:100mV～2V(有效值)

测量误差:≤±20ppm(频率低端≤±1Hz)

输入阻抗:1MΩ/10pF

(2)高频信号源(模块 1)

输出频率范围:400KHz～45MHz(连续可调)

频率稳定度:10E－4(1×10^{-4})

输出波形:正弦波,谐波≤－30dBc

输出幅度:峰峰值 1mV～1V(连续可调)

输出阻抗:50Ω

(3)低频信号源(模块 1)

输出频率范围:200Hz～10KHz(连续可调,方波频率可达 250KHz)

频率稳定度:10E－4(1×10^{-4})

输出波形:正弦波、方波、三角波

输出幅度:峰峰值 10mV～5V(连续可调)

输出阻抗:100Ω

2. 实验模块及电路组成

(1)模块 2:小信号选频放大模块

包含单调谐放大电路、电容耦合双调谐放大电路、集成选频放大电路、自动增益控制电路(AGC)四种电路。

(2)模块 3:正弦波振荡及 VCO 模块

包含 LC 振荡电路、石英晶体振荡电路、压控 LC 振荡电路、变容二极管调频电路四种电路。

(3)模块 4:AM 调制及检波模块

包含模拟乘法器调幅(AM、DSB、SSB)电路、二极管峰值包络检波电路、三极管小信号包络检波电路、模拟乘法器同步检波电路四种电路。

（4）模块 5：FM 鉴频模块一

包含正交鉴频（乘积型相位鉴频）电路、锁相鉴频电路、基本锁相环路三种电路。

（5）模块 7：混频及变频模块

包含二极管双平衡混频电路、模拟乘法器混频电路。

（6）模块 8：高频功放模块

包含非线性丙类功放电路、线性宽带功放电路、集成线性宽带功放电路、集电极调幅电路四种电路。

（7）模块 9：收音机模块

包含三极管变频、AM 收音机、FM 收音机。

（8）模块 10：综合实验模块

包含话筒及音乐片放大电路、音频功放电路、天线及半双工电路、分频器电路四种电路。

二、高频电子线路实验箱使用说明

1. 信号源的使用

信号源面板如图 5－1 所示，信号源分高频和低频两部分，图中虚线左边为高频信号源，右边为低频信号源。使用时，将最右边的"POWER"开关拨置下方，指示灯点亮。

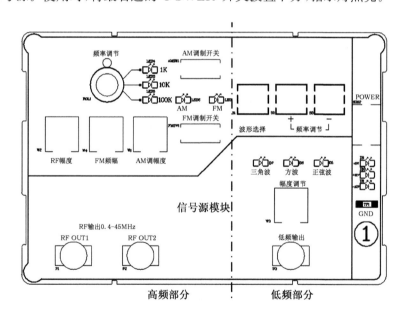

图 5－1　实验箱信号源

高频信号源频率调节有四个档位：1KHz、10KHz、100KHz 和 1MHz 档。按下面板左上的"频率调节"旋钮可在各档位间切换，为 1KHz、10KHz 和 100KHz 档时，相对应绿灯点亮，当三灯齐亮，即为 1MHz 档，旋转该旋钮可改变输出高频信号的频率。

低频信号源通过"波形选择"按键可切换输出波形，有相应的指示灯指示，若选择正弦波，则"正弦波"指示灯亮。通过"＋"、"－"按键可以增大和减小信号的频率。

调节"RF 幅度"旋钮可改变输出高频信号源的幅度，顺时针旋转幅度增加；调节"幅度调节"旋钮可改变输出低频信号源的幅度。

本信号源有内调制功能,"FM 调制开关"拨置"ON",对应的"FM"指示灯点亮,输出调频波,调制信号为信号源低频正弦波信号,载波信号为信号源高频信号;"FM 调制开关"拨置"OFF","FM"指示灯点灭,输出无调制的高频信号。"AM 调制开关"拨置"ON",对应的"AM"指示灯点亮,输出调幅波,调制信号为信号源低频正弦波信号,载波信号为信号源高频信号;"AM 调制开关"拨置"OFF","AM"指示灯灭,输出无调制的高频信号。调节"FM 频偏"旋钮可改变调频波的调制指数,调节"AM 调幅度"旋钮可改变调幅波的调幅度。

面板下方"RF OUT1"和"RF OUT2"插孔输出 400KHz~45MHz 的正弦波信号,其中一路用作输出信号频率显示,另一路可用作电路的信号输入。(在观察频率特性的实验中,可将"RF OUT1"作为信号输入,"RF OUT2"通过射频跳线连接到频率计观察频率);"低频输出"插孔输出 200Hz~10KHz 的正弦波、三角波、方波信号。

2. 频率计的使用

本实验箱自带频率计,主要用于实验中频率测量,频率计面板如图 5-2 所示。

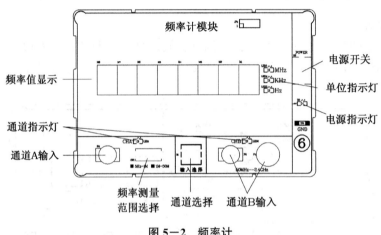

图 5-2　频率计

使用说明如下:频率计数值显示使用了 8 个数码管,单位指示灯用来指示当前数值单位。例如数码管显示 100,"Hz"指示灯亮,则当前频率为 100Hz。频率计输入按照频率范围分为A、B 两个通道,通过按下"输入选择"键来切换。A 通道测量范围为 5Hz 到 50MHz,其中又分为两段,当开关 SW1 拨置左边时,测量范围为 5Hz 到 1MHz,拨置右边时测量范围为 1MHz到 50MHz,如果在测量中出现无读数的情况,请首先检查 SW1 是否拨到正确的量程档。B 通道主要用来测量较高的频率,并留有一个 BNC 接口 P1。

实验一　非线性丙类功率放大器实验

一、实验目的

1. 了解丙类功率放大器的基本工作原理,掌握丙类放大器的调谐特性以及负载改变时的动态特性。

2. 了解高频功率放大器丙类工作的物理过程以及当激励信号变化对功率放大器工作状态的影响。

3. 比较甲类功率放大器与丙类功率放大器的特点。

4. 掌握丙类放大器的计算与设计方法。

二、实验内容

1. 观察高频功率放大器丙类工作状态的现象,并分析其特点。

2. 测试丙类功放的调谐特性。

3. 测试丙类功放的负载特性。

4. 观察激励信号变化、负载变化对工作状态的影响。

三、实验仪器

信号源模块	1 块
频率计模块	1 块
8 号板	1 块
双踪示波器	1 台
频率特性测试仪(可选)	1 台
万用表	1 块

四、实验基本原理

放大器按照电流导通角 θ 的范围可分为甲类、乙类、丙类及丁类等不同类型。功率放大器电流导通角 θ 越小,放大器的效率 η 越高。

电路原理图如图 5.1.1 所示,该实验电路由两级功率放大器组成。N3、T5 组成甲类功率放大器,工作在线性放大状态,其中 R14、R15、R16 组成静态偏置电阻。N4、T6 组成丙类功率放大器。R18 为射极反馈电阻,T6 为谐振回路,甲类功放的输出信号通过 R17 送到 N4 基极作为丙放的输入信号,此时只有当甲放输出信号大于丙放管 N4 基极—射极间的负偏压值时,N4 才导通工作。与拨码开关相连的电阻为负载回路外接电阻,改变 S1 拨码开关的位置可改变并联电阻值,即改变回路 Q 值。

下面介绍甲类功放和丙类功放的工作原理及基本关系式。

1. 甲类功率放大器

(1)静态工作点

如图 5.1.1 所示,甲类功率放大器工作在线性状态,电路的静态工作点由下列关系式确定:

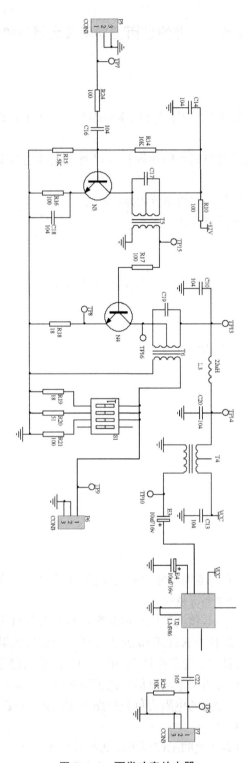

图 5.1.1　丙类功率放大器

$$v_{EQ} = I_{EQ}R_{16}$$

$$I_{CQ} = \beta I_{BQ}$$

$$v_{BQ} = v_{EQ} + 0.7V$$

$$v_{CEQ} = V_{CC} - I_{CQ}R_{16}$$

（2）负载特性

如图 5.1.1 所示，甲类功率放大器的输出负载由丙类功放的输入阻抗决定，两级间通过变压器进行耦合，因此甲类功放的交流输出功率 P_0 可表示为：

$$P_0 = \frac{P'_H}{\eta_B}$$

式中，P'_H 为输出负载上的实际功率，η_B 为变压器的传输效率，一般为 $\eta_B = 0.75 \sim 0.85$。

图 5.1.2 为甲类功放的负载特性。为获得最大不失真输出功率，静态工作点 Q 应选在交流负载线 AB 的中点，此时集电极的负载电阻 R_H 称为最佳负载电阻。集电极的输出功率 P_{Czcz} 为：

$$P_C = \frac{1}{2}V_{cm}I_{cm} = \frac{1}{2}\frac{V_{cm}^2}{R_H}$$

式中，V_{cm} 为集电极输出的交流电压振幅，I_{cm} 为交流电流的振幅，它们的表达式分别为：

$$V_{cm} = V_{CC} - I_{CQ}R_{16} - V_{CES}$$

式中，V_{CES} 称为饱和压降，约 1V。

$$I_{cm} \approx I_{CQ}$$

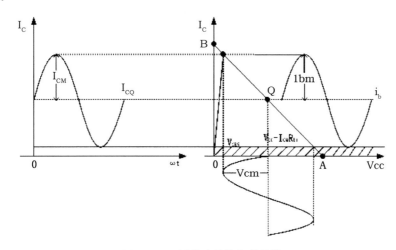

图 5.1.2　甲类功放的负载特性

如果变压器的初级线圈匝数为 N_1，次级线圈匝数为 N_2，则：

$$\frac{N_1}{N_2} = \sqrt{\frac{\eta_B R_H}{R'_H}}$$

式中，R'_H 为变压器次级接入的负载电阻，即下级丙类功放的输入阻抗。

（3）功率增益

与电压放大器不同的是功率放大器有一定的功率增益，对于图 5.1.1 所示电路，甲类功率放大器不仅要为下一级功放提供一定的激励功率，而且还要将前级输入的信号进行功率放大，功率放大增益 A_p 的表达式为：

$$A_P = \frac{P_0}{P_i}$$

其中，P_i 为放大器的输入功率，它与放大器的输入电压 V_{im} 及输入电阻 R_i 的关系为：

$$V_{im} = \sqrt{2R_i P_i}$$

2. 丙类功率放大器

(1)基本关系式

丙类功率放大器的基极偏置电压 V_{BE} 是利用发射极电流的直流分量 $I_{EO}(\approx I_{CO})$ 在射极电阻上产生的压降来提供的，故称为自给偏压电路。当放大器的输入信号 $v_i(t)$ 为正弦波时，集电极的输出电流 $i_C(t)$ 为余弦脉冲波。利用谐振回路 LC 的选频作用可输出基波谐振电压 V_{c1}，电流 I_{c1}。图 5.1.3 画出了丙类功率放大器的基极与集电极间的电流、电压波形关系。

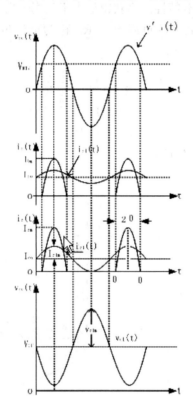

图 5.1.3 丙类功放的基极/集电极电流和电压波形

分析可得下列基本关系式：

$$V_{c1m} = I_{c1m} R_0$$

式中，V_{c1m} 为集电极输出的谐振电压及基波电压的振幅；I_{c1m} 为集电极基波电流振幅；R_0 为集电极回路的谐振阻抗。

$$P_C = \frac{1}{2} V_{c1m} I_{c1m} = \frac{1}{2} I_{c1m}^2 R_0 = \frac{1}{2} \frac{V_{c1m}^2}{R_0}$$

式中，P_C 为集电极输出功率：

$$P_D = V_{CC} I_{CO}$$

式中，P_D 为电源 V_{CC} 供给的直流功率；I_{CO} 为集电极电流脉冲 i_C 的直流分量。

放大器的效率 η 为：

$$\eta = \frac{1}{2} \cdot \frac{V_{clm}}{V_{CC}} \cdot \frac{I_{clm}}{I_{CO}}$$

（2）负载特性

当放大器的电源电压＋V_{CC}，基极偏压 V_b，输入电压（或称激励电压）V_{sm} 确定后，如果电流导通角选定，则放大器的工作状态只取决于集电极回路的等效负载电阻 R_q。谐振功率放大器的交流负载特性如图5.1.4所示。

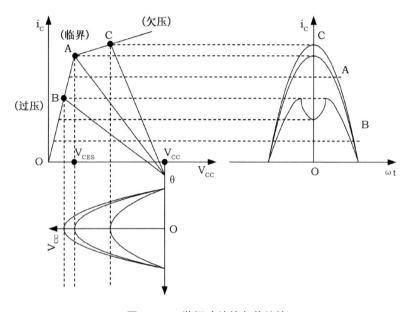

图 5.1.4　谐振功放的负载特性

由图5.1.4可见，当交流负载线正好穿过静态特性转移点 A 时，管子的集电极电压正好等于管子的饱和压降 V_{CES}，集电极电流脉冲接近最大值 I_{cm}。

此时，集电极输出的功率 P_C 和效率 η 都较高，放大器处于临界工作状态。R_q 所对应的值称为最佳负载电阻，用 R_0 表示，即：

$$R_0 = \frac{(V_{CC} - V_{CES})^2}{2P_0}$$

当 $R_q < R_0$ 时，放大器处于欠压状态，如 C 点所示，集电极输出电流虽然较大，但集电极电压较小，因此输出功率和效率都较小。当 $R_q > R_0$ 时，放大器处于过压状态，如 B 点所示，集电极电压虽然比较大，但集电极电流波形有凹陷，因此输出功率较低，但效率较高。为了兼顾输出功率和效率的要求，谐振功率放大器通常选择在临界工作状态。判断放大器是否为临界工作状态的条件是：

$$V_{CC} - V_{cm} = V_{CES}$$

五、实验步骤

1. 按表5.1.1所示进行连线。

表 5. 1. 1   实验连线表

源端口	目的端口	连线说明
信号源:RF OUT1 ($V_{i(p-p)}$=300mV f=10.7MHz)	8号板:P5	射频信号输入
信号源:RF OUT2	频率计:P3	频率计实时观察输入频率

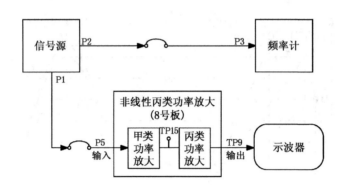

图 5. 1. 5   非线性丙类功率放大电路连线框图

2. 在 8 号模块的前置放大电路输入端 P5 处输入频率 f=10.7MHz(测试点 TP7,V_{TP7p-p} ≈300mV)的高频正弦信号,调节中周 T5,使 TP15 处信号峰峰值约为 3.5V。调节 T6,使 TP9 幅度最大。

(1)调谐特性的测试

将 S1 设为"0000",以 0.5MHz 为步进从 9MHz~15MHz 改变输入信号频率,记录 TP9 处的输出幅度,填入表 5. 1. 2。

表 5. 1. 2   调谐特性测试数据记载表

f_i	9MHz	9.5MHz	10MHz	10.5MHz	11MHz	11.5MHz	12MHz
$V_{o(p-p)}$							

(2)负载特性的测试

将信号源调至 10.7MHz,RF 幅度为峰峰值 300mV。8 号板负载电阻转换开关 S1(第 4 位没用到)依次拨为"1110"、"0110"和"0100",用示波器观测相应的 V_c(TP9 处观测)值和 V_e (TP8 处观测)值,描绘相应的 i_e 波形,分析负载对工作状态的影响。表中的 R_{19}=18Ω,R_{20}= 51Ω,R_{21}=100Ω。

表 5. 1. 3   负载特性测试数据记载表   (f =10.7MHz   VCC=5V)

等效负载	$R_{19}//R_{20}//R_{21}$	$R_{20}//R_{21}$	R_{20}
R_L(Ω)			
V_{cP-P}(V)			
V_{eP-P}(V)			
i_e 的波形			

3. 观察激励电压变化对工作状态的影响

先调节信号源"RF 幅度旋钮",使 TP8 为对称的凹陷波形。然后由大到小或者从小到大地改变输入信号的幅度,用示波器观察 TP8,即 i_e 波形的变化(观测 i_e 波形即观测 v_e 波形,$I_e = V_e/R_{18}$)。

六、实验报告要求

1. 整理实验数据,并填写表 5.1.2、表 5.1.3。
2. 对实验参数和波形进行分析,说明输入激励电压、负载电阻对工作状态的影响。
3. 分析丙类功率放大器的特点。

实验二 振荡器

2.1 三点式正弦波振荡器

一、实验目的

1. 掌握三点式正弦波振荡器电路基本原理、起振条件、振荡电路设计及电路参数计算。
2. 通过实验掌握晶体管静态工作点、反馈系数大小、负载变化对起振和振荡幅度影响。
3. 研究外界条件(温度、电源电压、负载变化)对振荡器频率稳定度的影响。

二、实验内容

1. 熟悉振荡器模块各元件及其作用。
2. 进行 LC 振荡器波段工作研究。
3. 研究 LC 振荡器中静态工作点、反馈系数以及负载对振荡器的影响。
4. 测试 LC 振荡器的频率稳定度。

三、实验仪器

模块 3	1 块
频率计模块	1 块
双踪示波器	1 台
万用表	1 块

四、基本原理

将开关 S1 的 1 拨下、2 拨上，S2 全部断开,由晶体管 N1 和 C3、C10、C11、C4、CC1、L1 构成电容反馈三点式振荡器的改进型振荡器——西勒振荡器,电容 CC1 可用来改变振荡频率。

$$f_0 \approx \frac{1}{2\pi\sqrt{L_1(C_4+CC_1)}}$$

振荡器的频率约为 4.5MHz (计算振荡频率可调范围)。

振荡电路反馈系数为:

$$F=\frac{C_3}{C_3+C_{11}}=\frac{220}{220+470}\approx 0.32$$

振荡器输出通过耦合电容 C5(10PF)加到由 N2 组成的射极跟随器的输入端,因 C5 容量很小,再加上射随器的输入阻抗很高,可以减小负载对振荡器的影响。射随器输出信号经 N3 调谐放大,再经变压器耦合从 P1 输出。

五、实验步骤

1. 根据图 5.2.1 在实验板上找到振荡器各零件的位置并熟悉各元件的作用。
2. 研究振荡器静态工作点对振荡幅度的影响。

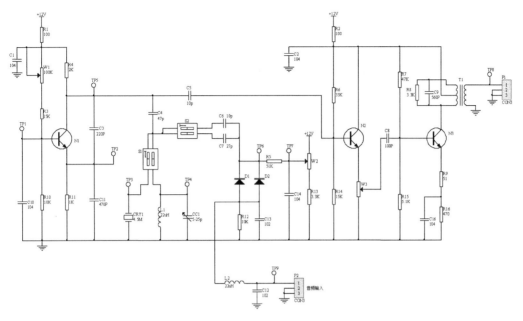

图 5.2.1 正弦波振荡器（4.5MHz）

(1)将开关 S1 拨为"01"、S2 拨为"00"，构成 LC 振荡器。

(2)改变上偏置电位器 W1，记下 N1 发射极电流 $I_{eo}\left(=\dfrac{V_e}{R_{11}},R_{11}=1K\Omega\right)$（将万用表红表笔接 TP2，黑表笔接地测量 V_e），并用示波器测量对应点 TP4（探头用×10 档）的振荡幅度 $V_{TP4\,P-P}$，填于表 5.2.1 中，分析输出振荡电压和振荡管静态工作点的关系。

分析思路：静态电流 I_{CQ} 会影响晶体管跨导 g_m，而增益和 g_m 是有关系的。在饱和状态下（I_{CQ} 过大），管子电压增益 A_V 会下降，一般取 $I_{CQ}=(1\sim5mA)$ 为宜。

表 5.2.1 起振条件测试表

振荡状态	$V_{TP4\,P-P}$	I_{eo}
起振		
停振	0	
振荡幅度最大		

3. 测量振荡器输出频率范围。

将频率计接于 P1 处，改变 CC1，用示波器从 TP8 观察波形及输出频率的变化情况，记录最高频率和最低频率填于表 5.2.2 中。

表 5.2.2 频率数据记载表

f_{max}	
f_{min}	

六、实验报告要求

1. 分析静态工作点、反馈系数 F 对振荡器起振条件和输出波形振幅的影响，并用所学理论加以分析。

2. 计算实验电路的振荡频率 f_o,并与实测结果比较。

2.2 晶体振荡器与压控振荡器

一、实验目的

1. 掌握晶体振荡器与压控振荡器的基本工作原理。
2. 比较 LC 振荡器和晶体振荡器的频率稳定度。

二、实验内容

1. 熟悉振荡器模块各元件及其作用。
2. 分析与比较 LC 振荡器和晶体振荡器的频率稳定度。
3. 改变变容二极管的偏置电压,观察振荡器输出频率的变化。

三、实验仪器

模块 3	1 块
频率计模块	1 块
双踪示波器	1 台
万用表	1 块

四、基本原理

1. 晶体振荡器

将开关 S2 拨为"00"、S1 拨为"10",由 N1、C3、C10、C11、晶体 CRY1 与 C4 构成晶体振荡器(皮尔斯振荡电路),在振荡频率上晶体等效为电感。

2. LC 压控振荡器(VCO)

将 S2 拨为"10"或"01"、S1 拨为"01",则变容二极管 D1、D2 并联在电感 L1 两端。当调节电位器 W2 时,D1、D2 两端的反向偏压随之改变,从而改变了 D1 和 D2 的结电容 C_j,也就改变了振荡电路的等效电感,使振荡频率发生变化。

3. 晶体压控振荡器

开关 S2 拨为"10"或"01"、S1 拨为"10",就构成了晶体压控振荡器。

五、实验步骤

1.(选做)温度对两种振荡器谐振频率的影响。

(1)将电路设置为 LC 振荡器(S1 设为"01"),在室温下记下振荡频率(频率计接于 P1 处)。

(2)将加热的电烙铁靠近振荡管 N1,每隔 1 分钟记下频率的变化值。

(3)开关 S1 交替设为"01"(LC 振荡器)和"10"(晶体振荡器),并将数据记于表 5.2.3。

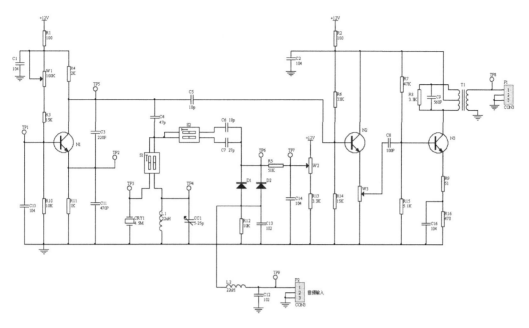

图 5.2.2　正弦波振荡器(4.5MHz)

表 5.2.3　　　　　　　　　　振荡器数据对比记载表

温度时间变化	室温	1分钟	2分钟	3分钟	4分钟	5分钟
LC 振荡器(f_1)						
晶体振荡器(f_2)						

2. 两种压控振荡器的频率变化范围比较。

(1)将电路设置为 LC 压控振荡器(S1 设为"01"),频率计接于 P1,直流电压表接于 TP7。

(2)将 W2 调节从低阻值、中阻值、高阻值位置(即从左→中间→右顺时针旋转),分别将变容二极管的反向偏置电压、输出频率记于表 5.2.4 中。

(3)将电路设置为晶体压控振荡器(S1 拨为"10"),重复步骤 2,将测试结果填于表 5.2.4。

表 5.2.4　　　　　　　　　阻值变化对振荡器的影响数据记载表

W2 电阻值		W2 低阻值	W2 中阻值	W2 高阻值
V_{D1}(V_{D2})				
振荡频率	LC 压控振荡器(f_1)			
	晶体压控振荡器(f_2)			

六、实验报告要求

1. 比较所测数据结果,结合理论进行分析。

2. 晶体压控振荡器的缺点是频率控制范围很窄,如何扩大其频率控制范围?

实验三　混频器

3.1　二极管双平衡混频器

一、实验目的

1. 掌握二极管双平衡混频器频率变换的物理过程。
2. 掌握混频器的分类及作用。

二、实验内容

1. 研究二极管双平衡混频器频率变换过程和此种混频器的优缺点。
2. 研究这种混频器输出频谱与本振电压大小的关系。

三、实验仪器

1 号板	1 块
6 号板	1 块
3 号板	1 块
7 号板	1 块
双踪示波器	1 台

四、实验原理与电路

1. 二极管双平衡混频原理

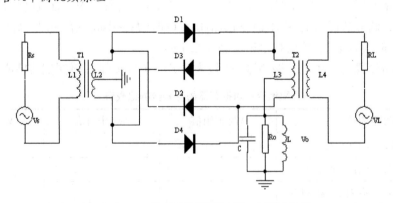

图 5.3.1　二极管双平衡混频器基本原理模型

二极管双平衡混频器的电路图示见图 5.3.1。图中 V_S 为输入信号电压，V_L 为本机振荡电压。在负载 R_L 上产生差频和合频，还夹杂有一些其他频率的无用产物，再接上一个滤波器（图中未画出）。

二极管双平衡混频器的最大特点是工作频率极高，可达微波波段，由于二极管双平衡混频器工作于很高的频段。图 5.3.1 中的变压器一般为传输线变压器。

二极管双平衡混频器的基本工作原理是利用二极管伏安特性的非线性。众所周知，二极管的伏安特性为指数律，用幂级数展开为：

$$i = I_S(e^{\frac{v}{V_T}} - 1) = I_S\left[\frac{v}{V_T} + \frac{1}{2!}\left(\frac{v}{V_T}\right)^2 + \cdots + \frac{1}{n!}\left(\frac{v}{V_T}\right)^n + \cdots\right]$$

当加到二极管两端的电压 v 为输入信号 V_S 和本振电压 V_L 之和时，v^2 项产生差频与和频。其他项产生不需要的频率分量。由于上式中 v 的阶次越高则系数越小，因此，对差频与和频构成干扰最严重的是 v 的一次方项（因其系数比 v^2 项大一倍）产生的输入信号频率分量和本振频率分量。

用两个二极管构成双平衡混频器和用单个二极管实现混频相比，前者能有效地抑制无用产物。双平衡混频器的输出仅包含（$p\omega_L \pm \omega_S$）（p 为奇数）的组合频率分量，而抵消了 ω_L、ω_C 以及 p 为偶数（$p\omega_L \pm \omega_S$）众多组合频率分量。

下面我们直观地从物理方面简要说明双平衡混频器的工作原理及其对频率为 ω_L 和 ω_S 的抑制作用。

在实际电路中，本振信号 V_L 远大于输入信号 V_S。在 V_S 变化范围内，二极管的导通与否，完全取决于 V_L。因而本振信号的极性，决定了哪一对二极管导通。当 V_L 上端为正时，二极管 D3 和 D4 导通，D1 和 D2 截止；当上端为负时，二极管 D1 和 D2 导通，D3 和 D4 截止。这样，将图 5.3.1 所示的双平衡混频器拆开成图 5.3.2(a) 和 (b) 所示的两个单平衡混频器。图 5.3.2(a) 是 V_L 上端为负、下端为正期间工作；5.3.2(b) 是 V_L 上端为正、下端为负期间工作。

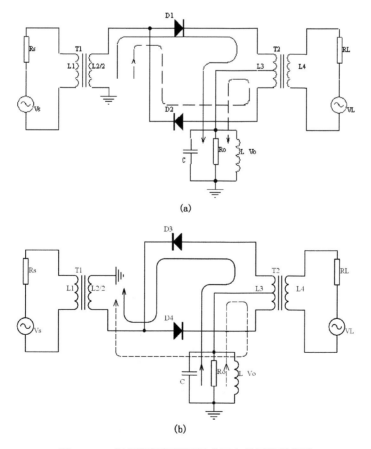

(a)

(b)

图 5.3.2　双平衡混频器拆开成两个单平衡混频器

由图 5.3.2(a)和(b)可以看出，V_L 单独作用在 R_L 上所产生的 ωL 分量，相互抵消，故 R_L 上无 ωL 分量。由 V_S 产生的分量在 V_L 上正下负期间，经 D3 产生的分量和经 D4 产生的分量在 R_L 上均是自下经上。但在 V_L 下正上负期间，则在 R_L 上均是自上经下。即使在 V_L 一个周期内，也是互相抵消的。但是 V_L 的大小变化控制二极管电流的大小，从而控制其等效电阻，因此 V_S 在 V_L 瞬时值不同情况下所产生的电流大小不同，正是通过这一非线性特性产生相乘效应，出现差频与和频。

2. 电路说明

模块电路如图 5.3.3 所示，这里使用的是二极管双平衡混频模块 ADE-1，该模块内部电路如图 5.3.4 所示。在图 5.3.3 中，本振信号 V_L 由 P3 输入，射频信号 V_S 由 P1 输入，它们都通过 ADE-1 中的变压器将单端输入变为平衡输入并进行阻抗变换，TP8 为中频输出口，是不平衡输出。

在工作时，要求本振信号 $V_L > V_S$。使 4 只二级管按照其周期处于开关工作状态，可以证明，在负载 R_L 的两端的输出电压(可在 TP8 处测量)将会有本振信号的奇次谐波(含基波)与信号频率的组合分量，即 $p\omega_L \pm \omega_S$(p 为奇数)，通过带通滤波器可以取出所需频率分量 $\omega_L + \omega_S$(或 $\omega_L - \omega_S$)。由于 4 只二极管完全对称，所以分别处于两个对角上的本振电压 V_L 和射频信号 V_S 不会互相影响，有很好的隔离性；此外，这种混频器输出频谱较纯净，噪声低，工作频带宽，动态范围大，工作频率高，缺点是高频增益小于 1。

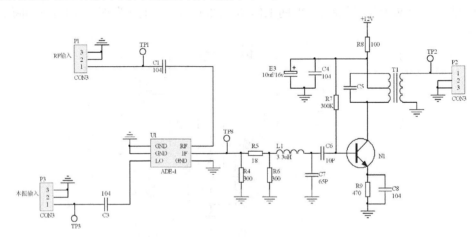

图 5.3.3 二极管双平衡混频电路图

Electrical Schematic

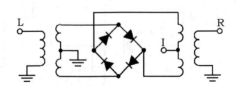

图 5.3.4 ADE-1 内部电路

N1、C5、T1 组成谐振放大器，用于选出我们需要的频率并进行放大，以弥补无源混频器的损耗。

五、实验步骤

1. 熟悉实验板上各元件的位置及作用。

2. 按下面框图 5.3.5 或表 5.3.1 所示,进行连线。

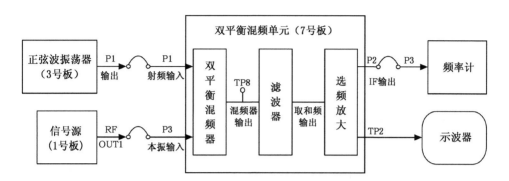

图 5.3.5　双平衡混频连线框图

表 5.3.1　　　　　　　　　　　　　　实验连线表

源端口	目的端口	连线说明
1 号板:RF OUT1 （幅度调至最大,频率 f=6.2MHz)	7 号板:P3	本振信号输入
3 号板:P1 （幅度调至最大,频率 f=4.5MHz)	7 号板:P1	射频信号输入
7 号板:P2	6 号板:P3	混频后信号输出

3. 将 3 号板 SW1 拨为晶体振荡器,即拨码开关 S1 为"10",S2 拨为"00",并且调节 3 号板的 W1、W2,使 P1 输出频率为 4.5MHz 信号且幅度最大。

4. 用示波器调节信号源模块使 RF OUT1 输出频率 6.2MHz 的正弦波且幅度最大。

5. 用示波器观察 7 号板混频器输出点 TP8 波形,以及经选频放大处理后的 TP2 处波形,并读出频率计上的频率。（如果使用数字示波器,可以使用 FFT 功能观测 TP8 的频谱。)适当微调 7 号板中周 T1 改变滤波参数,使输出信号幅度最大。

6. 调节本振信号幅度,重做步骤 3～4。

六、实验报告

画出 TP1、TP2、TP3 的波形。

3.2　模拟乘法混频

一、实验目的

1. 了解模拟乘法混频器的工作原理。

2. 了解混频器中的寄生干扰。

二、实验内容

1. 研究模拟乘法混频器的频率变换过程。

2. 研究模拟乘法混频器输出中频电压与输入本振电压的关系。

3. 研究模拟乘法混频器输出中频电压与输入信号电压的关系。

三、实验仪器

1 号板	1 块
6 号板	1 块
3 号板	1 块
7 号板	1 块
双踪示波器	1 台

四、实验原理及实验电路说明

在高频电子电路中,常常需要将信号自某一频率变成另一个频率。这样不仅能满足各种无线电设备的需要,而且有利于提高设备的性能。对信号进行变频,是将信号的各分量移至新的频域,各分量的频率间隔和相对幅度保持不变。进行这种频率变换时,新频率等于信号原来的频率与某一参考频率之和或差。该参考频率通常称为本机振荡频率。本机振荡频率可以是由单独的信号源供给,也可以由频率变换电路内部产生。当本机振荡由单独的信号源供给时,这样的频率变换电路称为混频器(不带独立振荡器的叫变频器)。

混频器常用的非线性器件有二极管、三极管、场效应管和乘法器。本振用于产生一个等幅的高频信号 V_L,并与输入信号 V_S 经混频器后所产生的混频信号经带通滤波器滤出。

本实验采用集成模拟相乘器作混频电路实验。

因为模拟相乘器的输出频率包含有两个输入频率之差或和,故模拟相乘器加滤波器,滤波器滤除不需要的分量,取和频或者差频二者之一,即构成混频器。

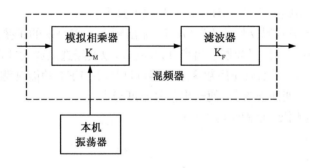

图 5.3.6 相乘混频器

图 5.3.6 所示为相乘混频器的方框图。设滤波器滤除和频,则输出差频信号。图 5.3.7 为信号经混频前后的频谱图。我们设信号是:载波频率为 f_S 的普通调幅波。本机振荡频率为 f_L。

设输入信号为 $v_S = V_S\cos\omega_S t$,本机振荡信号为 $v_L = V_L\cos\omega_L t$。

由相乘混频的框图可得输出电压:

$$v_0 = \frac{1}{2}K_F K_M V_L V_S\cos(\omega_L - \omega_S)t$$
$$= V_0\cos(\omega_L - \omega_S)t$$

式中,$V_0 = \frac{1}{2}K_F K_M V_L V_S$。

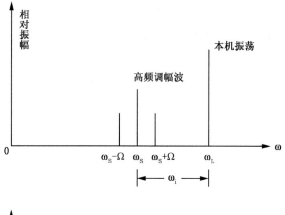

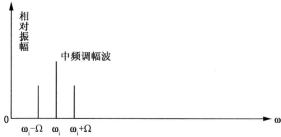

图 5.3.7　混频前后的频谱图

定义混频增益 A_M 为中频电压幅度 V_0 与高频电压 V_S 之比，则有：

$$A_M = \frac{V_0}{V_S} = \frac{1}{2} K_F K_M V_L$$

图 5.3.8 为模拟乘法器混频电路，该电路由集成模拟乘法器 MC1496 完成。

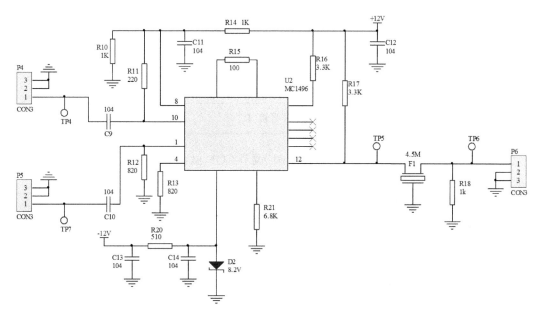

图 5.3.8　模拟乘法器混频电路

MC1496 可以采用单电源供电,也可采用双电源供电。本实验电路中采用+12V,-8V 供电。R12(820Ω)、R13(820Ω)组成平衡电路,F1 为 4.5MHz 陶瓷滤波器。本实验中输入信号频率为 f_S=4.2MHz(由三号板 LC 振荡输出),本振频率 f_L=8.7MHz。

为了实现混频功能,混频器件必须工作在非线性状态,而作用在混频器上的除了输入信号电压 V_S 和本振电压 V_L 外,不可避免地还存在干扰和噪声。它们之间任意两者都有可能产生组合频率,这些组合信号频率如果等于或接近中频,将与输入信号一起通过中频放大器、解调器,对输出级产生干涉,影响输入信号的接收。

干扰是由于混频器不满足线性时变工作条件而形成的,因此不可避免地会产生干扰,其中影响最大的是中频干扰和镜像干扰。

五、实验步骤

1. 按照下面框图进行连线。

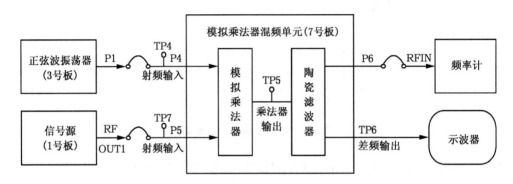

图 5.3.9 模拟乘法器混频连线框图

表 5.3.2

源端口	目的端口	连线说明
1 号板:RF OUT1 ($V_{本振 p-p}$=600mV f=8.7MHz)	7 号板:P5	本振信号输入
3 号板:P1(f_S=4.2MHz)	7 号板:P4	射频信号输入
7 号板:P6	6 号板:P3	混频后信号输出

2. 将 3 号板上的 S1 拨为"01",S2 拨为"01"调节 CC1,微调 3 号板 W2,使 7 号板 TP4 频率为 4.2MHz、幅度为 200mV。

3. 调节信号源模块使 RF OUT1 输出频率为 8.7MHz、峰峰值 600mv 的正弦波。

4. 用示波器观测 7 号板 TP5,观测乘法器输出波形。

5. 用示波器观测 7 号板的 TP6,观测经滤波处理后的混频输出(注:滤波器为 4.5MHz 的带通滤波),并读出频率计上的频率。

6. 改变本振信号电压幅度,用示波器观测,记录 TP6 处混频输出信号的幅值,并填表。

表 5.3.3　　　　　　　　　　　　　　实验数据表

$V_{本振\,p-p}(mV)$	200	300	400	500	600	700
$V_{中频\,p-p}(mV)$						

六、实验报告要求

1. 整理实验数据,填写表格。
2. 绘制步骤 3、4 中所观测到的波形图,并作分析。
3. 归纳并总结信号混频的过程。

实验四　幅度调制与检波

4.1　模拟乘法器调幅（AM、DSB、SSB）

一、实验目的

1. 掌握用集成模拟乘法器实现全载波调幅、抑制载波双边带调幅和音频信号单边带调幅的方法。

2. 研究已调波与调制信号以及载波信号的关系。

3. 掌握调幅系数的测量与计算方法。

4. 通过实验对比全载波调幅、抑制载波双边带调幅和单边带调幅的波形。

5. 了解模拟乘法器（MC1496）的工作原理，掌握调整与测量其特性参数的方法。

二、实验内容

1. 实现全载波调幅，改变调幅度，观察波形变化并计算调幅度。

2. 实现抑制载波的双边带调幅波。

3. 实现单边带调幅。

三、实验仪器

信号源模块	1块
频率计模块	1块
4号板	1块
双踪示波器	1台
万用表	1块

四、实验原理及实验电路说明

幅度调制就是载波的振幅（包络）随调制信号的参数变化而变化。本实验中载波是由高频信号源产生的 465KHz 高频信号，1KHz 的低频信号为调制信号。振幅调制器即为产生调幅信号的装置。

1. 集成模拟乘法器的内部结构

集成模拟乘法器是完成两个模拟量（电压或电流）相乘的电子器件。在高频电子线路中，振幅调制、同步检波、混频、倍频、鉴频、鉴相等调制与解调的过程，均可视为两个信号相乘或包含相乘的过程。采用集成模拟乘法器实现上述功能，比采用分离器件如二极管和三极管要简单得多，而且性能优越。所以目前无线通信、广播电视等方面应用得较多。集成模拟乘法器常见产品有 BG314、F1595、F1596、MC1495、MC1496、LM1595、LM1596 等。

（1）MC1496 的内部结构

在本实验中采用集成模拟乘法器 MC1496 来完成调幅作用。MC1496 是四象限模拟乘法器，其内部电路图和引脚图如图 5.4.1 所示。其中 Q1、Q2 与 Q3、Q4 组成双差分放大器,以反极性方式相连接,而且两组差分对的恒流源 Q5 与 Q6 又组成一对差分电路,因此恒流源的控制电压可正可负,以此实现了四象限工作。Q7、Q8 为差分放大器 Q5 与 Q6 的恒流源。

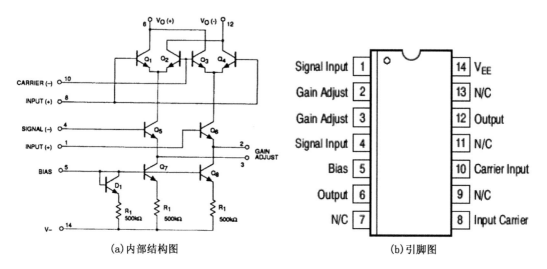

(a)内部结构图　　　　　　　　　　(b)引脚图

图 5.4.1　MC1496 的内部电路及引脚图

(2)静态工作点的设定

①静态偏置电压的设置

静态偏置电压的设置应保证各个晶体管工作在放大状态,即晶体管的集－基极间的电压应大于或等于 2V,小于或等于最大允许工作电压。

②静态偏置电流的确定

静态偏置电流主要由恒流源 I_0 的值来确定。

当器件为单电源工作时,引脚 14 接地,5 脚通过一电阻 R 接正电源＋V_{CC}。由于 I_0 是 I_5 的镜像电流,所以改变 R 可以调节 I_0 的大小,即:

$$I_0 \approx I_5 = \frac{V_{CC} - 0.7V}{R + 500}$$

当器件为双电源工作时,引脚 14 接负电源－V_{ee},5 脚通过一电阻 R 接地,所以改变 R 可以调节 I_0 的大小,即:

$$I_0 \approx I_5 = \frac{V_{ee} - 0.7V}{R + 500}$$

根据 MC1496 的性能参数,器件的静态电流应小于 4mA,一般取 $I_0 \approx I_5 = 1mA$。在本实验电路中 R 用 6.8KΩ 的电阻 R15 代替。

2. 实验电路说明

用 MC1496 集成电路构成的调幅器电路图如图 5.4.5(见本实验后)所示。图中 W1 用来调节引出脚 1、4 之间的平衡,器件采用双电源方式供电(＋12V,－8V),所以 5 脚偏置电阻 R15 接地。电阻 R1、R2、R4、R5、R6 为器件提供静态偏置电压,保证器件内部的各个晶体管工作在放大状态。载波信号加在 V1－V4 的输入端,即引脚 8、10 之间;载波信号 V_c 经高频耦合电容 C1 从 10 脚输入,C2 为高频旁路电容,使 8 脚交流接地。调制信号加在差动放大器 V5、V6 的输入端,即引脚 1、4 之间,调制信号 vΩ 经低频偶合电容 C5 从 1 脚输入。2、3 脚外接 1KΩ 电阻,以扩大调制信号动态范围。当电阻增大,线性范围增大,但乘法器的增益随之减小。已调制信号取自双差动放大器的两集电极(即引出脚 6、12 之间)输出。

五、实验步骤

1. 连线框图如图 5.4.2 所示。

源端口	目的端口	连线说明
信号源:RF OUT1 ($V_{H(P-P)} = 600mV$ $f=465KHz$)	4 号板:P1	载波输入
信号源:低频输出 ($V_{L(P-P)} = 100mV$ 频率 2KHz 左右)	4 号板:P3	音频输入

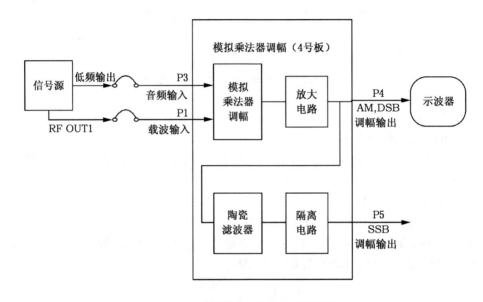

图 5.4.2 模拟乘法器调幅连线框图

(1)抑制载波振幅调制

①先从 P1 端输入载波信号(注意,此时音频输入 P3 端口暂不输入音频信号)。调节平衡电位器 W1,使输出信号 $v_O(t)$(TP6)中载波输出幅度最小(此时表明载波已被抑制,乘法器 MC1496 的 1、4 脚电压相等)。

②再从 P3 端输入音频信号(正弦波),观察 TP6 处输出的抑制载波的调幅信号。适当调节 W2 改变 TP6 输出波形的幅度。将音频信号的频率调至最大,可从时域上观测到较清晰的抑制载波调幅波,如图 5.4.3 所示。

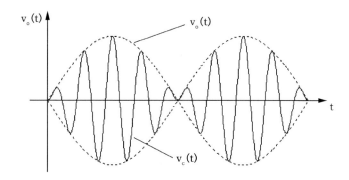

图 5.4.3 抑制载波调幅波形

（2）全载波振幅调制

①先将 P1 端输入载波信号，调节电位器 W1，使输出信号 $v_O(t)$（TP6）中有载波输出（此时 V_1 与 V_4 不相等，即 MC1496 的 1、4 脚电压差不为 0）。

②再从 P3 端输入音频信号（正弦波），TP6 最后出现如图 5.4.4 所示的有载波调幅信号的波形，记下 AM 波对应 V_{max} 和 V_{min}，并计算调幅度 m。适当调节电位器 W1 改变调制度，观察 TP6 输出波形的变化情况，再记录 AM 波对应的 V_{max} 和 V_{min}，并计算调幅度 m。适当改变音频信号的幅度，观察调幅信号的变化。

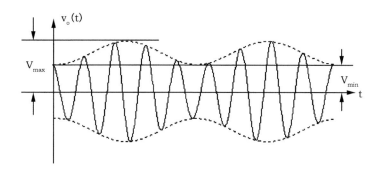

图 5.4.4 普通调幅波波形

（3）抑制载波单边带振幅调制

①先调节电位器 W1，使 TP6 处输出抑制载波调幅信号，再将音频信号频率调到 10KHz 左右，从 P5（TP7）处观察输出的抑制载波单边带的时域波形。用频谱分析仪或示波器的 FFT 功能，从频域角度观测 TP7。

②比较全载波调幅、抑制载波双边带调幅和抑制载波单边带调幅的波形。

六、实验报告要求

1. 整理实验数据，画出实验波形。

2. 画出调幅实验中 m＝30％、m＝100％、m＞100％ 的调幅波形，分析过调幅的原因。

3. 画出当改变 W1 时能得到几种调幅波形，分析其原因。

4. 画出全载波调幅波形、抑制载波双边带调幅波形及抑制载波的单边带调幅波形，比较三者区别。

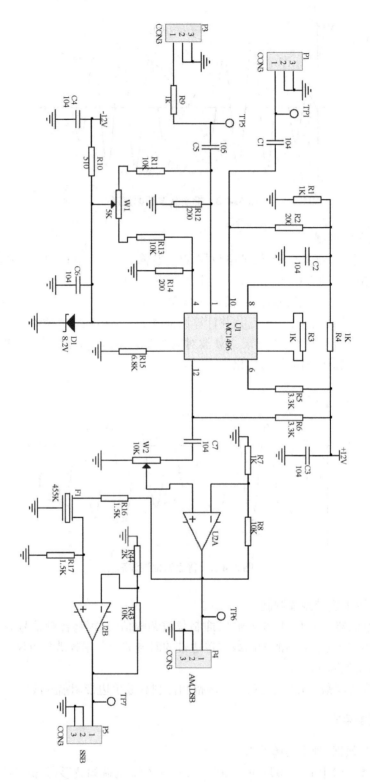

图 5.4.5　模拟乘法器调幅

4.2　包络检波及同步检波实验

一、实验目的

1. 进一步了解调幅波的原理,掌握调幅波的解调方法。

2. 掌握二极管峰值包络检波的原理。

3. 掌握包络检波器的主要质量指标,检波效率及各种波形失真的现象,分析产生的原因并思考克服的方法。

4. 掌握用集成电路实现同步检波的方法。

二、实验内容

1. 完成普通调幅波的解调。

2. 观察抑制载波的双边带调幅波的解调。

3. 观察普通调幅波解调中的对角切割失真,底部切割失真以及检波器不加高频滤波时的现象。

二、实验仪器

信号源模块	1块
频率计模块	1块
4号板	1块
双踪示波器	1台
万用表	1块

四、实验原理及实验电路说明

检波过程是一个解调过程,它与调制过程正好相反。检波器的作用是从振幅受调制的高频信号中还原出原调制的信号。还原所得的信号,与高频调幅信号的包络变化规律一致,故又称为包络检波器。

假如输入信号是高频等幅信号,则输出就是直流电压。这是检波器的一种特殊情况,在测量仪器中应用比较多。例如某些高频伏特计的探头,就是采用这种检波原理。

若输入信号是调幅波,则输出就是原调制信号。这种情况应用最广泛,如各种连续波工作的调幅接收机的检波器即属此类。

从频谱来看,检波就是将调幅信号频谱由高频搬移到低频,如图 5.4.6 所示(此图为单音频 Ω 调制的情况)。检波过程也是应用非线性器件进行频率变换,首先产生许多新频率,然后通过滤波器,滤除无用频率分量,取出所需要的原调制信号。

常用的检波方法有包络检波和同步检波两种。全载波振幅调制信号的包络直接反映了调制信号的变化规律,可以用二极管包络检波的方法进行解调。而抑制载波的双边带或单边带振幅调制信号的包络不能直接反映调制信号的变化规律,无法用包络检波进行解调,所以采用同步检波方法。

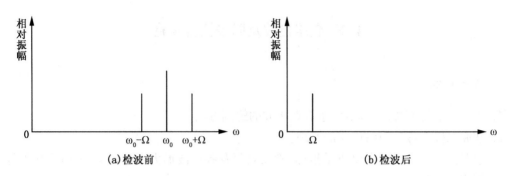

图 5.4.6　检波器检波前后的频谱

1. 二极管包络检波的工作原理

当输入信号较大(大于 0.5 伏)时,利用二极管单向导电特性对振幅调制信号的解调,称为大信号检波。

大信号检波原理电路如图 5.4.7(a)所示。检波的物理过程如下:在高频信号电压的正半周时,二极管正向导通并对电容器 C 充电,由于二极管的正向导通电阻很小,所以充电电流 i_D 很大,使电容器上的电压 V_C 很快就接近高频电压的峰值。充电电流的方向如图 5.4.7(a)图中所示。

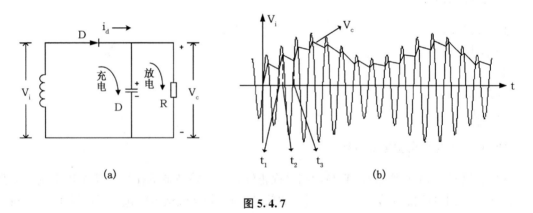

图 5.4.7

这个电压建立后通过信号源电路,又反向地加到二极管 D 的两端。这时二极管导通与否,由电容器 C 上的电压 V_C 和输入信号电压 V_i 共同决定。当高频信号的瞬时值小于 V_C 时,二极管处于反向偏置,管子截止,电容器就会通过负载电阻 R 放电。由于放电时间常数 RC 远大于调频电压的周期,故放电很慢。当电容器上的电压下降不多时,调频信号第二个正半周的电压又超过二极管上的负压,使二极管又导通。如图 5.4.7(b)中的 t_1 至 t_2 的时间为二极管导通的时间,在此时间内又对电容器充电,电容器的电压又迅速接近第二个高频电压的最大值。在图 5.4.7(b)中的 t_2 至 t_3 时间为二极管截止的时间,在此时间内电容器又通过负载电阻 R 放电。这样不断地循环反复,就得到图 5.4.7(b)中电压 V_C 的波形。因此只要充电很快,即充电时间常数 $R_d \cdot C$ 很小(R_d 为二极管导通时的内阻);而放电时间常数足够慢,即放电时间常数 $R \cdot C$ 很大,满足 $R_d \cdot C \ll RC$,就可使输出电压 V_C 的幅度接近于输入电压 V_i 的幅度,即传输系数接近 1。另外,由于正向导电时间很短,放电时间常数又远大于高频电压周期

（放电时 V_C 的基本不变），所以输出电压 V_C 的起伏是很小的，可看成与高频调幅波包络基本一致。而高频调幅波的包络又与原调制信号的形状相同，故输出电压 V_C 就是原来的调制信号，达到了解调的目的。

本实验电路如图 5.4.8 所示，主要由二极管 D 及 RC 低通滤波器组成，利用二极管的单向导电特性和检波负载 RC 的充放电过程实现检波，所以 RC 时间常数的选择很重要。RC 时间常数过大，则会产生对角切割失真又称惰性失真。RC 常数太小，高频分量会滤不干净。综合考虑要求满足下式：

$$RC\Omega_{max} \leqslant \frac{\sqrt{1-m_a^2}}{m_a}$$

其中：m 是调幅系数，Ω_{max} 为调制信号最高角频率。

当检波器的直流负载电阻 R 与交流音频负载电阻 R_Ω 不相等，而且调幅度 m_a 又相当大时会产生负峰切割失真（又称底边切割失真），为了保证不产生负峰切割失真应满足 $m_a < \frac{R_\Omega}{R}$。

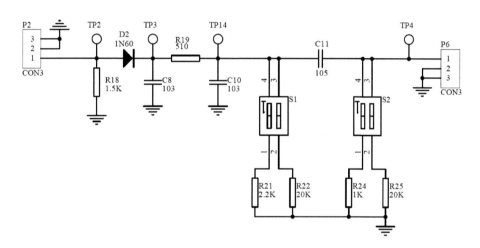

图 5.4.8　峰值包络检波（465KHz）

2. 同步检波

(1)同步检波原理

同步检波器用于对载波被抑止的双边带或单边带信号进行解调。它的特点是必须外加一个频率和相位都与被抑止的载波相同的同步信号。同步检波器的名称由此而来。

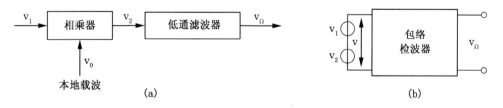

图 5.4.9　同步检波器方框图

外加载波信号电压加入同步检波器可以有两种方式：

一种是将它与接收信号在检波器中相乘，经低通滤波器后检出原调制信号，如图 5.4.9

(a)所示；另一种是将它与接收信号相加，经包络检波器后取出原调制信号，如图 5.4.9(b)所示。

本实验选用乘积型检波器。设输入的已调波为载波分量被抑止的双边带信号 v_1：

$$v_1 = V_1 \cos\Omega t \cos\omega_1 t$$

本地载波电压为：

$$v_0 = V_0 \cos(\omega_0 t + \varphi)$$

本地载波的角频率 ω_0 准确地等于输入信号载波的角频率 ω_1，即 $\omega_1 = \omega_0$，但二者的相位可能不同；这里 φ 表示它们的相位差。

这时相乘输出(假定相乘器传输系数为1)为：

$$v_2 = V_1 V_0 (\cos\Omega t \cos\omega_1 t) \cos(\omega_2 t + \varphi)$$

$$= \frac{1}{2} V_1 V_0 \cos\varphi \cos\Omega t + \frac{1}{4} V_1 V_0 \cos[(2\omega_1 + \Omega)t + \varphi]$$

$$+ \frac{1}{4} V_1 V_0 \cos[(2\omega_1 - \Omega)t + \varphi]$$

低通滤波器滤除 $2\omega_1$ 附近的频率分量后，就得到频率为 Ω 的低频信号：

$$v_\Omega = \frac{1}{2} V_1 V_0 \cos\varphi \cos\Omega t$$

由上式可见，低频信号的输出幅度与 φ 成正比。当 $\varphi = 0$ 时，低频信号电压最大，随着相位差 φ 加大，输出电压减弱。因此，在理想情况下，除本地载波与输入信号载波的角频率必须相等外，希望二者的相位也相同。此时，乘积检波称为"同步检波"。

(2)实验电路说明

实验电路如图 5.4.13(见本实验后)所示，采用 MC1496 集成电路构成解调器，载波信号从 P7 经相位调节网络 W3、C13、U3A 加在 8、10 脚之间，调幅信号 $v_{AM}(t)$ 从 P8 经 C14 加在 1、4 脚之间，相乘后信号由 12 脚输出，经低通滤波器、同相放大器输出。

五、实验步骤

1. 二极管包络检波

(1)连线框图如图 5.4.10 所示，用信号源模块产生实验所需的 AM 信号，然后经二极管包络检波后，用示波器观测 4 号模块的 TP4 输出波形。

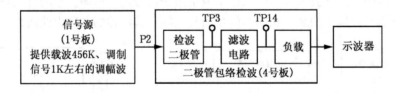

图 5.4.10 二极管包络检波连线示意图

(2)用 4 号模块的调幅电路产生所需的调幅信号，然后解调。连线框图如图 5.4.11 所示。
① $m < 30\%$ 的调幅波检波。

按照模拟乘法器调幅实验的操作步骤，获得峰—峰值为 2V、$m < 30\%$ 的已调波(音频信号频率 2KHz 左右)。将 4 号板开关 S1 拨为 10，S2 拨为 00，将示波器接入 TP4 处，观察输出波形。

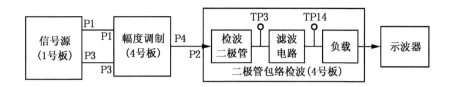

图 5.4.11 调幅输出进行二极管包络检波连线示意图

②加大音频信号幅度,使 m＝100％,观察记录检波输出波形。

(3)观察对角切割失真:在上面步骤(2)②后,适当调节调制信号的幅度使 TP4 处检波输出波形刚好不失真,再将开关 S1 拨为"01",S2 拨为"00",检波负载电阻由 2.2KΩ 变为20KΩ,在 TP4 处用示波器观察波形并记录,与上述波形进行比较。

(4)观察底部切割失真:将开关 S2 拨为"10",S1 仍为"01",在 TP4 处观察波形,记录并与正常解调波形进行比较。

2. 集成电路(乘法器)构成解调器

(1)连线框图如图 5.4.12 所示。

(2)解调全载波信号。

按调幅实验中实验内容获得调制度分别为 30％、100％及＞100％的调幅波。将它们依次加至解调器调制信号输入端 P8,并在解调器的载波输入端 P7 加上与调幅信号相同的载波信号,分别记录解调输出波形,并与调制信号对比(注意示波器用交流耦合)。

(3)解调抑制载波的双边带调幅信号。

按调幅实验中实验内容的条件获得抑制载波调幅波,加至解调器调制信号输入端 P8,并在解调器的载波输入端 P7 加上与调幅信号相同的载波信号,观察记录解调输出波形,并与调制信号相比较(注意示波器用交流耦合)。

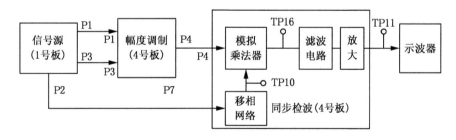

图 5.4.12 同步检波连线示意图

六、实验报告要求

1. 通过一系列检波实验,将下列内容整理在表 5.4.1 内。

表 5.4.1   实验结果记载表

输入的调幅波波形	m＜30％	m＝100％	抑制载波调幅波
二极管包络检波器输出波形			
同步检波输出			

2. 观察对角切割失真和底部切割失真现象并分析产生原因。

3. 从工作频率上限、检波线性以及电路复杂性三个方面比较二极管包络检波和同步检波。

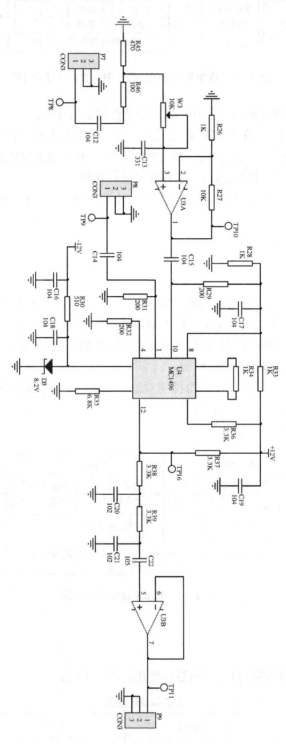

图 5.4.13　同步检波电路图

实验五　变容二极管调频实验

一、实验目的

1. 掌握变容二极管调频电路的原理。
2. 了解调频调制特性及测量方法。
3. 观察寄生调幅现象,了解其产生及消除的方法。

二、实验内容

1. 测试变容二极管的静态调制特性。
2. 观察调频波波形。
3. 观察调制信号振幅时对频偏的影响。
4. 观察寄生调幅现象。

三、实验仪器

信号源模块	1块
频率计模块	1块
3号板	1块
双踪示波器	1台
万用表	1块
频偏仪(选用)	1台

四、实验原理及电路

1. 变容二极管工作原理

调频即为载波的瞬时频率受调制信号的控制。其频率的变化量与调制信号呈线性关系,常用变容二极管实现调频。变容二极管调频电路如图 5.5.1 所示。从 P2 处加入调制信号,使变容二极管的瞬时反向偏置电压在静态反向偏置电压的基础上按调制信号的规律变化,从而使振荡频率也随调制电压的规律变化,此时从 P1 处输出为调频波(FM)。C12 为变容二级管的高频通路,L2 为音频信号提供低频通路,L2 可阻止外部的高频信号进入振荡回路。

本电路中使用的是飞利浦公司的 BB149 型变容二极管,其电压－容值特性曲线见图 5.5.2,从图中可以看出,在 1 到 10V 的区间内,变容二极管的容值可由 35pF 到 8pF 左右的变化。电压和容值成反比,也就是 TP6 的电平越高,则振荡频率越高。

图 5.5.3 为当变容二极管在低频调制信号作用情况下,电容和振荡频率的变化示意图。在(a)中,U_0 是加到二极管的直流电压,当 $u=U_0$ 时,电容值为 C_0。u_Ω 是调制电压,当 u_Ω 为正半周时,变容二极管负极电位升高,即反向偏压增大;变容二极管的电容减小;当 u_Ω 为负半周时,变容二极管负极电位降低,即反向偏压减小,变容二极管的电容增大。在图(b)中,对应于静止状态,变容二极管的电容为 C_0,此时振荡频率为 f_0。

因为 $f = \dfrac{1}{2\pi\sqrt{LC}}$,所以电容小时,振荡频率高,而电容大时,振荡频率低。从图(a)中可以

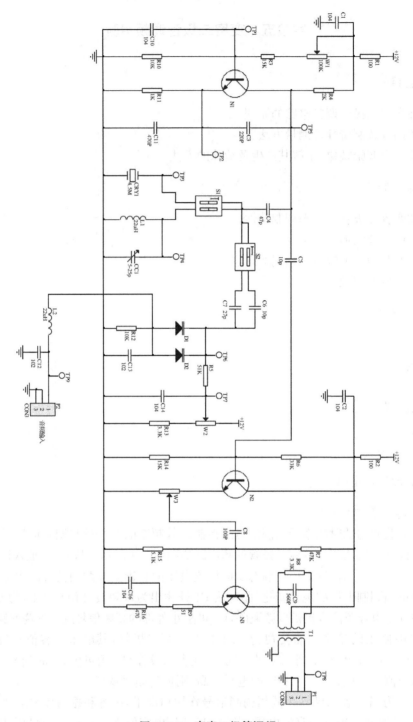

图 5.5.1　变容二极管调频

看到,由于 C—u 曲线的非线性,虽然调制电压是一个简谐波,但电容随时间的变化是非简谐波形,但是由于 $f=\dfrac{1}{2\pi\sqrt{LC}}$,f 和 C 的关系也是非线性。不难看出,C—u 和 f—C 的非线性关系起着抵消作用,即得到 f—u 的关系趋于线性,见图(c)。

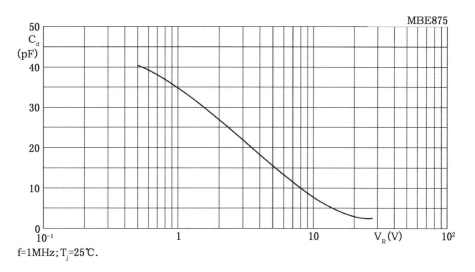

图 5.5.2　BB149 型变容二极管容值与电压特性曲线

2. 变容二极管调频器获得线性调制的条件

设回路电感为 L,回路的电容是变容二极管的电容 C(暂时不考虑杂散电容及其他与变容二极管相串联或并联电容的影响),则振荡频率为 $f=\dfrac{1}{2\pi\sqrt{LC}}$。为了获得线性调制,频率振荡应该与调制电压呈线性关系,用数学表示为 $f=Au$,式中 A 是一个常数。由以上二式可得 $Au=\dfrac{1}{2\pi\sqrt{LC}}$,将上式两边平方并移项可得 $C=\dfrac{1}{(2\pi)^2LA^2u^2}=Bu^{-2}$,这即是变容二极管调频器获得线性调制的条件。这就是说,当电容 C 与电压 u 的平方成反比时,振荡频率就与调制电压成正比。

3. 调频灵敏度

调频灵敏度 S_f 定义为每单位调制电压所产生的频偏。

设回路电容的 C—u 曲线可表示为 $C=Bu^{-n}$,式中 B 为一管子结构,即电路串、并固定电容有关的参数。将上式代入振荡频率的表示式 $f=\dfrac{1}{2\pi\sqrt{LC}}$ 中,可得:

$$f=\frac{u^{\frac{n}{2}}}{2\pi\sqrt{LB}}$$

调制灵敏度为:

$$S_f=\frac{\partial f}{\partial u}=\frac{nu^{\frac{n}{2}-1}}{4\pi\sqrt{LB}}$$

当 n=2 时有:

$$S_f=\frac{1}{2\pi\sqrt{LB}}$$

设变容二极管在调制电压为零时的直流电压为 U_0,相应的回路电容量为 C_0,振荡频率为 $f_0=\dfrac{1}{2\pi\sqrt{LC_0}}$,则有:

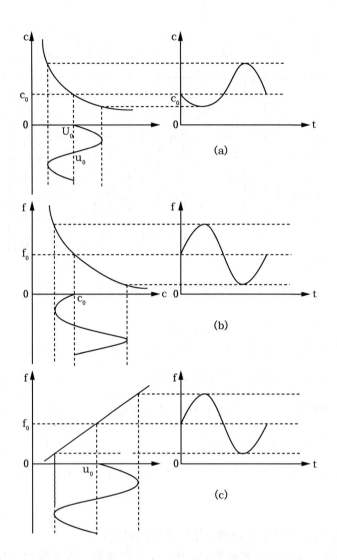

图 5.5.3 调制信号电压大小与调频波频率关系图解

$$C_0 = BU_0^{-2}$$

$$f_0 = \frac{U_0}{2\pi\sqrt{LB}}$$

则：

$$S_f = \frac{f_0}{U_0}$$

上式表明,在 $n=2$ 的条件下,调制灵敏度与调制电压无关(这就是线性调制的条件),而与中心振荡频率成正比,与变容二极管的直流偏压成反比。后者给我们一个启示,为了提高调制灵敏度,在不影响线性的条件下,直流偏压应该尽可能低些,当某一变容二极管能使总电容 $C-u$ 特性曲线的 $n=2$ 的直线段越靠近偏压小的区域时,那么,采用该变容二极管所能得到的调制灵敏度就越高。当我们采用串和并联固定电容以及控制高频振荡电压等方法来获得 $C-u$ 特性 $n=2$ 的线性段时,如果能使该线性段尽可能移向电压低的区域,那么对提高调制灵敏度是有利的。

由 $S_f = \dfrac{1}{2\pi\sqrt{LB}}$ 可以看出,当回路电容 C—u 特性曲线的 n 值(即斜率的绝对值)越大,则调制灵敏度越高。因此,如果对调频器的调制线性没有要求,则不外接串联或并联固定电容,并选用 n 值大的变容管,就可以获得较高的调制灵敏度。

五、实验步骤

1. 连线框图(如图 5.5.4 所示)

图 5.5.4　变容二极管调频接线图

2. 静态调制特性测量

(1)将 3 号板 S1 拨置"LC",S2 拨置高,P2 端先不接音频信号,将频率计接于 P1 处。

(2)调节电位器 W2,记下变容二极管测试点 TP6 直流电压和 P1 的频率,并记于表 5.5.1 中。

表 5.5.1　　　　　　　　　　　**静态调制特性测量数据记载表**

V_{TP6} (V)									
f_0 (MHz)									

3. 动态测试

(1)将电位器 W2 置于某一中值位置,将峰—峰值为 4V,频率为 2KHz 左右的音频信号(正弦波)从 P2 输入。

(2)在 TP8 处用示波器观察,可以看到调频信号特有的疏密波。将示波器时间轴靠拢,可以看到有寄生调幅现象。调频信号的频偏可用频谱分析仪观测。

六、实验报告要求

1. 在坐标纸上画出静态调制特性曲线,并求出其调制灵敏度。说明曲线斜率受哪些因素的影响。

2. 画出实际观察到的 FM 波形,并说明频偏变化与调制信号振幅的关系。

实验六 正交鉴频及锁相鉴频实验

一、实验目的

1. 熟悉正交及锁相鉴频器的基本工作原理。
2. 了解鉴频特性曲线(S 曲线)的正确调整方法。

二、实验内容

1. 了解各种鉴频器的工作原理。
2. 了解并联回路对波形的影响。
3. 用逐点法或扫频法测鉴频特性曲线,由 S 曲线计算鉴频灵敏度 S_d 和线性鉴频范围 $2\Delta f_{max}$。

三、实验仪器

1 号模块	1 块
6 号模块	1 块
5 号模块	1 块
双踪示波器	1 台
万用表	1 块

四、实验原理及实验电路说明

1. 乘积型鉴频器

(1)鉴频

鉴频是调频的逆过程,广泛采用的鉴频电路是相位鉴频器。鉴频原理是:先将调频波经过一个线性移相网络变换成调频调相波,然后再与原调频波一起加到一个相位检波器进行鉴频。因此,实现鉴频的核心部件是相位检波器。

相位检波又分为叠加型相位检波和乘积型相位检波,利用模拟乘法器的相乘原理可实现乘积型相位检波,其基本原理是:在乘法器的一个输入端输入调频波 $v_s(t)$,设其表达式为:

$$v_s(t) = V_{sm}\cos[w_c + m_f\sin\Omega t]$$

式中,m_f 为调频系数,$m_f = \Delta\omega/\Omega$ 或 $m_f = \Delta f/f$,其中 $\Delta\omega$ 为调制信号产生的频偏。另一输入端输入经线性移相网络移相后的调频调相波 $v_s'(t)$,设其表达式为:

$$v_s'(t) = V_{sm}'\cos\omega_c + m_f\sin\Omega t + \frac{\pi}{2} + \varphi\omega$$
$$= V_{sm}'\sin\omega_c + m_f\sin\Omega t + \varphi\omega$$

式中,第一项为高频分量,可以被滤波器滤掉。第二项是所需要的频率分量,只要线性移相网络的相频特性 $\varphi(\omega)$ 在调频波的频率变化范围内是线性的,当 $|\varphi(\omega)| \leqslant 0.4\text{rad}$ 时,$\sin\varphi(\omega) \approx \varphi(\omega)$。因此鉴频器的输出电压 $v_o(t)$ 的变化规律与调频波瞬时频率的变化规律相同,从而实现了相位鉴频。所以相位鉴频器的线性鉴频范围受到移相网络相频特性的线性范围的限制。

（2）鉴频特性

相位鉴频器的输出电压 V_o 与调频波瞬时频率 f 的关系称为鉴频特性，其特性曲线（或称 S 曲线）如图 5.6.1 所示。鉴频器的主要性能指标是鉴频灵敏度 S_d 和线性鉴频范围 $2\Delta f_{max}$。S_d 定义为鉴频器输入调频波单位频率变化所引起的输出电压的变化量，通常用鉴频特性曲线 v_o-f 在中心频率 f_o 处的斜率来表示，即 $S_d=V_o/\Delta f$，$2\Delta f_{max}$ 定义为鉴频器不失真解调调频波时所允许的最大频率线性变化范围，$2\Delta f_{max}$ 可在鉴频特性曲线上求出。

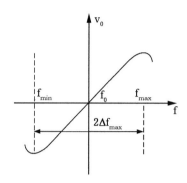

图 5.6.1　相位鉴频特性

（3）乘积型相位鉴频器

用 MC1496 构成的乘积型相位鉴频器实验电路如图 5.6.2 所示。其中 C6 与并联谐振回路 T1、C30 共同组成线性移相网络，将调频波的瞬时频率的变化转变成瞬时相位的变化。

分析表明，该网络的传输函数的相频特性 $\varphi(\omega)$ 的表达式为：

$$\varphi(\omega)=\frac{\pi}{2}-\arctan\left[Q(\frac{\omega^2}{\omega_o^2}-1)\right]$$

当 $\frac{\Delta\omega}{\omega_o}\ll1$ 时，上式可近似表示为：

$$\varphi(\omega)=\frac{\pi}{2}-\arctan(Q(\frac{2\Delta\omega}{\omega_o}) \quad 或 \quad \varphi(\omega)=\frac{\pi}{2}-\arctan(Q(\frac{2\Delta\omega}{\omega_o}))$$

式中 f_o 为回路的谐振频率，与调频波的中心频率相等。Q 为回路品质因数。Δf 为瞬时频率偏移。

相移 φ 与频偏 Δf 的特性曲线如图 5.6.3 所示。

由图 5.6.3 可见：在 $f=f_o$ 即 $\Delta f=0$ 时相位等于 $\frac{\pi}{2}$，在 Δf 范围内，相位随频偏呈线性变化，从而实现线性移相。MC1496 的作用是将调频波与调频调相波相乘，其输出经 RC 滤波网络输出。

2. 陶瓷鉴频器

陶瓷鉴频器是一种具有移相鉴频特性的陶瓷滤波元件，陶瓷鉴频器分为平衡型和微分型两种类型，前者用于同步鉴相器作平衡式鉴频解调，后者用于差分峰值作差动微分式鉴频解调。

3. 锁相鉴频

锁相环由三部分组成，如图 5.6.4 所示，它由相位比较器 PD、低通滤波器 LF、压控振荡器 VCO 三个部分组成一个环路。

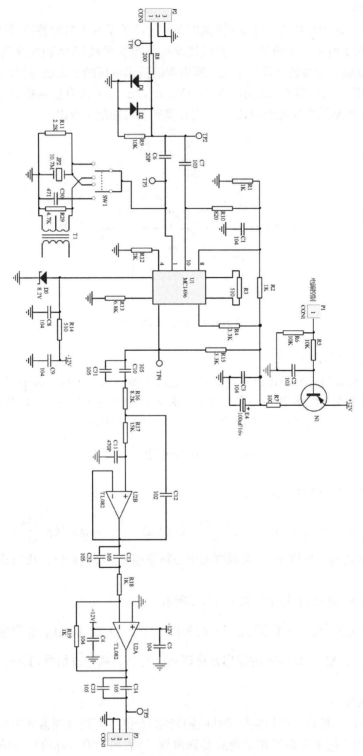

图 5.6.2　正交鉴频（乘积型相位鉴频）（4.5MHz）

锁相环是一种以消除频率误差为目的的反馈控制电路。当调频信号没有频偏时，若压控振荡器的频率与外来载波信号频率有差异时，通过相位比较器输出一个误差电压。这个误差

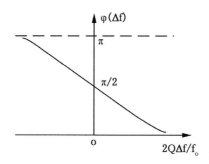

图 5.6.3　移相网络的相频特性

电压的频率较低,经过低通滤波器滤去所含的高频成分,再去控制压控振荡器,使振荡频率趋近于外来载波信号频率,于是误差越来越小,直至压控振荡频率和外来信号一样,压控振荡器的频率被锁定在外来信号相同的频率上,环路处于锁定状态。

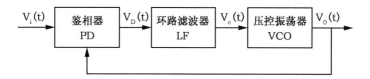

图 5.6.4　基本锁相环方框图

当调频信号有频偏时,和原来稳定在载波中心频率上的压控振荡器相位比较的结果,相位比较器输出一个误差电压,如图 5.6.5 所示,以使压控振荡器向外来信号的频率靠近。由于压控振荡器始终想要和外来信号的频率锁定,为达到锁定的条件,相位比较器和低通滤波器向压控振荡器输出的误差电压必须随外来信号的载波频率偏移的变化而变化。也就是说这个误差控制信号就是一个随调制信号频率而变化的解调信号,故环路滤波器的输出信号 $V_c(t)$ 就是解调信号。

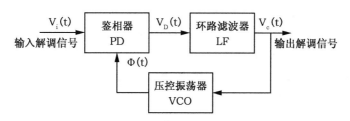

图 5.6.5　调频信号锁相解调电路组成

五、实验步骤

1. 乘积型鉴频器

(1)按照下表完成连线。

源端口	目的端口	连线说明
1 号模块:RF OUT1	5 号模块:P2	引入调频信号

(2)将 $V_{p-p}=500mV$ 左右，$f_C=4.5MHz$，调制信号的频率 $f_\Omega=1KHz$ 左右（调节低频输出为 1KHz 左右）的调频信号从 5 号板 P2 端输入，将 1 号模块上"FM 调制开关"拨到左边（此时"FM"指示灯会亮），再顺时针调节"FM 频偏"旋钮旋到最大，将 5 号模块上 SW1 拨至 4.5MHz。

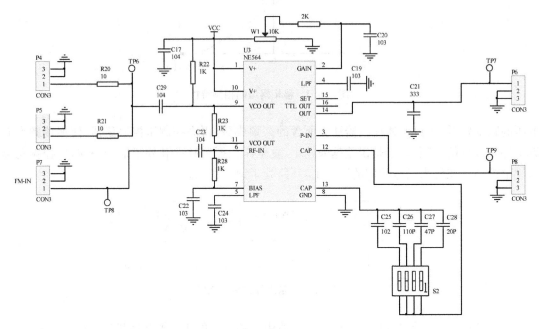

图 5.6.6　锁相鉴频（4.5MHz）

(3)用示波器观测 TP5，适当调节谐振回路电感 T1 使输出端获得的低频调制信号 $v_o(t)$ 的波形失真最小，幅度最大。

(4)鉴频特性曲线（S 曲线）的测量。测量鉴频特性曲线的常用方法有逐点描迹法和扫频测量法。

逐点描迹法的操作是：

①测量鉴频器的输出端 v_o 的电压，用数字万用表（置于"直流电压"档）于测量 TP4 处输出电压值 U_o，把"FM 调制开关"拨到右边（此时"FM"指示灯会熄灭）。

②改变高频信号发生器的输出频率（维持幅度不变），记下对应的输出电压值，并填入表 5.6.1；最后根据表中测量值描绘 S 曲线。

表 5.6.1　　　　　　　　　　　　　鉴频特性曲线的测量值

f(MHz)	4.0	4.1	4.2	4.3	4.4	4.5	4.6	4.7	4.8	4.9	5.0
U_o(V)											

2. 陶瓷鉴频器

(1)按照下表完成连线。

源端口	目的端口	连线说明
1 号模块：RF OUT1	5 号模块：P2	引入调频信号

（2）将 V_{p-p}＝500mV 左右，f_C＝10.7MHz、调制信号的频率 f_Ω＝1KHz（调节低频输出为 1KHz 左右）的调频信号从 P2 端输入，将 1 号模块上"FM 调制开关"拨到左边（此时"FM"指示灯会亮），再顺时针调节 "FM 频偏"旋钮旋到最大，将 5 号模块上 SW1 拨至 10.7MHz。

（3）按下 1 号模块上"频率调节"旋转编码器，选择"x1"档，慢慢调节输入信号的频率，使得解调输出的信号幅度最大且信号不失真，并记录此时的频率。

3. 锁相鉴频

（1）将 S_2 拨为 0010，连线如下表。

源端口	目的端口	连线说明
1 号模块：RF OUT1 （V_{p-p}＝500mV　f＝4.5MHz）	5 号模块：P7	FM 信号输入
5 号模块：P5	5 号模块：P8	VCO 输出到鉴相器

（2）将 V_{p-p}＝500mV，f_C＝4.5MHz，调制信号的频率 f_Ω＝1KHz 的调频信号从 P7 输入。将 1 号模块上"FM 调制开关"拨到左边（此时"FM"指示灯会亮），再顺时针调节 "FM 频偏"旋钮旋到最大。

（3）调节 5 号板上的 W1，用示波器在 TP7 处观测解调信号（信号很小，调节示波器的时候注意），并与调制信号进行对比。

（4）改变调制信号的频率，观察解调信号的变化，对比解调信号和音频信号频率是否一致。

六、实验报告要求

1. 整理实验数据，完成实验报告。
2. 说明乘积型鉴频鉴频原理。
3. 根据实验数据绘出鉴频特性曲线。
4. 说明锁相鉴频的原理。

◆ 第六章　技能训练与课程设计 ◆

6.1　电工基础知识

6.1.1　安全用电常识

本节以安全用电为重点,阐明了安全用电的意义,介绍了人体触电的有关知识、安全用电的方法和安全用具、触电的原因及预防措施、触电急救的方法等内容。

1. 安全用电的意义

安全用电关系到人身安全及设备安全两个方面,具有十分重要的意义,它渗透在电工作业和电力管理的各个环节中,因此,搞好电工作业安全生产是关系到生命和财产的头等大事。如果我们对电气安全工作的重要性认识不足,电气设备的结构或装置不完善,安装、维修、使用不当,错误操作或违章作业等,就会造成触电、短路、线路故障、设备损坏,遭受雷击、静电危害、电磁场危害,或引发电气火灾和爆炸等事故。这些事故除了会造成人员伤亡外,还可能造成大面积停电事故,给国民经济带来不可估量的损失。

当前全世界每年死于电气事故的人数约占全部工伤事故死亡人数的 25%,电气火灾占火灾总数的 14% 以上。因此,安全用电是衡量一个国家用电水平的重要标志之一。许多国家常以用电量与触电死亡人数的比值作为衡量安全用电水平的标准,安全用电水平高的国家,约每耗电 20 亿度触电死亡 1 人;而安全用电水平低的国家,约每耗电 1 亿度触电死亡 1 人。另外,也有以用电人口数与触电死亡人数的比值衡量安全用电水平的,工业发达的国家,大约每百万用电人口触电死亡 0.5~1 人;70 年代我国农村用电为每百万用电人口触电死亡 20 人,80 年代已降低到 10 人以下,即使如此,我国的安全用电水平也还是很低的。另据统计,全国触电死亡总人数中,城市居民仅占 15%,而农村竟占 85%! 统计还表明,高压触电死亡人数约占 12.5%,低压触电死亡人数却占 87.5%。

综上所述,搞好电气安全工作,预防工伤及职业危害,是直接关系到国民经济发展和人民生命财产安全的大事。必须坚定不移地坚持"安全第一,预防为主"的方针,建立和完善安全监察体系,严格执行各项规章制度,认真执行安全技术措施和反事故技术措施。如果搞好电气安全和其他各项劳动保护工作,就一定能促进安全生产,保障改革开放的顺利进行及国家现代化事业的更快发展。

2. 关于人体触电的知识

(1)触电的种类

①电击是指电流通过人体时所造成的内伤。它可以使肌肉抽搐,内部组织损伤,造成发热

发麻、神经麻痹等。严重时将引起昏迷、窒息,甚至心脏停止跳动而死亡。通常说的触电就是电击。触电死亡大部分由电击造成。

②电伤是指电流的热效应、化学效应、机械效应以及电流本身作用下造成的人体外伤。常见的有灼伤、烙伤和皮肤金属化等现象。

(2)电流伤害人体的因素

电流对人体伤害的严重程度与通过人体电流的大小、频率、持续时间、通过人体的路径及人体电阻的大小等多种因素有关。不同电流对人体的影响见表6.1.1。

表 6.1.1　　　　　　　　　　不同电流对人体的影响

电流/mA	通电时间	工频电流	直流电流
		人体反应	人体反应
0~0.5	连续通电	无感觉	无感觉
0.5~5	连续通电	有麻刺感	无感觉
5~10	数分钟以内	痉挛、剧痛、但可摆脱电源	有针刺感、压迫感及灼热感
10~30	数分钟以内	迅速麻痹、呼吸困难、血压升高不能摆脱电流	压痛、刺痛、灼热感强烈,并伴有抽筋
30~50	数秒钟到数分钟	心跳不规则、昏迷、强烈痉挛、心脏开始颤动	感觉强烈,剧痛,并伴有抽筋
50~数百	低于心脏搏动周期	受强烈,冲击,但未发生心室颤动	剧痛、强烈痉挛、呼吸困难或麻痹
	高于心脏搏动周期	昏迷、心室颤动、呼吸、麻痹、心脏麻痹	

①电流大小

通过人体的电流越大,人体的生理反应就越明显,感应越强烈,引起心室颤动所需的时间越短,致命的危险越大。

对于工频交流电,按照通过人体电流的大小和人体所呈现的不同状态,电流大致分为下列三种:

A. 感觉电流。是指引起人体感觉的最小电流。实验表明,成年男性的平均感觉电流约为1.1mA,成年女性为0.7mA。感觉电流不会对人体造成伤害,但电流增大时,人体反应变得强烈,可能造成坠落等间接事故。

B. 摆脱电流。是指人体触电后能自主摆脱电源的最大电流。实验表明,成年男性的平均摆脱电流约为16mA,成年女性的约为10mA。

C. 致命电流。是指在较短的时间内危及生命的最小电流。实验表明,当通过人体的电流达到50mA以上时,心脏会停止跳动,可能导致死亡。

②电流频率

一般认为40~60Hz的交流电对人体最危险。随着频率的增高,危险性将降低。高频电流不仅不伤害人体,还能治病。

③通电时间

通电时间越长,电流使人体发热和人体组织的电解液成分增加,导致人体电阻降低,反过来又使通过人体的电流增加,触电的危险亦随之增加。

④电流路径

电流通过头部可使人昏迷；通过脊髓可能导致瘫痪；通过心脏造成心跳停止、血液循环中断；通过呼吸系统会造成窒息。因此，从左手到胸部是最危险的电流路径，从手到手、从手到脚也是很危险的电流路径，从脚到脚是危险性较小的电流路径。

电流通过人体脑部和心脏时最危险；40～60Hz交流电对人危害最大。

以工频电流为例，当1毫安左右的电流通过人体时，会产生麻刺等不舒服的感觉；10～30毫安的电流通过人体，会产生麻痹、剧痛、痉挛、血压升高、呼吸困难等症状，但通常不致有生命危险；电流达到50毫安以上，就会引起心室颤动而有生命危险；100毫安以上的电流，足以致人于死地。

通过人体电流的大小与触电电压和人体电阻有关。

(3)触电的方式

①单相触电

在低压电力系统中，若人站在地上接触到一根火线，即为单相触电或称单线触电，如图6.1.1所示。人体接触漏电的设备外壳，也属于单相触电。

②两相触电

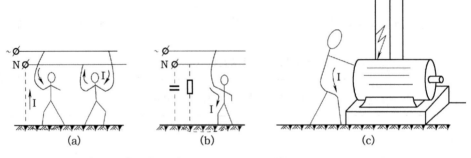

图6.1.1　单相触电

人体不同部位同时接触两相电源带电体而引起的触电叫两相触电，如图6.1.2所示。

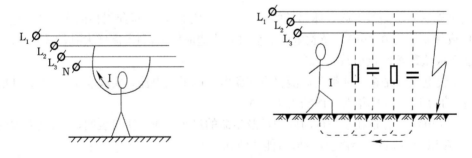

图6.1.2　两相触电

③接触电压、跨步电压触电

当外壳接地的电气设备绝缘损坏而使外壳带电，或导线断落发生单相接地故障时，电流由设备外壳经接地线、接地体(或由断落导线经接地点)流入大地，向四周扩散，在导线接地点及周围形成强电场。如图6.1.3所示。

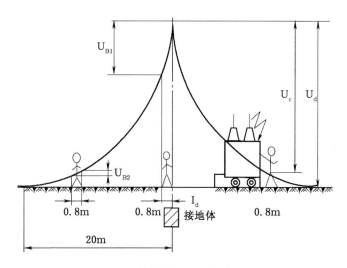

图 6.1.3 接触电压和跨步电压触电

接触电压:人站在地上触及设备外壳,所承受的电压。

跨步电压:人站立在设备附近地面上,两脚之间所承受的电压。

此外,除以上三种触电形式外,还有感应电压触电、剩余电荷触电等,此处不作介绍。

3. 安全电压和安全用具

(1)安全电压

不带任何防护设备,对人体各部分组织均不造成伤害的电压值,称为安全电压。世界各国对于安全电压的规定:有 50 伏、40 伏、36 伏、25 伏、24 伏等,其中以 50 伏、25 伏居多。

国际电工委员会(IEC)规定安全电压限定值为 50 伏。我国规定 12 伏、24 伏、36 伏三个电压等级为安全电压级别。在湿度大、狭窄、行动不便、周围有大面积接地导体的场所(如金属容器内、矿井内、隧道内等)使用的手提照明,应采用 12 伏安全电压。凡手提照明器具,在危险环境、特别危险环境的局部照明灯,高度不足 2.5 米的一般照明灯,携带式电动工具等,若无特殊的安全防护装置或安全措施,均应采用 24 伏或 36 伏安全电压。

(2)安全用具

常用绝缘手套、绝缘靴、绝缘棒三种。

①绝缘手套

由绝缘性能良好的特种橡胶制成,有高压、低压两种。操作高压隔离开关和油断路器等设备、在带电运行的高压电器和低压电气设备上工作时,预防接触电压。

②绝缘靴

也是由绝缘性能良好的特种橡胶制成,带电操作高压或低压电气设备时,防止跨步电压对人体的伤害。

③绝缘棒

绝缘棒又称绝缘杆、操作杆或拉闸杆,用电木、胶木、塑料、环氧玻璃布棒等材料制成,结构如图 6.1.4 所示。主要包括:工作部分、绝缘部分、握手部分、保护环。作用:操作高压隔离开关、跌落式熔断器,安装和拆除临时接地线以及测量和试验等工作。常用规格:500V、10KV、35KV 等。

握手部分　保护环　　　绝缘部分　　　　工作部分

图 6.1.4　绝缘棒的结构

4. 触电原因及预防措施

直接触电：人体直接接触或过分接近带电体而触电。

间接触电：人体触及正常时不带电而发生故障时才带电的金属导体。

(1)触电的原因

常见的触电原因：

①线路架设不合规格；

②电气操作制度不严格；

③用电设备不合要求；

④用电不规范。

(2)触电的预防

①直接触电的预防

A. 绝缘措施

良好的绝缘是保证电气设备和线路正常运行的必要条件。例如：新装或大修后的低压设备和线路，绝缘电阻不应低于 0.5MΩ；高压线路和设备的绝缘电阻不低于每伏 1000MΩ。

B. 屏护措施

凡是金属材料制作的屏护装置，应妥善接地或接零。

C. 间距措施

在带电体与地面间、带电体与其他设备间应保持一定的安全间距。间距大小取决于电压的高低、设备类型、安装方式等因素。

②间接触电的预防

A. 加强绝缘

对电气设备或线路采取双重绝缘、使设备或线路绝缘牢固。

B. 电气隔离

采用隔离变压器或具有同等隔离作用的发电机。

C. 自动断电保护

漏电保护、过流保护、过压或欠压保护、短路保护、接零保护等。

③电工安全操作知识

A. 在进行电工安装与维修操作时，必须严格遵守各种安全操作规程，不得玩忽失职。

B. 进行电工操作时，要严格遵守停、送电操作规定，确实做好突然送电的各项安全措施，不准进行约时送电。

C. 在邻近带电部分进行电工操作时，一定要保持可靠的安全距离。

D. 严禁采用一线一地、两线一地、三线一地(指大地)安装用电设备和器具。

E. 在一个插座或灯座上不可引接功率过大的用电器具。

F. 不可用潮湿的手去触及开关、插座和灯座等用电装置，更不可用湿抹布去揩抹电气装置和用电器具。

G. 操作工具的绝缘手柄、绝缘鞋和手套的绝缘性能必须良好,并作定期检查。登高工具必须牢固可靠,也应作定期检查。

H. 在潮湿环境中使用移动电器时,一定要采用 36V 安全低压电源。在金属容器内(如锅炉、蒸发器或管道等)使用移动电器时,必须采用 12V 安全电源,并应有人在容器外监护。

I. 发现有人触电,应立即断开电源,采取正确的抢救措施抢救触电者。

6.1.2　实训电工工具及操作工艺

1. 工具及使用

(1)钢丝钳

钢丝钳又称为钳子(见图 6.1.5)。钢丝钳的用途是夹持或折断金属薄板以及切断金属丝(导线)。

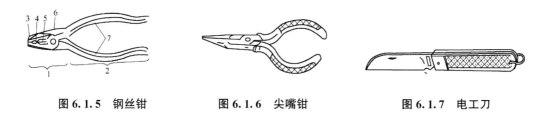

图 6.1.5　钢丝钳　　　　图 6.1.6　尖嘴钳　　　　图 6.1.7　电工刀

(2)尖嘴钳

尖嘴钳的头部尖细(见图 6.1.6)。适用于狭小的工作空间或带电操作低压电气设备;尖嘴钳也可用来剪断细小的金属丝。它适用于电气仪表制作或维修。

(3)电工刀

电工刀(见图 6.1.7)适用于电工在装配维修工作中割削导线绝缘外皮,以及割削木桩和割断绳索等。

(4)螺丝刀

螺丝刀又称"起子"、螺钉旋具等。其头部形状有一字形和十字形(见图 6.1.8)两种。

(a)一字形　　　　　　　　　　　　(b)十字形

图 6.1.8

(5)剥线钳

剥线钳用来剥削截面积 $6mm^2$ 以下塑料或橡胶绝缘导线的绝缘层,由钳口和手柄两部分组成。其外形如图 6.1.9 所示。

(6)低压验电器

低压验电器(如图 6.1.10 所示)又称试电笔,是检验导线、电器和电气设备是否带电的一种常用工具。

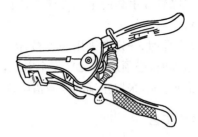

图 6.1.9　剥线钳

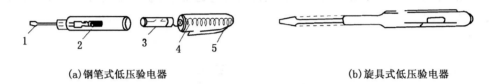

1　　　2　　　3　　4　　5

(a)钢笔式低压验电器　　　　　　　　　　　　(b)旋具式低压验电器

图 6.1.10　低压验电器

2. 基本操作工艺

(1)剥离线头绝缘层

剥离线头绝缘层时,力度要适中,不可伤金属导线,如图 6.1.11 所示。

①塑料绝缘硬线

A. 用钢丝钳剖削塑料硬线绝缘层。

图 6.1.11　钢丝钳勒去导线绝缘层

B. 用电工刀剖削塑料硬线绝缘层。

②塑料软线绝缘层的剖削

塑料软线绝缘层剖削除用剥线钳外,仍可用钢丝钳直接剖削截面为 $4mm^2$ 及以下的导线。方法与用钢丝钳剖削塑料硬线绝缘层相同。

③塑料护套线绝缘层的剖削

塑料护套线只有端头连接,不允许进行中间连接。其绝缘层分为外层的公共护套层和内部芯线的绝缘层。公共护套层通常都采用电工刀进行剖削。

④花线绝缘层的剖削

花线的结构比较复杂,多股铜质细芯线先由棉纱包扎层裹捆,接着是橡胶绝缘层,外面还套有棉织管(即保护层)。剖削时先用电工刀在线头所需长度处切割一圈拉去,然后在距离棉织管 10mm 左右处用钢丝钳按照剖削塑料软线的方法将内层的橡胶层勒去,将紧贴于线芯处棉纱层散开,用电工刀割去。

⑤橡套软电缆绝缘层的剖削

用电工刀从端头任意两芯线缝隙中割破部分护套层。然后把割破已分成两片的护套层连同芯线(分成两组)一起进行反向分拉来撕破护套层,直到所需长度。再将护套层向后扳翻,在根部分别切断。

⑥铅包线护套层和绝缘层的剖削

铅包线绝缘层分为外部铅包层和内部芯线绝缘层。剖削时先用电工刀在铅包层上切下一个刀痕,再用双手来回扳动切口处,将其折断,将铅包层拉出来。内部芯线的绝缘层的剖削与塑料硬线绝缘层的剖削方法相同。操作过程如图 6.1.12 所示。

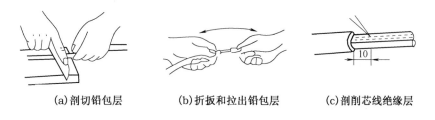

(a)剖切铅包层　　　　(b)折扳和拉出铅包层　　　　(c)剖削芯线绝缘层

图 6.1.12　铅包线绝缘层的剖削

(2)导线的连接

①对导线连接的基本要求

A. 接触紧密,接头电阻小,稳定性好。与同长度同截面积导线的电阻比应不大于 1。

B. 接头的机械强度应不小于导线机械强度的 80%。

C. 耐腐蚀。对于铝与铝连接,如采用熔焊法,主要防止残余熔剂或熔渣的化学腐蚀。对于铝与铜连接,主要防止电化腐蚀。在接头前后,要采取措施,避免这类腐蚀的存在。

D. 接头的绝缘层强度应与导线的绝缘强度一样。

②铜芯导线的连接

采用直连接,如图 6.1.13 所示。

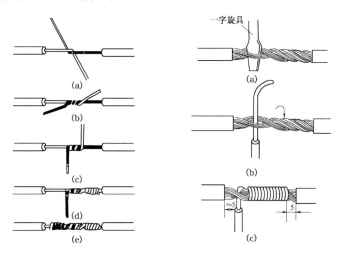

图 6.1.13　单股铜芯线的直连接　　图 6.1.14　单股铜芯线与多股铜芯线的分支连接

③股铜芯线与多股铜芯线的分支连接

连接方法如图 6.1.14 所示。

④多股铜芯导线的直接连接

连接方法以七股线为例,如图 6.1.15 所示。

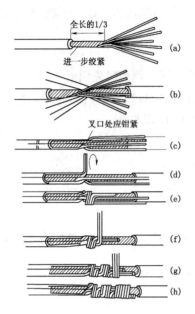

图 6.1.15　7 股铜芯导线的直接连接　　　　**图 6.1.16　多股铜芯线的分支连接**

⑤多股铜芯线的分支连接

连接方法如图 6.1.16 所示。

(3)导线与针孔接线柱的连接

①导线与针孔式

接线柱的连接如图 6.1.17 所示。

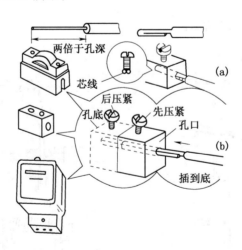

图 6.1.17　导线与针孔式接线柱的连接

②线头与螺钉平压式接线桩的连接

连接方法如图 6.1.18 所示。

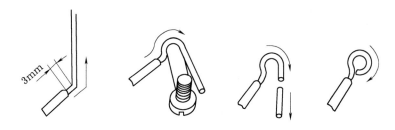

图 6.1.18　单股芯线羊眼圈弯法

③铝芯导线的连接

连接方法如图 6.1.19 所示。

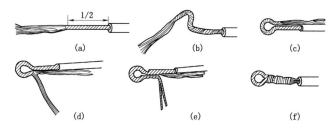

图 6.1.19　多股芯线压接圈弯法

(4)导线绝缘层的恢复

绝缘导线的绝缘层,因连接需要被剥离后,或遭到意外损伤后,均须恢复绝缘层,而且经恢复的绝缘性能不能低于原有的标准。在低压电路中,常用的恢复材料有黄蜡布带、聚氯乙烯塑料带和黑胶布等多种。对绝缘层的恢复主要是进行包缠,方法如图 6.1.20 所示。

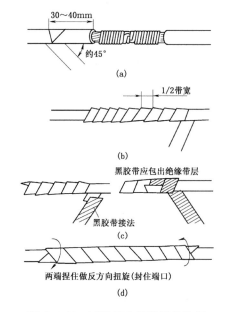

图 6.1.20　对连接点绝缘层的恢复

6.1.3 常用低压电器介绍

低压电器：常指用于交流额定电压 1200V、直流额定电压 1500V 及以下的电路中的电器产品。主要有接触器、继电器、自动断路器、熔断器、行程开关和其他电器等电器产品。具本细分如图 6.1.21 所示。

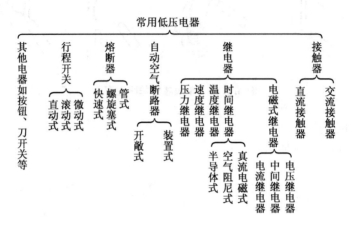

图 6.1.21 常用低压电器产品

1. 控制电器的分类及作用

常用低压电器大多可作为控制电器，控制电器的分类及作用如图 6.1.22 所示。

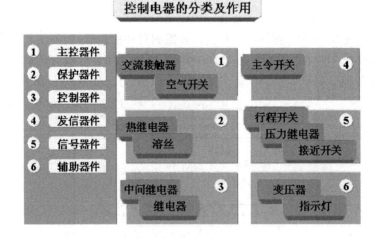

图 6.1.22 控制电器的分类及作用

（1）熔断器

熔断器（俗称保险丝）担负的主要任务是为电线电缆作短路保护（有时也作过载保护），不论短路电流值有多高，它都能切断。其次，也适宜用作设备和电器的保护，其外形如图 6.1.23 所示。

（2）刀开关

用途：普通刀开关是一种结构最简单且应用最广泛的手控低压电器，广泛用在照明电路和

图 6.1.23 熔断器外形

小容量(5.5KW)、不频繁起动的动力电路的控制电路中。

结构:如图 6.1.24 所示。

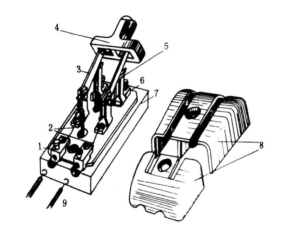

1—出线盒;2—熔丝;3—动触头;4—手柄;5—静触头;
6—电源进线座;7—瓷座;8—胶盖;9—接用电器

图 6.1.24 胶盖瓷底刀开关的结构

符号:

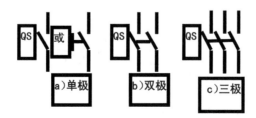

【注意事项】

刀开关安装时,瓷底应与地面垂直,手柄向上,易于灭弧,不得倒装或平装。倒装时手柄可能因自重落下而引起误合闸,危及人身和设备安全。

(3)主令电器

主令电器是在自动控制系统中发出指令或信号的电器,用来控制接触器、继电器或其他电器线圈,使电路接通或分断,从而达到控制生产机械的目的。主令电器应用广泛、种类繁多。按其作用可分为:控制按钮、行程开关、接近开关、万能转换开关、主令控制器及其他主令电器(如脚踏开关、钮子开关、紧急开关)等。

按钮又称控制按钮或按钮开关,是一种接通或分断小电流电路的主令电器,其结构简单、应用广泛。触头允许通过的电流较小,一般不超过5A,主要用在低压控制电路中,手动发出控制信号。如图6.1.25所示。

 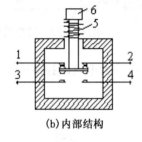 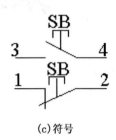

(a)外形   (b)内部结构   (c)符号

图 6.1.25

按钮由按钮帽,复位弹簧,桥式动、静触头,外壳等组成。一般为复合式,即同时具有常开、常闭触头。按下时常闭触头先断开,然后常开触头闭合。去掉外力后在恢复弹簧的作用下,常开触头断开,常闭触头复位。

(4)自动开关(低压断路器)

低压断路器又称自动空气开关或自动开关。它相当于刀开关、熔断器、热继电器、过电流继电器和欠电压继电器的组合,是一种既有手动开关作用,又能自动进行欠压、失压、过载和短路保护的电器。它对线路、电器设备及电动机实行保护,是低压配电网中的一种重要保护电器。如图6.1.26所示。

 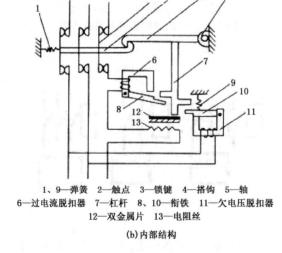

1、9—弹簧   2—触点   3—锁键   4—搭钩   5—轴
6—过电流脱扣器   7—杠杆   8、10—衔铁   11—欠电压脱扣器
12—双金属片   13—电阻丝

(a)外形   (b)内部结构   (c)符号

图 6.1.26   自动开关外形、结构和符号

（5）交流接触器

电磁式的接触器是利用电磁吸力的作用使主触点闭合或断开电动机电路或负载电路的控制电器。用它可以实现频繁的远距离操作，它具有比工作电流大数倍的接通相分断能力。接触器最主要的用途还是控制电动机的启动、正反转、制动和调速等。因此，它是电力拖动控制系统中最重要的也是最常用的控制电器。如图 6.1.27 所示。

接触器按其主触点控制的电路中的电流分为直流接触器和交流接触器。

交流接触器的特点：交流线圈、有短路环、采用双断口触头。

直流接触器的特点：直流线圈、滚动指型触头。

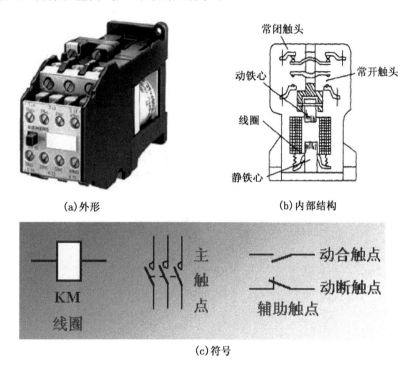

(a)外形　　　　　　　(b)内部结构

(c)符号

图 6.1.27　交流接触器外形、结构和符号

接触器铭牌上的额定电压是指主触头的额定电压。交流接触器的额定电压一般为 220V、380V、660V 和 1140V；直流接触器一般为 220V、440V 和 660V。辅助触头的常用额定电压：交流 380V；直流 220V。

接触器的额定工作电流系指主触头的额定电流。接触器电流等级为：6A、10A、16A、25A、40A、60A、100A、160A、250A、400A、600A、1000A、1600A、2500A 和 4000A。

交流接触器的操作频率一般为 300 次/h～1200 次/h。

（6）继电器

继电器是一种根据电量（电流、电压）或非电量（时间、速度、温度、压力等）的变化自动接通和断开控制电路，以完成控制或保护任务的电器、继电器一般由 3 个基本部分组成：检测机构、中间机构和执行机构。

与接触器的区别：继电器可以对各种电量或非电量的变化作出反应，而接触器只有在一定的电压信号下动作。继电器用于切换小电流的控制电路，而接触器则用来控制大电流电路，因此，继电器触头容量较小（不大于 5A），且无灭弧装置。

继电器种类很多,按输入信号可分为:电压继电器、电流继电器、功率继电器、速度继电器、压力继电器、温度继电器等;按工作原理可分为:电磁式继电器、感应式继电器、电动式继电器、电子式继电器、热继电器等;按用途可分为控制与保护继电器;按输出形式可分为有触点和无触点继电器。

①中间继电器

电磁继电器主要包括电流继电器、电压继电器的中间继电器。选用时主要依据继电器所保护或所控制对象对继电器提出的要求,如触头的数量、种类,返回系数,控制电路的电压、电流、负载性质等。由于继电器触头容量较小,因而经常将触头并联使用。有时为增加触头的分断能力,也有把触头串联起来使用的。其工作原理和内部结构与交流接触器基本相似。其外观如图 6.1.28 所示。

适用于交流 500V 以下的控制线路,线圈电压为交流 12V、36V、127V、220V 和 380V 五种。继电器有八对触点,额定电流为 5A,最高操作频率为 1200 次/h。

图 6.1.28 中间继电器外形

②时间继电器

时间继电器的特点是当得到控制信号后(如继电器线圈接通或断开电源),其触点状态并不立即改变,而是经过一段时间的延迟之间,触点才闭合或断开,因此这种继电器又称为延时继电器。可分为机械式和电子式两大类。按通电与断电分类,又有通电延时型时间继电器和断电延时型时间继电器两大类。电气符号如图 6.1.29 所示。

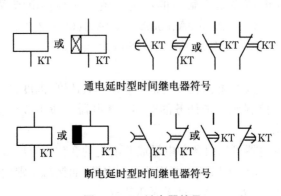

图 6.1.29 继电器符号

③热继电器

热继电器是利用电流流过热元件时产生的热量,使双金属片发生弯曲而推动执行机构动作的一种保护电器。主要用于交流电动机的过载保护、断相及电流不平衡运行的保护及其他电气设备发热状态的控制。如图 6.1.30 所示。

热继电器的选用:

● 过载能力较差的电动机,热元件的额定电流 IRT 为电动机的额定电流 IN 的 60%～80%。

● 在不频繁的启动场合,若电动机启动电流为其额定电流 6 倍以及启动时间不超过 6 秒时,可按电动机的额定电流选取热继电器。

● 当电动机为重复且短时工作制时,要注意确定热继电器的操作频率,对于操作频率较高的电动机,不宜使用热继电器作为过载保护。

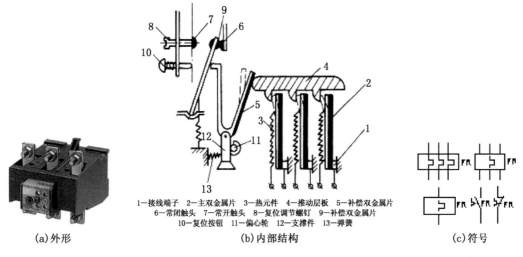

1—接线端子　2—主双金属片　3—热元件　4—推动层板　5—补偿双金属片
6—常闭触头　7—常开触头　8—复位调节螺钉　9—补偿双金属片
10—复位按钮　11—偏心轮　12—支撑件　13—弹簧

(a)外形　　　　(b)内部结构　　　　(c)符号

图 6.1.30　热继电器外形、结构和符号

2. 交流电动机的接线

本书所述的交流电动机是指三相异步电动机(笼型电动机)。

三相异步电动机的定子绕组的连接方法有△型连接法和 Y 型连接法两种,如图 6.1.31 所示。

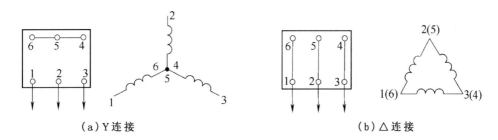

(a) Y 连接　　　　　　　　　　(b)△连接

图 6.1.31　三相异步电动机的定子绕组的连接方法

这种接法与电动机接线端子是一一对应的。

3. 常用低压电器电气控制原理图

(1)电动机单向运转控制线路——直接起动的控制

一个具有自锁和过载保护功能的单向运转控制线路如图 6.1.32 所示。

①工作原理

主电路：三相电源——S——FU——KM(主触点)——FR(热元件)——M。

控制电路：1——SB1——SB2(与 KM 辅助触点并联)——KM(线圈)——FR(动断触点)——2。

②自锁与连续控制

KM 的辅助触点。

③保护措施

短路保护(FU)、过载保护(FR)、零压保护(KM)。

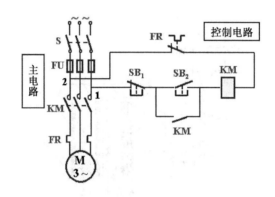

图 6.1.32　单向直接起动控制线路

(2)电动机单向运转控制线路——点动的控制

若把图 6.1.32 中自锁触点 KM 去掉,则可对电动机实行点动控制。

动作次序:闭合开关 S 接通电源

按 SB2→KM 线圈得电→KM 主触点闭合→M 运转

松 SB2→KM 线圈失电→KM 主触头恢复→M 停转

(3)电动机正反转的控制线路

要使电动机给够实现反转,只要把接到电源的任意两根连线对调一头即可。为此用两个接触器来实现这一要求,如图 6.1.33 所示。KMF 为实现电机正转的接触器,KMR 为实现电机反转的接触器。

图 6.1.33 中的(a)无互锁控制,有严重的设计缺陷! 一旦运行,可能会造成主电路三相短路,不得使用!

图 6.1.33 中的(b)正—停—反控制,必须先按停止按钮,才可改变另一方向起动控制。

图 6.1.33 中的(b)正—停—反控制,可以不先按停止按钮,就可以改变另一方向起动控制,但控制线多,较复杂。

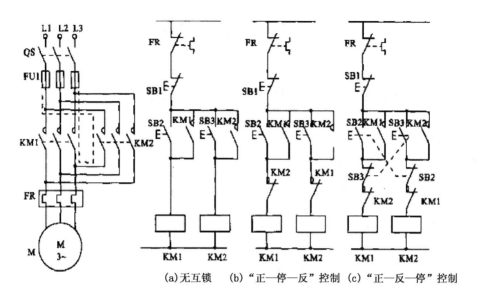

(a)无互锁　(b)"正—停—反"控制　(c)"正—反—停"控制

图 6.1.33　电动机正反转的控制线路

6.2   电子工艺课程设计

6.2.1   实训项目一   三相异步电动机的点动控制和单向直接起动

【知识点准备】

● 掌握三相电路的分析方法和特点；

● 掌握三相异步电机工作方式与原理；

● 熟悉常规低压电器功能及应用；

● 熟悉电工工具的使用及电工工艺操作方法。

1. 实训目的

(1)了解单相异步电动机名牌数据的意义。

(2)了解单相异步电动机定子绕组首末端的判别方法。

(3)掌握常用控制电器的结构、用途和工作原理。

(4)理解单相异步电动机点动控制线路和直接起停控制线路的工作原理，理解自锁、点动的概念，以及短路保护、过载保护和零压保护的概念。

2. 方案设计

(1)三相异步电动机的点动控制安装接线

点动控制电路中，由于电动机的启动停止是通过按下或松开按钮来实现的，所以电路中不需要停止按钮；在点动按制电路中，电动机的运行时间较短，无需过热保护装置。

当合上电源开关 QS 时，控制电路如图 6.2.1 所示。当合上电源开关 QS 时，电动机是不会起动运转的，因为这时接触器 KM 线圈未能得电，它的触头处在断开状态，电动机 M 的定子绕组上没有电压。若要使电动机 M 转动，只要按下按钮 SB，使接触器 KM 通电，KM 在主电路中的主触头闭合，电动机即可起动，但当松开按钮 SB 时，KM 线圈失电，而使其主触头分开，切断电动机 M 的电源，电动机即停止转动。

在电路中，我们用一个控制变压器来提供控制回路的电源，控制变压器的主要作用是将主电路较高的电压转变为控制回路较低的工作电压，实现电气隔离。要注意的是变压器的副边要加一个熔断器，否则副边控制回路的短路会将变压器烧毁。

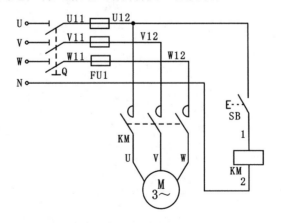

图 6.2.1   单相异步电动机点动控制线路

（2）三相异步电动机自锁控制电路的安装接线

在点动控制的电路中，要使电动机转动，就必须按住按钮不放，而在实际生产中，有些电动机需要长时间连续地运行，使用点动控制是不现实的，这就需要具有接触器自锁的控制电路了。

相对于点动控制的自锁触头必须是常开触头且与起动按钮并联。因电动机是连续工作，必须加装热继电器以实现过载保护。具有过载保护的自锁控制电路的电气原理如图6.2.2所示，它与点动控制电路的不同之处在于控制电路中增加了一个停止按钮SB1，在起动按钮的两端并联了一对接触器的常开触头，增加了过载保护装置（热继电器FR）。

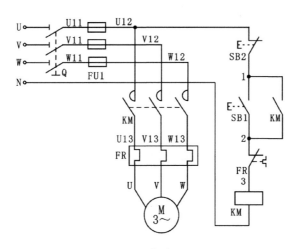

图6.2.2　电路原理图

电路的工作过程：当按下起动按钮SB1时，接触器KM线圈通电，主触头闭合，电动机M起动旋转，当松开按钮时，电动机不会停转，因为这时，接触器KM线圈可以通过辅助触点继续维持通电，保证主触点KM仍处在接通状态，电动机M就不会失电停转。这种松开按钮仍然自行保持线圈通电的控制电路叫作具有自锁（或自保）的接触器控制电路，简称自锁控制电路。与SB1并联的接触器常开触头称自锁触头。

①欠电压保护

"欠电压"是指电路电压低于电动机应加的额定电压。这样的后果是电动机转矩要降低，转速随之下降，会影响电动机的正常运行，欠电压严重时会损坏电动机，发生事故。在具有接触器自锁的控制电路中，当电动机运转时，电源电压降低到一定值时（一般低到85%额定电压以下），由于接触器线圈磁通减弱，电磁吸力克服不了反作用弹簧的压力，动铁芯因而释放，从而使接触器主触头分开，自动切断主电路，电动机停转，达到欠电压保护的作用。

②失电压保护

当生产设备运行时，由于其他设备发生故障，引起瞬时断电，而使生产机械停转。当故障排除后，恢复供电时，由于电动机的重新起动，很可能引起设备与人身事故的发生。采用具有接触器自锁的控制电路时，即使电源恢复供电，由于自锁触头仍然保持断开，接触器线圈不会通电，所以电动机不会自行起动，从而避免了可能出现的事故。这种保护称为失电压保护或零电压保护。

③过载保护

具有自锁的控制电路虽然有短路保护、欠电压保护和失电压保护的作用,但实际使用中还不够完善。因为电动机在运行过程中,若长期负载过大或操作频繁,或三相电路断掉一相运行等原因,都可能使电动机的电流超过它的额定值,有时熔断器在这种情况下尚不会熔断,这将会引起电动机绕组过热,损坏电动机绝缘,因此,应对电动机设置过载保护,通常由三相热继电器来完成过载保护。

3. 安装与电路调试

(1)参照本章的实训基本要求和实训注意事项以及电路图,在实训台上进行线路合理布局。

(2)必须断电安装;区分控制的不同的额定电压和额定电流等级,以便采取变通的控制电源策略。

(3)认清保险、按钮、开关、接触器和继电器等电器的接线端子的作用,以及与原理图对应的位置。

(4)安装实验器材和导线连接完成后,不允许有裸露的带电金属,在老师检查认可后,再行上电检验。

(5)检验时,先不要带负载上电,待空载验证控制电路正常后,方可带电动机运行。

确认接线正确后,可接通交流电源自行操作,若操作中发现有不正常现象,应断开电源分析排故后重新操作。

4. 元器件清单

本实训所需元器件见表 6.2.1。

表 6.2.1 元件明细表

代 号	名 称	型 号	数 量	备 注
QS	空气开关	DZ47-63-3P-3A	1	
FU1	熔断器	RT18-32	3	装熔芯 3A
FU2	直插式熔断器	RT14-20	1	装熔芯 2A
KM	交流接触器	LC1-D0610M5N	1	线圈 AC220V
FR	热继电器	JRS1D-25/Z(0.63—1A)	1	
	热继电器座	JRS1D-25 座	1	
SB1	按钮开关	LAY16	1	绿色
SB2	按钮开关	LAY16	1	红色
M	三相鼠笼异步电机	WDJ26(厂编)	1	380V/△

5. 实训总结思考

(1)试分析什么叫点动,什么叫自锁,并比较图 6.2.1 和图 6.2.2 的结构和功能上有什么区别。

(2)图中各个电器如 Q_1、FU_1、FU_2、FU_3、FU_4、KM_1、FR、SB_1、SB_2、SB_3 各起什么作用?已经使用了熔断器为何还要使用热继电器?已经有了开关 Q_1 为何还要使用接触器 KM_1?

(3)图 6.2.1 电路能否对电动机实现过流、短路、欠压和失压保护?

(4)画出图 6.2.1、图 6.2.2 的工作原理流程图。

6.2.2　实例项目二　接触器联锁的三相异步电动机正反转控制

【知识点准备】

● 掌握三相电路的分析方法和特点；

● 掌握三相异步电机工作方式与原理；

● 熟悉常规低压电器功能及应用；

● 熟悉电工工具的使用及电工工艺操作方法。

1. 实训目的

（1）通过对三相异步电动机正反转控制线路的接线，掌握由电路原理图接成实际操作电路的方法。

（2）掌握三相异步电动机正反转的原理和方法。

（3）掌握手动控制正反转控制、接触器联锁正反转、按钮联锁正反转控制及按钮和接触器双重联锁正反转控制线路的不同接法，并熟悉在操作过程中有哪些不同之处。

2. 方案设计

设计方案如图 6.2.3 所示，因为反转控制回路中串联了正转接触器 KM1 的常闭触头，当 KM1 通电工作时，它是断开的，若这时直接按反转按钮 SB3，反转接触器 KM2 是无法通电的，电动机也就得不到电源，故电动机仍然正转状态，不会反转。电机停转后按下 SB3，反转接触器 KM2 通电动作，主触头闭合，主电路按 W1、V1、U1 相序接通，电动机的电源相序改变了，故电动机作反向旋转。

图 6.2.3 控制线路的动作过程是：

（1）正转控制。合上电源开关 QS，按正转起动按钮 SB2，正转控制回路接通，KM1 的线圈通电动作，其常开触头闭合自锁、常闭触头断开对 KM2 的联锁，同时主触头闭合，主电路按 U1、V1、W1 相序接通，电动机正转。

（2）反转控制。要使电动机改变转向（即由正转变为反转）时应先按下停止按钮 SB1，使正转控制电路断开电动机停转，然后才能使电动机反转，为什么要这样操作呢？

3. 安装与电路调试

确认接线正确后，可接通交流电源自行操作，若操作中发现有不正常现象，应断开电源分析排故后重新操作。

（1）按下"关"按钮切断交流电源。按图 6.3.1 接线。图中 SB_1、SB_2、SB_3、KM_1、KM_2、FR_1 选用 D61 挂件，Q_1、FU_1、FU_2、FU_3、FU_4 选用 D62 挂件，电机选用 DJ24（△/220V）。经指导老师检查无误后，按下"开"按钮通电操作。

（2）合上电源开关 Q_1，接通 220V 三相交流电源。

（3）按下 SB_1，观察并记录电动机 M 的转向、接触器自锁和联锁触点的吸断情况。

（4）按下 SB_3，观察并记录 M 运转状态、接触器各触点的吸断情况。

（5）再按下 SB_2，观察并记录 M 的转向、接触器自锁和联锁触点的吸断情况。

4. 元器件清单

本实训所需元器件见表 6.2.2。

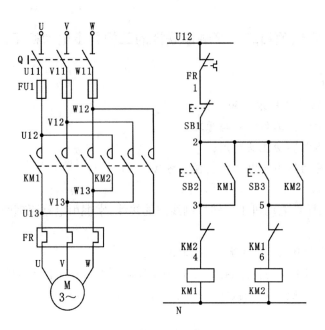

图 6.2.3

表 6.2.2   元件明细表

代　号	名　称	型　号	数　量	备　注
QS	空气开关	DZ47-63-3P-3A	1	
FU1	熔断器	RT18-32	3	装熔芯 3A
FU2	直插式熔断器	RT14-20	1	装熔芯 2A
KM1、KM2	交流接触器	LC1-D0610M5N	2	线圈 AC220V
FR	热继电器	JRS1D-25/Z(0.63~1A)	1	
	热继电器座	JRS1D-25 座	1	
SB1	按钮开关	LAY16	1	红色
SB2、SB3	按钮开关	LAY16	2	绿色
M	三相鼠笼异步电机	WDJ26(厂编)	1	380V/△

5. 实训总结思考

(1)画出图 6.2.3 的运行原理流程图。

(2)在三相异步电动机的正反转控制过程中,发现电机不能反向运转,但控制电路动作正常,请问会有哪些原因产生这类现象?

(3)设计一种用上两组关断和起动按钮,分别顺序控制两个电机的控制电路。

6.2.3 实例项目三 照明电路安装

【知识点准备】
- 掌握三相电路的分析方法和特点；
- 掌握照明电路工作方式与原理；
- 熟悉常规低压电器功能及应用；
- 熟悉电工工具的使用及电工工艺操作方法。

1. 实训目的

(1)掌握绘制电气线路图、元件布置图的方法；

(2)正确安装照明、动力配电盘电气线路；

(3)培养调试、排除线路故障的能力,正确分析运行结果。

2. 实训方案

本实训以典型照明电路的连接与安装为实训内容,分三节逐步熟悉常用照明电路的连接与安装。

(1)白炽灯的照明电路

白炽灯结构简单、使用可靠、价格低廉,其相应的电路也简单,因而应用广泛,其主要缺点是发光效率较低、寿命较短,如图 6.2.4 所示为白炽灯泡的外形。

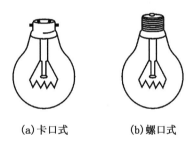

(a)卡口式　　　　(b)螺口式

图 6.2.4 灯泡示意

白炽灯泡由灯丝、玻壳和灯头三部分组成。其灯丝一般都是由钨丝制成,玻壳由透明或不同颜色的玻璃制成。40W 以下的灯泡,将玻壳内抽成真空;40W 以上的灯泡,在玻壳内充有氩气或氮气等惰性气体,使钨丝不易挥发,以延长寿命。灯泡的灯头,有卡口式和螺口式两种形式,功率超过 300W 的灯泡,一般采用螺口式灯头,因为螺口灯座比卡口式灯座接触和散热要好。

①常用的灯座

常用的灯座有卡口吊灯座、卡口式平灯座、螺口吊灯座和螺口式平灯座等,外形结构如图6.2.5 的(a)、(b)、(c)、(d)。

(a)　　　　(b)　　　　(c)　　　　(d)

图 6.2.5 常用灯座示意图

②常用的开关

开关的品种很多,常用的开关有接线开关、顶装拉线开关、防水接线开关、平开关、暗装开关等,这几种开关外形图分别如图 6.2.6 所示。

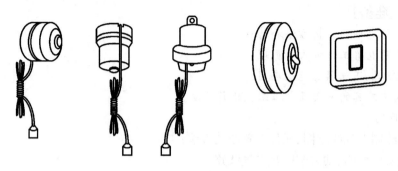

图 6.2.6　常用开关

③白炽灯的控制原理

白炽灯的控制方式有单联开关控制和双联开关控制两种方式,如图 6.2.7 所示。

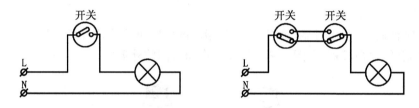

图 6.2.7　白炽灯的控制原理

④白炽灯照明电路的安装

先将准备实验的开关装到开关盒上,白炽灯的基本控制线路如表 6.2.3 所示,可选用几种进行实验。

安装照明电路必须遵循的总的原则为:火线必须进开关;开关、灯具要串联;照明电路间要并联。

表 6.2.3　　　　　　　　　　白炽灯的基本控制线路

名称用途	接线图	备　注
一个单联开关控制一个灯	中性线 电源 相线	开关装在相线上,接入灯头中心簧片上,零线接入灯头螺纹口接线柱
一个单联开关控制两个灯	中性线 电源 相线	超过两个灯按虚线延伸,但要注意开关允许容量
两个单联开关,分别控制两盏灯	中性线 电源 相线	用于多个开关及多个灯,可延伸接线

续表

名称用途	接线图	备　注
两个双联开关在两地,控制一个灯	零 火 三根线(两火一零)	用于楼梯或走廊,两端都能开、关的场合。接线口诀:开关之间三条线,零线经过不许断,电源与灯各一边

本装置配置的开关的接线方法为:先用一字螺丝刀将长方孔内的白色塑料块压住,然后将剥好的线插到开关的接线孔中,再拿开螺丝刀即可。

(2)日光灯照明电路与安装

①日光灯工作原理图

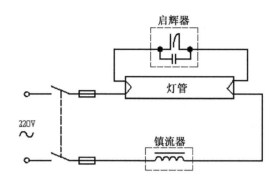

图 6.2.8　日光灯电路原理图

日光灯管:是一个在真空情况下充有一定数量的氩气和少量水银的玻璃管,管的内壁涂有荧光材料,两个电极用钨丝绕成,上面涂有一层加热后能发射电子的物质。管内氩气既可帮助灯管点燃,又可延长灯管寿命。

镇流器:又称限流器,是一个带有铁心的电感线圈,其作用是:

A. 在灯管启辉瞬间产生一个比电源电压高得多的自感电压帮助灯管启辉。

B. 灯管工作时限制通过灯管的电流不致过大而烧毁灯丝。

启辉器:它由一个启辉管(氖泡)和一个小容量的电容组成。氖泡内充有氖气,并装有两个电极,一个是固定的静触片,另一个是用膨胀系数不同的双金属片制成的倒"U"型可动的动触片,启辉器在电路中起自动开关作用。电容是防止灯管启辉时对无线电接收机的干扰。

日光灯电路的原理:

当接通电源瞬间,由于启辉器没有工作,电源电压都加在启辉器内氖泡的两电极之间,电极瞬间击穿,管内的气体导电,使"U"型的双金属片受热膨胀伸直而与固定电极接通,这时日光灯的灯丝通过电极与电源构成一个闭合回路,见图 6.2.9 所示。灯丝因有电流(称为启动电流或预热电流)通过而发热,从而使灯丝上的氧化物发射电子。

同时,启辉器两端电极接通后电极间电压为零,启辉器停止放电。由于接触电阻小,双金属片冷却,当冷却到一定程度时,双金属片恢复到原来状态,与固定片分开。

在此瞬间,回路中的电流突然断电,于是镇流器两端产生一个比电源电压高得多的感应电压,连同电源电压一起加在灯管两端,使灯管内的惰性气体电离而产生弧光放电。随着管内温度的逐步升高,水银蒸汽游离,并猛烈地碰撞惰性气体而放电。水银蒸汽弧光放电时,辐射出

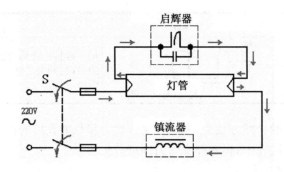

图 6.2.9　日光灯电路原理图

紫外线,紫外线激励灯管内壁的荧光粉后发出可见光,如图 6.2.10 所示。

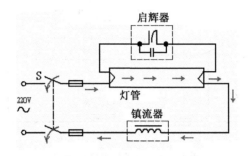

图 6.2.10　日光灯电路原理图

在正常工作时灯管两端电压较低(30W 灯管的两端电压约 80V 左右)。
灯管正常工作时的电流路径如图 6.2.11 所示。

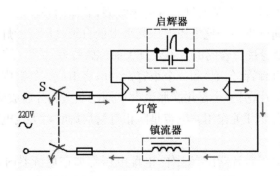

图 6.2.11　日光灯电路原理图

日光灯的一般故障:

A. 灯管出现的故障

灯不亮而且灯管两端发黑,用万用表的电阻档测量一下灯丝是否断开。

B. 镇流器故障

一种是镇流器线匝间短路,其电感减小,致使感抗 XL 减小,使电流过大而烧毁灯丝,另一种是镇流器断路使电路不通灯管不亮。

C. 启辉器故障

日光灯接通电源后,只见灯管两头发亮,而中间不亮,这是由于启辉器两电极碰粘在一起分不开或是启辉器内电容被击穿(短路)。重新换启辉器方可。

②电路的安装

安装时,启辉器座的两个接线柱分别与两个灯座中的各一个接线柱相连接;两个灯座中余下的接线柱,一个与中线相连,另一个与镇流器的一个线端相连;镇流器的一个线端与开关的一端相连,开关的另一端与电源的相线相连。

经检查安装牢固与接线无误后,"启动"交流电源,日光灯应能正常工作。若不正常,则应分析并排除故障使日光灯能正常工作。见图 6.2.12(b)照明线路的安装、接线实训原理图。

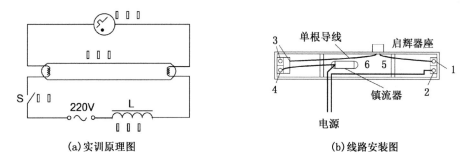

(a)实训原理图　　　　　　(b)线路安装图

图 6.2.12　日光灯的控制电路

(3)家庭照明线路的安装

照明线路的实训原理图如图 6.2.13 所示,该线路为家庭常用线路,具有一定的典型性。

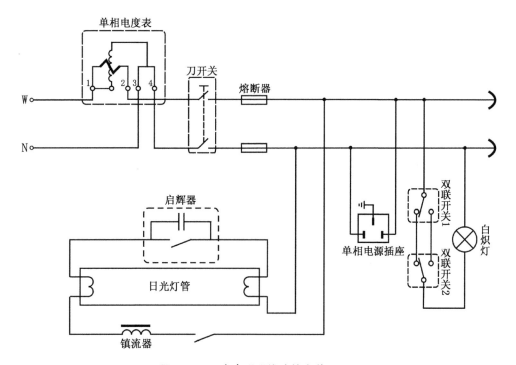

图 6.2.13　家庭照明线路的安装原理图

3. 安装与电路调试

(1)把两个灯座固定在灯架左右两侧的适当位置(以管灯长度为标准),再把启辉器座安装在灯架上。

(2)用单导线(花线或塑料软线)连接灯座大脚上的接线柱3,启辉器座的另一个接线柱5和灯座接线柱1;将镇流器的任一根引出线与灯座的接线柱4相连接;将电源线的中性线与灯座的接线柱2连接,通过开关的相线与镇流器的另一根引线连接,如图6.2.12(b)所示。

(3)将启辉器装入启辉器座中;把灯管装在灯座上,要求接触良好。为了防止灯座松动时灯管脱落,可用白线把荧光灯绑扎在灯架上,最后再把荧光灯悬挂在预定的地方。

4. 元器件清单

本实训所需元器件见表6.2.4。

表6.2.4 元件明细表

序 号	名 称	型 号	数 量	备 注
1	直插式熔断器	RT15-20/2A	2	
2	灯泡	220V/25W	1	
3	螺口平灯座	3A 250V~	1	
4	双联开关		2	
6	单相电源插座		1	
7	日光灯灯管	10W	1	包括灯座
8	镇流器	HLDGZHE-M13W	1	
9	启辉器	S10	1	
10	单相电度表	DD862a/220V(1.5~6A)	1	
11	开关	HK2-10/2	1	
12	开关盒		3	

5. 实训总结思考

(1)为什么安装照明电路时,火线一定要通过保险盒和开关进入灯座?

(2)如果实验箱线路接完后灯不亮,怎样检查线路故障?

【提示】

①断电检查。按顺序检查各导线接点是否正确与牢固,保险丝是否完好。

②用测电笔或万用表检查(在教师指导下进行)。用测电笔依次测火线到灯座的接线点,看氖泡是否发光。如不发光,必有断点,再断电检查;如都发光,则零线有故障。

(3)灯泡忽亮忽暗或有时熄灭,这是什么原因?

【提示】

①灯座或开关的接线松动,保险丝接触不良,应旋紧。

②电源电压忽高忽低,或者附近同一线路上有大功率的用电器经常启动。

③灯丝忽接忽离(应调换灯泡)。

6.3　模拟电路课程设计

6.3.1　项目一　声控光敏延时开关电路

【知识点准备】
● 三极管构成的几种放大器的应用；
● 驻极体话筒和光敏电阻的特性和应用；
● 双向可控硅的特性与使用；
● 分立件电路的工作原理。

1. 设计要求

（1）基本要求

①白天是灯不亮；

②晚上是有声音震动的时候灯亮；

③可以通过手动开关两地控制，并不受白天和黑夜的影响。

（2）扩展要求

①灯亮的时间长度可以调整；

②可以通过手动开关两地以上多处控制。

2. 需求分析

它在白天用光敏电阻的作用把电路自动锁闭，保证电路不会被触发，在晚上只要有击掌声或走步声，电灯便会自动打开，经过数秒后又自动关闭。它很适合在一些公共场合如楼梯、走廊等处作照明灯的控制开关。

3. 方案论证

根据设计要求的说明可知，对于灯具进行多地控制需要使用多掷开关器件。灯在白天的时候不亮，则需要使用光敏元件进行控制。有声音震动时灯亮，则需要使用到声控元件进行控制。

4. 模块原理及设计

白炽灯的控制方式有单联开关控制和双联开关控制两种方式，如图 6.3.1 所示。

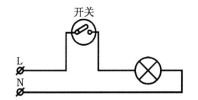
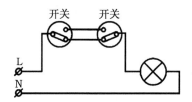

图 6.3.1　白炽灯的控制原理

白炽灯的基本控制线路如表 6.3.1 所示。

安装照明电路必须遵循的总的原则为：火线必须进开关；开关、灯具要串联；照明电路间要并联。

表 6.3.1

名称用途	接线图	备 注
一个单联开关控制一个灯	电源 中性线 相线	开关装在相线上,接入灯头中心簧片上,零线接入灯头螺纹口接线柱
一个单联开关控制两个灯	电源 中性线 相线	超过两个灯按虚线延伸,但要注意开关允许容量
两个单联开关,分别控制两盏灯	电源 中性线 相线	用于多个开关及多个灯,可延伸接线
两个双联开关在两地,控制一个灯	零 火 三根线(两火一零)	用于楼梯或走廊,两端都能开、关的场合。接线口诀:开关之间三条线,零线经过不许断,电源与灯各一边

5. 安装与电路调试

电路原理如图 6.3.2,由驻极体话筒将接收到的声信号转变成脉冲电压信号,经 Cl 耦合至由 Q1 组成的电压负反馈放大器进行电压放大。放大了的电压信号经 C2 到 Q3 基极,Q3 用作跟随器,放大电流,电源经 Q3.D3.C3,给 C3 充电,使 C3 电压逐渐上升,当 C3 电压达到 Q4 的导通电压(约 0.7V),Q4 便导通,集电极输出为低电压,这个电压直接耦合至 Q5 的基极,使 Q5 导通,Q5 的 C 极输出一个突然升高的触发电压,使双向可控硅随之导通,电灯亮。

由变阻器 R6 和光敏电阻 R5、开关管 Q2 组成的光控电路,在白天将电路锁闭,使其不起作用。由于光敏电阻在白天光照的作用下阻值变小,使开关管 Q2 的基极经 R5 从电源取得足够的偏置电流而饱和导通。Q2 的导通使 Q1 的集电极近乎接地,使 Q1 输出控制信号电压,被短路通地,使 Q3 到不到信号,因而保证了电路的锁闭。

光敏电阻是由光敏材料制成的。它对光的照射特别敏感,有光照射时阻值约为几千欧(称为亮阻),无光照射时约为几百千欧,甚至数兆欧(称为暗阻)。常用的光敏电阻有硫化镉等。

由电容 C3、电阻 R10 与晶体管 Q4 组成延时关灯电路。当电灯被打开后(此 时 Q4 导通),电容 C3 经电阻 R10 和晶体管 Q4 的 b 极+e 极对地放电。放电时间和电容 C3 的容量、电阻 R10 的阻值成正比,即电路的时间常数 $\tau = R10 \times C3 = 470K \times 100\nu = 47$ 秒。

当 C3 放电结束后,V5 由于基极电压降低而截止,Q5 截止,可控硅无触发电流而关断,切断供电电路,电灯熄。

控制电源采用电容降压式,可省去一个电源变压器,C5 是降压电容,D5 为半波整流,D4 是交流电的反向回路,D2 为稳压二极管,R15 是 C5 的放电电阻,以免断电后,C5 上仍存贮有电荷。

6. 检测步骤与方法

(1)按图装接好电路:由于实训时,为考虑安全,并不是直接接到 AC220V 的电源上,而是接到 AC12V 电源上,电路见后面。

(2)接通电源后,集成稳压输出应有约 5V 的直流电压。

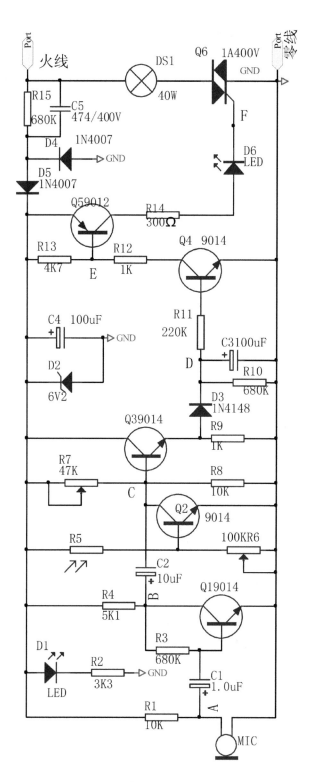

图 6.3.2 声光双控延时节能灯

(3)用示波器接至 Q1 的 C 极观察,应有杂波,是环境杂音经 MIC 拾音放大而成,如无杂波,应检查这级电路静态工作点,再对应检查。

（4）当环境杂音大时,C3 电容处电压上升,使 Q4、Q5 导通,双向可控硅也触发导通,小灯泡发光。

（5）以上正常后,再装上光敏电阻,在白天情况下,Q1 的 C 极杂波因 Q2 的导通而基本消失,当遮盖住光敏电阻时,Q1 的 C 极上杂波又恢复。白天时,小灯泡是不能发光的。

7. 元器件清单

表 6.3.2

IC:7805
双向可控硅:1A/400V
小灯泡:12V
电阻:10K＊2,1K＊2,200,220K,3K3,4K7,5K1,680K＊2
电位器:100K,47K
二极管:1N4007＊5
LED＊2
电容器:470μF,100μF＊2,10μF,1μF
话筒:驻极体
三极管:9014＊4,9012
光敏电阻

8. 思考题

（1）用万用表测量 A、B、C、D、E、F 处当灯泡亮与不亮时的电压值。

（2）图 6.3.2 中 Q1、Q2、Q3、Q4、Q5 工作于什么状态?

（3）以前图参数的电容降压式电路,计算通过 D5 的整流电流。

（4）图 6.3.2 中的 D4 作用是什么? 能否去掉,为什么?

9. 实训报告内容

（1）实训内容、目的、器材;

（2）电路原理说明,元件清单介绍;

（3）调试方法,性能指标检测结果,维修过程及结果的说明;

（4）实训总结（包括收获、感想和建议）。

6.3.2 项目二 1W 扩音机

【知识点准备】

● 多级放大器的应用;

● 频带的要求与参数调整;

● 放大电路输入阻抗,输出阻抗的配置;

● 音频控制电路对输入信号高、低音的提升和衰减;

● 功率放大器的输出功率、非线性失真系数等指标的调整。

1. 设计要求

采用分立元件、运算放大集成电路和音频功率放大集成电路设计一个对音频输入信号具有放大功能的扩声电路。其要求如下:

(1)额定输出功率:$P_0 \geqslant 1W$

(2)负载阻抗:$R_L = 4\Omega$

(3)频率响应:在无高低音提升或衰减时,$f_L \sim f_H = 80 \sim 6000Hz(-3dB)$

(4)音频控制范围:低音 $100Hz \pm 12dB$;高音 $10KHz \pm 12dB$(以 1KHz 为 0dB 时)

(5)非线性失真度:$r \leqslant 1.0\%$

(6)输入灵敏度:$V_i < 10mV$(增加)

2. 需求分析

扩声电路实际上是一个典型的多级放大器。其原理如图 6.3.3 所示。前置放大主要完成对小信号的放大,一般要求输入阻抗高,输出阻抗低,频带要宽,噪声要小;音频控制主要实现对输入信号高、低音的提升和衰减;功率放大器决定了整机的输出功率、非线性失真系数等指标,要求效率高、失真尽可能小、输出功率大。设计时首先根据技术指标要求,对整机电路做出适当安排,确定各级的增益分配,然后对各级电路进行具体的设计。

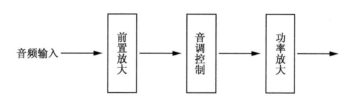

音频输入 →〔前置放大〕→〔音调控制〕→〔功率放大〕→

图 6.3.3 项目总体框图

3. 模块原理及设计

(1)前置放大器的设计

由于话筒提供的信号非常弱,一般在音调控制级前加一个前置放大器。考虑到设计电路对频率响应及零输入时的噪声、电流、电压的要求,前置放大器选用由 PNP 晶体三极管构成的共集电极放大电路(射极跟随器)。

(2)音调控制器的设计

音调控制器是控制、调节音响放大器输出频率高低的电路,其控制曲线如图 6.3.4 中折线所示。

图中,$f_o = 1KHz$——中音频率,要求增益 $A_{uo} = 0dB$;

$f_{L1}=1KHz$——低音转折频率，一般为几十赫兹；

$f_{L2}=10f_{L1}$——中音频转折频率；

$f_{H1}=1KHz$——中音频转折频率；

$f_{H2}=10f_{H1}$——高音频转折频率，一般为几十千赫兹。

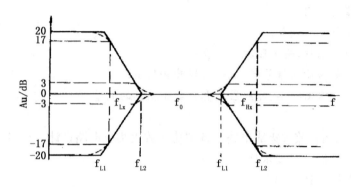

图 6.3.4

从图 6.3.4 中可见，音调控制器只对低音频或高音频进行提升或衰减，中音频增益保持不变，音调控制器由低通滤波器和高通滤波器共同组成。项目中采用集成运放构成音调控制器。

(3)功率输出级的设计

功率输出级电路结构有许多种形式，选择由分立元器件组成的功率放大器或单片集成功率放大器均可。为了巩固在电子线路课程中所学的理论知识，这里选用集成运算放大器组成的典型 OCL 功率放大电路。

4. 安装与电路调试

(1)直流工作点测量

$V_{cc}=12V$，测 9014、324、820 各管脚静态工作点。

(2)最大输出功率测量

$u_i=5\sim30mV$，$f=1KHz$，$R_L=8\Omega$

$P_{max}=V_L^2/R_L$，要求 $P_{max}\geqslant1W$

(3)幅频特性曲线

$u_i=5mV$

f									
V_L									
Av									
lgf									

(4)音调控制特性曲线

$u_i=5mv$ 测高音提升，高音衰减，低音提升，低音衰减（调整 Rw1，Rw2 得到）。

【提升】

f									
V_L									
Av									
lgf									

【衰减】

f									
V_L									
Av									
lgf									

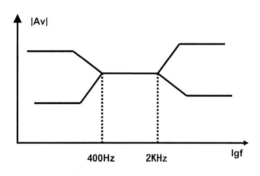

图 6.3.5　音频特性图

(5)失真度测量

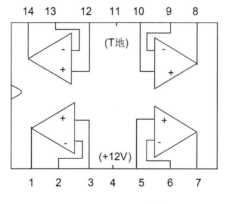

图 6.3.6　LM324 管脚图

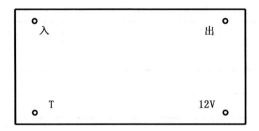

图 6.3.7 万能板

5. 元器件清单

表 6.3.3

编　号	名　　称	型　　号	数　量
1	三极管	9014	1
2	芯片	LM324(14 脚)及管座	1
3	芯片	TBA820(8 脚)及管座	1
4	电位器 WS20	150kΩ	2
5	电位器 WS1	47kΩ	1
6	电容 C	470uf	1
7	电容 C	220uf	1
8	电容 C	100uf	4
9	电容 C	10uf	6
10	电容 C	1000p(102)	1
11	电容 C	200p(201)	1
12	电容 C	120p(121)	1
13	电容 C	0.22u(224,22J)	1
14	电容 C	0.1u(104)	1
15	电容 C	0.022u(223)	2
16	电阻 R	100kΩ	3
17	电阻 R	51kΩ	5
18	电阻 R	30kΩ	1
19	电阻 R	20kΩ	3
20	电阻 R	10kΩ	2
21	电阻 R	8.2kΩ	1
22	电阻 R	1kΩ	1
23	电阻 R	200Ω	1

编　号	名　　称	型　　号	数　量
24	电阻 R	100Ω	1
25	电阻 R	56Ω	1
26	电阻 R	3Ω	1
27	电阻 R	8Ω(2W)	1
28	接线柱	红,黑	各2个
29	万能板		1块
30	锡		1根
31	导线	红,黑	各1

6. 思考题

(1)电路设计可以改进的地方是什么?

(2)哪些元器件可以被替换?

7. 实训报告内容

(1)实训内容、目的、器材;

(2)电路原理说明,元件清单介绍;

(3)调试方法,性能指标检测结果,维修过程及结果的说明;

(4)实训总结(包括收获、感想和建议)。

6.3.3 项目三 直流稳压电源电路设计实现

【知识点准备】

● 降压电路的典型功能与应用；

● 整流电路的功能要求与相关主要元件的选型；

● 滤波电路的参数与元件选型；

● 稳压电路功能的实现与主要元件的选型。

1. 设计要求

(1)输出电压:固定、可调(调节范围)

(2)输出通道数:1 路或多路

(3)通道输出最大电流:I_{OM}

(4)纹波电压:交流成分的峰峰值 ΔV_{OP-P}

(5)稳压系数:$S_V = \dfrac{\Delta V_O \times V_I}{\Delta V_I \times V_O} \times 100\%$(又称电压调整率)

(6)负载调整率$= \dfrac{V_{OM} - V_{OL}}{V_{OH}} \times 100\%$($V_{OM}$、$V_{OL}$、$V_{OH}$ 分别表示最大输出电压、最小输出电压和半载输出电压)

(7)保护功能:过压保护、过流保护等

(8)显示功能:显示输出电压、输出电流、设置及保护信息等

2. 方案论证

(1)电路类型选择:线性稳压电源,开关稳压电源。

(2)电路原理框图如图 6.3.8 所示。

图 6.3.8 直流稳压电源原理框图

3. 需求分析

(1)变压器选型

①稳压电路输入电压 V_i 的确定

$$V_{omax} + (V_i - V_o)_{min} \leqslant V_i \leqslant V_{omin} + (V_i - V_o)_{max}$$

可求出 V_i 的取值范围,由此可以确定变压器副边绕组的电压 V_2。考虑到成本和稳压电路的功耗,一般取下限值。

②变压器功率的确定

根据稳压电路的最大输出电流 I_{OM} 确定变压器副边电流取 I_2,变压器的副边输出功率 $P_2 \geqslant V_2 * I_2$,取变压器的效率 $\eta = 0.7$,则原边输入功率 $P_1 > P_2/\eta$。为留有余量,一般向上取系列值选择变压器的功率。例如 $P_1 > P_2/\eta = 17.5W$,可取 $P_1 = 20W$。

(2)整流二极管选型

①整流二极管 V_{RM} 的确定

对于半波整流和桥式整流电路,整流二极管 D 的 V_{RM} 应大于 $\sqrt{2} V_2 \times 1.1$,一般情况下选择 $V_{RM} \geqslant (1.6 \sim 2)V_2$。

对于全波整流电路,整流二极管 D 的 $V_{RM} \geqslant 2 * (1.6 \sim 2)V_2$。

②整流二极管正向电流 I_F 的确定

对于桥式整流电路和全波整流电路,取 $I_F = I_{OM}$ 即可,对于半波整流 $I_F \geqslant (1.5 \sim 2)I_{OM}$ 才能满足要求。

(3)滤波电容选型

①滤波电容 C 耐压值的确定

滤波电容 C 的耐压值可直接参照整流二极管 D 的 V_{RM} 值进行选择。

②滤波电容 C 容量的确定

滤波电容 C 可由纹波电压 ΔV_{op-p} 和稳压系数来确定。由式

$$S_V = \frac{\Delta V_O \times V_I}{\Delta V_I \times V_O} \times 100\%$$

得:

$$\Delta V_{IP-P} = \frac{\Delta V_{OP-P}}{V_O S_V} \times V_I$$

滤波电容 C 容量由下式确定:

$$C = \frac{\Delta Q}{\Delta V} = \frac{I_{OMAX} \times T}{\Delta V_{IP-P}}$$

式中 T 为整流输出纹波的周期,单位为 μF。电容 C 一般向上取系列值。为了达到更好的滤波效果,电容 C 通常采用多个不同容量从电容并联。

(4)稳压集成电路选型

首先是电压,包括输入电压范围要能满足你的系统提供的电源范围,输出电压要符合设计要求。

其次是电流,IC 的最大输出电流要大于 I_{OM},一般要有 20%～50% 的余量。

最后考虑电路是否有特殊要求:

①对纹波比较敏感的模拟电路,尽量用线性稳压芯片,但是效率低;用 DC－DC 稳压芯片效率高,纹波要大一些,滤波上要特别注意。

②需要多路电压输出,可采用多芯片串联连接方法,但第一级稳压电路参数计算要考虑所有负载的总电流需求。

(5)输出电压调整电位器选型

输出电压可调电位器的选择,一般稳压 IC 的手册中均有提供计算公式,例如 LM317 的典型应用电路如图 6.3.9 所示。

其中 R_2 是调节电位器,其计算公式如下:

$$V_O = \left(1 + \frac{R_2}{R_1}\right) \times 1.25V$$

$$R_2 = \frac{R_1 V_O}{1.25} - R_1$$

当 R_1 确定后,将 V_O 的最小值和最大值代入上式,即可计算出 R_2 的取值范围,一般取 $\geqslant$ R_2 的上限值。该电位器最好选择精密线绕多圈电位器,以提高调节精度。

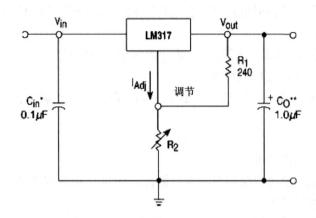

图 6.3.9 LM317 典型应用电路

用 LM117 构成的输出电压可调直流稳压电源,输出电压调整范围 1.25~18V,输出电流 1A。具体电路如图 6.3.10 所示。

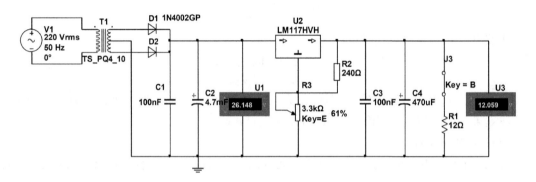

图 6.3.10 LM117 构成的输出电压可调稳压电源

4. 模块原理及设计

(1)实验原理

①直流稳压电源

直流稳压电源是一种将 220V 工频交流电转换成稳压输出的直流电的装置,它需要变压、整流、滤波、稳压四个环节才能完成。一般由电源变压器、整流滤波电路及稳压电路所组成,基本框图如图 6.3.11 所示。

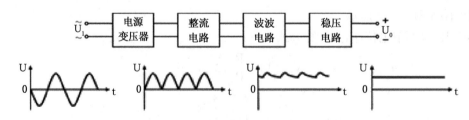

图 6.3.11 直流稳压电源的原理框图和波形变换

其中:

电源变压器:是降压变压器,它将电网 220V 交流电压变换成符合需要的交流电压,并送给整流电路,变压器的变比由变压器的副边电压确定,变压器副边与原边的功率比为 $P_2/P_1=n$,式中 n 是变压器的效率。

整流电路:利用单向导电元件,把 50Hz 的正弦交流电变换成脉动的直流电。

滤波电路:可以将整流电路输出电压中的交流成分大部分加以滤除,从而得到比较平滑的直流电压。滤波电路滤除较大的波纹成分,输出波纹较小的直流电压 U_1。

稳压电路:其工作原理是利用稳压管两端的电压稍有变化,会引起其电流有较大变化这一特点,通过调节与稳压管串联的限流电阻上的压降来达到稳定输出电压的目的。稳压电路的功能是使输出的直流电压稳定,不随交流电网电压和负载的变化而变化。

②整流电路

常采用二极管单相全波整流电路,电路如图 6.3.12 所示。在 u_2 的正半周内,二极管 D_1、D_2 导通,D_3、D_4 截止;u_2 的负半周内,D_3、D_4 导通,D_1、D_2 截止。正负半周内部都有电流流过的负载电阻 R_L,且方向是一致的。电路的输出波形如图 6.3.13 所示。

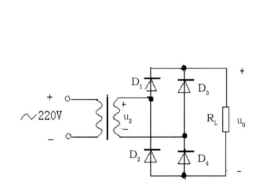

图 6.3.12　整流电路

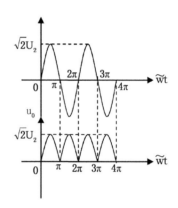

图 6.3.13　输出波形

通电压降低,导通电流高,泄露电流低,过载电流高,成本低等优点,其基本参数如图 6.3.14 所示,有黑色线圈一端表示负极。

③滤波电路

经过整流后的直流电幅值变化很大,会影响电路的工作性能。可利用电容的"通交流,隔直流"的特性,在电路中并入两个并联电容作为电容滤波器,滤去其中的交流成分。利用电容器两端的电压不能突变和流过电感器的电流不能突变的特点,将电容器和负载电容并联或电容器与负载电阻并联,以达到使输出波形基本平滑的目的。选择电容滤波电路后,直流输出电压:$U_{o1}=(1.1\sim1.2)U_2$。直流输出电流:$I_{o1}=I_2/(1.5\sim2)$(U_2 是变压器副边电压的有效值,I_2 是变压器副边电流的有效值)。

④稳压电路

集成串联型稳压电路有三个引脚,分别为输入端、输出端和公共端,因而称为三端稳压器。按功能可分为固定式稳压电路和可调式稳压电路;前者的输出电压不能进行调节,为固定值;后者可通过外接元件使输出电压得到很宽的调节范围,便于实时控制。

项目实现输出固定+15V 输出直流电压时采用集成三端稳压 7815。X78XX 系列是三端

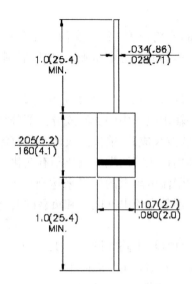

图 6.3.14　1N4007 基本参数

正电源稳压电路,它的封装形式为 TO-220。它有一系列的固定电压输出,应用广泛。每种类型由于内部电流的限制以及过热保护和安全工作区的保护,使它基本不会损坏。7815 可输出 +15V 电压。其参数及引脚如表 6.3.4 和图 6.3.15 所示。

表 6.3.4　　　　　　　　　　　　　　　　**X7815 电参数**

（除特别说明,$0 < T_j < 125℃$,$I_o = 500mA$,$V_i = 23V$,$C_i = 0.33\mu F$,$C_o = 0.1\mu F$）

参数	符号	测试条件	最小值	典型值	最大值	单位
输出电压	V_O	$T_j = 25℃$	14.4	15.0	15.6	V
		$5.0mA < I_o < 1.0A$,$P_o < 15W$ $V_i = 17.5V$ to 30V	14.25	15	15.76	V
线性调整率	ΔV_O	$T_j = 25℃$,$V_i = 17.5V$ to 30V		11	300	mV
		$T_j = 25℃$,$V_i = 20V$ to 26V		3	150	mV
负载调整率	ΔV_O	$T_j = 25℃$,$I_o = 5.0mA$ to 1.5A		12	300	mV
		$T_j = 25℃$,$I_o = 250mA$ to 750mA		4	150	mV
静态电流	IQ	$T_j = 25℃$		5.2	8	mA
静态电流变化率	ΔIQ	$I_o = 5mA$ to 1.0A			0.5	mA
		$V_i = 18V$ to 305V			0.8	mA
输出电压温漂	$\Delta V_O / \Delta T$	$I_o = 5mA$		1		mV/℃
输出噪音电压	VN	$f = 10Hz$ to 100KHz,$T_a = 25℃$		90		μV
纹波抑制比	RR	$f = 120Hz$,$V_i = 18.5V$ to 28.5V	54	70		dB
输入输出电压差	V_O	$I_o = 1.0A$,$T_j = 25℃$		2		V
输出阻抗	R_O	$f = 1KHz$		19		$m\Omega$
短路电流	Isc	$V_i = 35V$,$T_a = 25℃$		250		mA
峰值电流	Ipk	$T_j = 25℃$		2.2		A

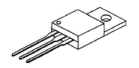

TO-220

图 6.3.15　7815 引脚图

7815 标准应用如图 6.3.16 所示。

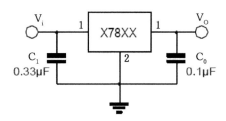

图 6.3.16　7815 标准应用

　　项目实现输出＋1.2V～＋12V 可调电压时采用可调式三端稳压器 LM317。LM317 可调式三端稳压器在输出电压范围 1.2 伏到 37 伏时能够提供超过 1.5 安的电流,有三个引出端,分别为输入端、输出端和电压调整端(简称调整端)。调整端是基准电压电路的公共端,其典型值为 1.25V。LM317 可调式三端稳压依靠外接电阻来调节输出电压的,为保证输出电压的精度和稳定性,要选择精度高的电阻,同时电阻要紧靠稳压器,防止输出电流在连线上产生误差电压。LM317 引脚图如图 6.3.17 所示。

T后缀
塑料封装
外壳221A

散热器表面连接
到引脚2

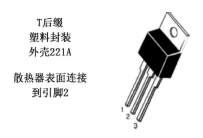

管脚：1. 调节
　　　2. V_{out}
　　　3. V_{in}

图 6.3.17　LM317 引脚图

　　LM317 标准应用如图 6.3.18 所示。电路中的 R_1、R_2 组成可调输出的电阻网络。为了能使电路中的偏置电流和调整管的漏电流被吸收,所以设定 R_1 为 120～240 欧姆。通过 R_1 泻放的电流为 5～10mA。

　　⑤单相变压器

　　变压器是利用电磁感应的原理来改变交流电压的装置,主要构件是初级线圈、次级线圈和

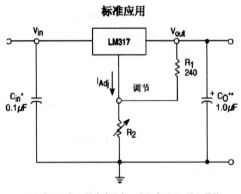

图 6.3.18 LM317 标准应用

铁心(磁芯)。在电器设备和无线电路中,常用作升降电压、匹配阻抗,安全隔离。

(2)实验线路

图 6.3.19 为+15V 固定稳压电源的线路图。采用三端式稳压器 7815 构成单电源电压输出串联型稳压电源,220V 的市电经变压器变压后变成电压值较小的交流,再经桥式整流电路和滤波电路形成直流。滤波电容 C1 一般选取几百~几千微法。当稳压器距离整流滤波电路比较远时,在输入端必须接入电容器 C2(数值为 0.33μF),以抵消线路的电感效应,防止产生自激振荡。输出端电容 C3(0.1μF)用以滤除输出端的高频信号,改善电路的暂态响应。

图 6.3.19 为+1.2~+12V 可调稳压电源的线路图。输入电容器 C1 用于抑制纹波电压,输出电容器 C2 用于消震,缓冲冲击性负载,保证电路工作稳定,调节滑动变阻器的阻值即可得到相应的电压。

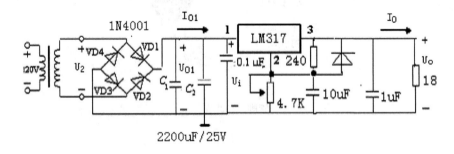

图 6.3.19 +1.2~+12V 可调稳压电源线路图

5. 安装与电路调试

(1)根据搭接的仿真原理图领取相应的电阻电容等元器件,根据原理图以及芯片引脚图布置电路结构,同时注意走线平整、美观。

(2)开始焊接电路,按照布局好的电路焊接。焊接时需要注意:

①电解电容的极性不能接反,否则要爆炸。

②凡电路板上要流过较大电流的连线,都要换上线径稍粗的导线。

由于实验室提供变压器(二次侧 2 * 15V)和假负载(0~50Ω/2A 的可调电阻 RW 和防止调节不慎而限流保护的电阻 R),接线图如图 6.3.20 所示。

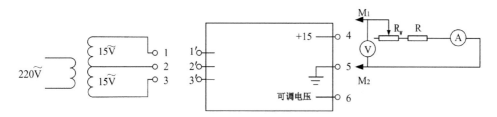

图 6.3.20　接线图

在电路板上分别焊接大电流三针接线座子,1′、2′、3′和④、⑤、⑥。在 1′－2′间焊接整流桥,3′悬空,以便与变压器二次侧的一组 15V 引出线相连。

③焊接完成后,使用万用表测试焊点是否牢固,防止虚焊。将万用表调至蜂鸣档,用两个探针接触整流桥正端引脚与 1000uF 电容正端,发出蜂鸣声说明焊点牢固,其余焊点之间也同样测试。

④焊接完毕后开始测试并记录实验数据。

调试步骤:

首先,测试输出电路能否实现相应功能。

将变压器接到大电流三针接线座子 1′、2′、3′上,测＋15V 输出④与参考地⑤的电压是否为一固定输出 15V。测可调电压⑥与参考地⑤的电压能否按要求可调?

其次,测试输出电流是否≥500mA。

将变压器接到大电流三针接线座子 1′、2′、3′上,将＋15V 输出④与一可变电阻相连,并串联一电流表,电流表负端接参考地⑤,测量电流能否输出 0~0.5A。

同样方法测试＋1.2V～＋12V 连续可调的直流稳压电源电路。

实验设备:

实验时所用的仪器设备如表 6.3.5 所示。

表 6.3.5　　　　　　　　　　　　　　实验设备

序　号	设　备	数　量
1	变压器(二次侧 2 * 15V)	1
2	假负载(0~50Ω/2A 的可调电阻 R_W 和防止调节不慎而限流保护的电阻 R)	1
3	数字万用表	2
4	镊子	1
5	剪刀	1
6	导线	若干
7	洞洞板	1

序　号	设　备	数　量
8	电烙铁	1
9	焊锡丝	若干
10	一字起	1

6. 元器件清单

表 6.3.6　　　　　　　　　　　　元器件清单

序　号	元器件	数　量
1	三端稳压器 7815	1
2	三端稳压器 LM317	1
3	整流桥	1
4	1000uF 电容	1
5	0.33uF 电容	3
6	10uF 电容	1
7	散热片	2
8	2k 可调电阻	1
9	120 欧电阻	1
10	大电流三针接线座子	2

7. 实训总结与思考

(1)焊接过程中遇到了哪些问题？你是如何解决的？

(2)焊接完成后调试是否成功？如果没有成功,问题出在哪里？你又是如何解决的？

(3)通过本项目实训你掌握了哪些技能?

(4)心得体会及其他。

8. 实训报告要求

(1)书写规范,版面整洁。

(2)做好实训总结,回答思考题,写出心得体会。

(3)不准相互抄袭实训报告。

(4)按照教师指定的时间完成并上交实训报告。

6.4 数字电路课程设计

6.4.1 项目一 数字电子钟的设计

1. 设计要求

(1)基本要求

①时间以 24 小时为计时周期并显示时、分、秒;

②对"时"及"分"进行单独校时功能;

③具有整点报时功能,整点前 10 秒蜂鸣报时。

(2)扩展要求

①具有 12/24 小时计时周期的切换功能;

②具有高精度计时性能,每天误差<1s;

③具有 AC200V 供电功能。

2. 需求分析

根据设计要求的说明可知,数字钟是一种用数字电路技术实现时、分、秒计时的装置,它的计时周期为 24 小时或 12 小时,显示满刻度为 23 时 59 分 59 秒或者 11 时 59 分 59 秒,实际上即是一个对标准频率(1Hz)进行计数的计数电路,因此需要能产生标准频率的秒脉冲电路和计数电路。要实现 12/24 小时计时周期的切换功能则需要设计选择控制电路,由于计数的起始时间不可能与标准时间(如北京时间)一致,故需要在电路上加一个校时电路,为了提醒人们注意时间,所以需要加上整点报时电路以及整点前 10 秒蜂鸣报警电路。

3. 方案论证

根据设计要求和需求分析可知,满足设计要求的系统框图如下图 6.4.1 所示。

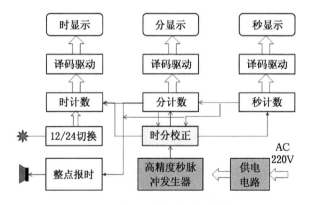

图 6.4.1 满足设计要求的系统框图

本电路的设计由两部分完成,第一部分是主体电路完成多功能数字钟的主要功能,包括振荡器、分频器、计数器和译码显示电路;第二部分是扩展电路完成校时、多功能数字钟的整点报时功能和 24/12 时时转换功能。具体方案介绍如下:

(1)振荡器的设计

秒脉冲发生器(或称振荡器)是数字电子钟的核心,其作用是产生一个频率标准,即时间标准信号,然后再由分频器生成秒脉冲,所以,振荡器频率的精度和稳定度就基本决定了数字电子钟的准确度。从数字电子钟的精度考虑,振荡频率越高则计数精度越高,但这也会使振荡器的耗电量增大,分频器级数增多。所以在确定频率时应考虑到这两方面的因素再选择器材。如果精度要求不是很高,可以采用由集成电路定时器555与R、C组成的多谐振荡器。如果要产生高精度的秒脉冲,则可以选用石英晶体振荡器,可保证数字钟的走时准确及稳定。

(2)分频电路的设计

分频电路的功能主要有两个:一是产生标准秒脉冲信号;二是提供功能扩展电路所需的信号。因振荡器产生的输出频率很高,要使它变成用于计时的秒信号,就需要进行若干级的分频,分频器的级数和每级分频次数要根据振荡器产生的输出频率来决定。实现分频器的电路实际就是个计数器电路。

方案一:采用常见的中规模集成电路计数器。

如果振荡器为定时器555与R、C组成的输出频率为1KHz的多谐振荡器,此时应考虑将1KHz分频为1Hz。可采用常见的中规模集成电路计数器级联来实现(74LS90/74LS160/74LS161/CD4518BD),例如可采用3片异步二－五－十进制加法计数器74LS90进行分频。

方案二:采用CD4060芯片。

CD4060是14级二进制串行计数/分频器,在数字集成电路中可实现的分频次数最高,而且它还包含振荡电路所需的非门,使用更为方便。例如,若将32768Hz的振荡信号分频为1Hz,则分频倍数为2^{15},即实现该分频功能计数器相当于15级的2进制计数器。这时就可以用一个14级2进制计数器(CD4060)和一个1级2进制计数器(74LS74/74LS112/CD4027/CC4518/CD4013)来实现。该方案的不足在于,在Multisim仿真中,CD4060仿真不了。

(3)计数器电路的设计

计数器电路用来完成60秒60分及24小时或12小时的计数工作,且秒计数器的进位脉冲作为分计数器的输入秒脉冲,分计数器的进位脉冲作为小时计数器的输入脉冲。"秒""分"信号产生电路由六十进制计数器构成,"时"信号产生电路由二十四进制或十二进制计数器构成,它们都可以用两个常见中规模集成电路十进制计数器来实现,常见的实现方案参考如下:

方案一:采用74LS系列芯片。

由于74LS系列当中没有六十进制的计数器,故只能采用多片计数器(74LS160/74LS161/74LS160/74LS90)级联组成任意进制计数器的方式构成数字钟中的六十进制计数器和二十四进制或十二进制计数器。例如,可选用同步十进制芯片74LS160实现"时"、"分"、"秒"电路。

方案二:采用CD4518双BCD十进制同步加计数器。

CD4518是一双BCD十进制计数器,它含有2个独立的计数单元,有2个计数脉冲输入端,上升沿触发端CP和下降沿触发端EN,若用CP来触发,则EN接高电平,且为上升沿触发;若用EN来触发,则CP接低电平,且为下降沿触发;有4个输出端QD～QA,1个清零端。

由于一片的CD4518内含有两个十进制计数器,因此用一片CD4518就可以构成六十进制或二十四进制计数器了。因此,从芯片数量上来考虑,该方案优于方案一。

(4)译码驱动及显示电路

当数字钟的计数器在时钟脉冲的作用下,按60秒为1分、60分为1小时、24小时为1天的计数规律计数时,就应将其显示清晰的数字符号。这就需要将计数器的状态进行译码并将其显示出来,因此需 6 个数码管来显示。

数码管有共阳极数码管和共阴极数码管之分,且 LED 显示译码器根据数码管的共阳极和共阴极两种结构也可分为低电平输出有效和高电平输出有效两种。因此显示电路这里,要选择相搭配的译码驱动和数码管。例如,共阳极数码管需要搭配输出低电平有效的译码器去驱动,共阴极数码管需要搭配输出高电平有效的译码器去驱动。

(5)校时电路

当重新接通电源或走时出现误差时都需要对时间进行校正。通常,校正时间的方法是:首先截断正常的计数通路,然后再进行人工触发计数或将频率较高的方波信号加到需要校正的计数单元的输入端,校正好后,再转入正常计时状态即可。根据要求,数字钟应具有分校正和时校正功能,因此,应截断分个位和时个位的直接计数通路,并采用正常计时信号与校正信号可以随时切换的电路接入其中。且在实际使用时,须对开关的状态进行消除抖动处理。通常采用的方法是基本 RS 触发器构成开关消抖动电路。

(6)整点报时电路

一般时钟都应具备整点报时电路功能,即在时间出现整点前数秒内,数字钟会自动报时,以示提醒。其作用方式是发出连续的或有节奏的音频声波,例如模仿广播整点报时的声音,较复杂的也可以是采用音乐片集成电路进行音乐提示(KD-482H 等)。

(7)12/24 小时计时周期的切换功能电路

12/24 小时计时周期的切换功能,可利用 JK 触发器(74LS76)改接的 T 触发器来实现。利用 T 触发器随输入信号 T 取值不同具有保持和翻转的功能,发出具有反转功能的脉冲波控制实现 12 与 24 的实时转换并在 12 时显示上下午。且上下午的显示,可利用发光二极管亮与灭来加以区别。

4. 各模块原理及设计

(1)秒脉冲发生电路

①采用集成电路定时器 555 与 R、C 组成的多谐振荡器构成的秒脉冲发生器

多谐振荡器是能产生矩形波的一种自激振荡器电路,由于矩形波中除基波外还含有丰富的高次谐波,故称为多谐振荡器。多谐振荡器没有稳态,只有两个暂稳态,在自身因素的作用下,电路就在两个暂稳态之间来回转换。故又称它为无稳态电路。

图 6.4.2 所示的为用 555 定时器接成的多谐振荡器。由于接通电源瞬间,电容 C 来不及充电,电容器两端电压 U_C 为低电平,小于 $(1/3)V_{CC}$,故高电平触发端与低电平触发端均为低电平,输出 U_O 为高电平,三极管 V_T 截止。这时,电源经 R_1,R_2 对电容 C 充电,使电压 U_C 按指数规律上升,当 U_C 上升到 $(2/3)V_{CC}$ 时,输出 U_O 为低电平,三极管 V_T 导通。把 U_C 从 $(1/3)V_{CC}$ 上升到 $(2/3)V_{CC}$ 这段时间内电路的状态称为第一暂稳态,其维持时间 T_{PH} 的长短与电容的充电时间有关。其电路的电压波形如图 6.4.3 所示。

这里,电容 C 的充电时间 T_1 和放电时间 T_2 见公式(i)和(ii):

$$T_1 = (R_1 + R_2)Cln2 \qquad\qquad (i)$$
$$T_2 = R_2Cln2 \qquad\qquad (ii)$$

故电路的振荡周期为:

$$T = (R_1 + 2R_2)Cln2 \qquad\qquad (iii)$$

采用集成电路 555 定时器与 RC 组成的秒脉冲发生器电路如图 6.4.4 所示,其中取电阻为千欧级,电容 0.01uF 到 0.1uf,代入公式(iii)计算可得 T=1ms,即频率为 1KHz,再经过 3

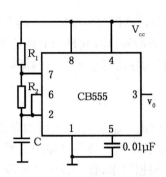

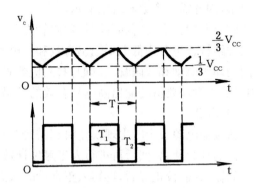

图 6.4.2 用 555 定时器接成的多谐振荡器　　　图 6.4.3　电压波形图

片异步二－五－十进制加法计数器 74LS90 进行分频。

若参数选择合理时,也可以直接得到秒脉冲信号。

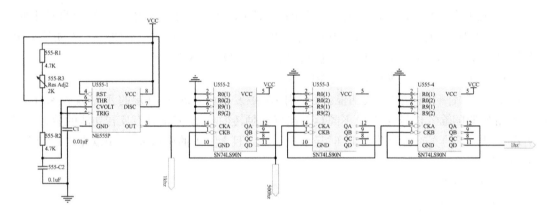

图 6.4.4　555 与 R、C 组成的多谐振荡器构成的秒脉冲发生器

②石英晶体振荡器构成的秒脉冲发生器

如果想要获得高的精度,就应该在振荡电路中使用石英晶体做振源。因为石英晶体具有压电效应,是一个电压器件,当交流电压加在晶体两端,晶体先随电压变化产生对应的变化,然后机械振动又使晶体表面产生交变电荷。当晶体几何尺寸和结构一定时,它本身有一个固定的机械频率。当外加交流电压的频率等于晶体的固有频率时,晶体片的机械振动最大,晶体表面电荷量最多,外电路的交流电流最强,于是产生振荡。因此将石英晶体按一定方位切割成片,两边加上电极,焊上引线,在用金属或玻璃外壳封装即构成石英晶体。石英晶体固有频率十分稳定。参考电路如图 6.4.5 所示,可以提供一个频率稳定准确的 32768Hz 的方波信号,并进行 14 及二分频,再外加一级 D 触发器(如电路是 CMOS 电路可采用 CD4013、如电路是 TTL 电路可采用 74LS74)二分频即可得到 1Hz 的标准秒脉冲,可保证数字钟的走时准确及稳定。注意,这里的晶体(crystal)是指无源晶振,无源晶振是有 2 个引脚的无极性元件,需要借助于时钟电路才能产生振荡信号,自身无法振荡起来。特别注意,电路中的 330k 电阻不能去掉,否则将影响输出频率的大小。

(2)时间计数电路

分和秒的计数器电路都是模为 60 的计数器。两片十进制 74LS160 计数器级联来构成六

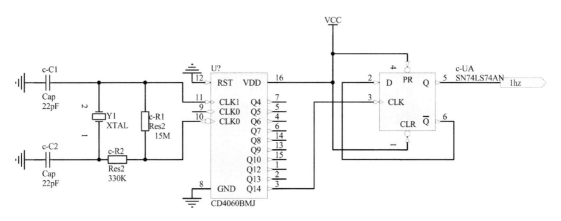

图 6.4.5 石英晶体构成的秒脉冲发生器

十进制计数器,根据 74LS160 的功能特性可知,它为异步清零,同步置数,所以,在构成六十进制计数器上有可以有采用异步清零法或者同步置数法来实现。级联方式也有串行进位和并行进位两种。例如,低位片 74LS160"秒个位"构成十进制,它的进位输出接至高位片"秒十位"的 CLK 端,采用置数法接成的六进制。当该位片计数器计成 5 以后,"秒十位"的进位输出信号为低电平,使 LD＝0,处于预置数工作状态,当第六个来自个位的进位脉冲到达时,计数器被置成 Q3Q2Q1Q0＝D3D2D1D0＝0000 状态,同时"秒十位"的进位输出信号跳变为高电平,使分计数器的个位计入"1"。参考电路如图 6.4.6 所示。

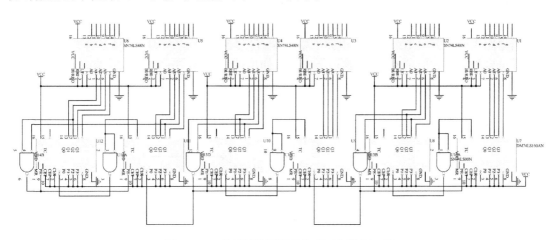

图 6.4.6 采用同步置数法构成时间计数电路

(3)译码驱动及数字显示电路

如图 6.4.7 所示为数码管显示电路,图中六个数码管分别显示"时"、"分"、"秒",选用的数码管为共阴极、七段数码管译码器驱动器为 74LS48 以及限流电阻为 470 欧,若为 CMOS 电路,七段数码管译码器驱动器可选 CD4511。同理,选用共阳极数码管,搭配七段数码管译码器驱动器 74LS47 或 74LS247,同样也可实现显示功能。

注:图中 6 片 74LS48 的 A0－A3 端分别接至计数器的四个输出端。

(4)校时电路的设计

根据要求,数字钟应具有分校正和时校正功能,即选择时校正时,拨动一次开关,小时自动

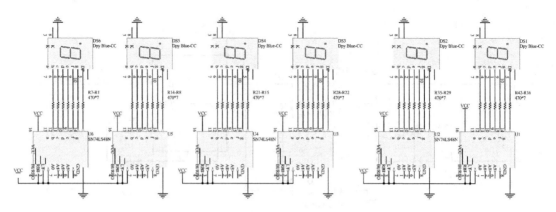

图 6.4.7　译码显示电路

加 1,选择分校正时,拨动一次开关,分自动加 1。因此,应截断分个位和时个位的直接计数通路,并采用正常计时信号与校正信号可以随时切换的电路接入其中。如图 6.4.8 所示的带消抖动的校时电路图中,FenClockInput 端与低位的向"分"进位信号相连;ShiClockInput 端与低位的向"时"进位信号相连;FenClockOutput 端与"分"的计时时钟信号相连;ShiClockOutput 端与"时"的计时时钟信号相连。开关 S5 为校时拨动开关,无论时校时还是分校时都需拨打该开关,每拨打一个来回,则在 RS 锁存器输出端产生一个稳定的下降沿,其功能能有效消除机械开关带来的抖动现象。当开关 S2 和 S3 都拨动到 3 脚时,选择分校时;当开关 S2 和 S3 都拨动到 1 脚时,选择时校时。若要正常计数,则开关 S3 拨动 1 脚,开关 S4 拨动到 3 脚,与开关 S2 断开即可。

若电路中去掉开关 S2,将消抖电路的输出端直接接至 S3 的 3 脚或者 S4 的 1 脚,则也可以独立分别控制分校时或时校时,该做法在于方便控制,不足在于两个消抖电路给电路增加了一些门电路数量。

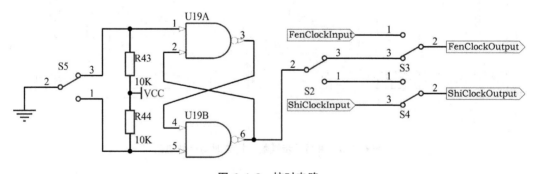

图 6.4.8　校时电路

(5)仿广播整点报时电路的设计

根据要求,电路可在整点前 10 秒钟内开始整点报时,即当时间在 59 分 50 秒到 59 分 59 秒期间时,报时电路报时控制信号。根据分析 50～59 秒之间秒个位的状态:

表 6.4.1

Q_3	Q_2	Q_1	Q_0
0	0	0	0
0	0	0	1
0	0	1	0
0	0	1	1
0	1	0	0
0	1	0	1
0	1	1	0
0	1	1	1
1	0	0	0
1	0	0	1

从表 6.4.1 中可知,秒个位的 Q_3' 与 Q_0 逻辑与后,正好在第 1、3、5、7 秒时产生高电平,而在第 0、2、4、6 秒时产生低电平,因此这可做低 4 声时的锁存信号。当秒个位 Q_3 与 Q_0 逻辑与后,正好在第 9 秒产生高电平,这可做高音的报时锁存信号。声音的高低音区分可通过不同的音频信号来控制。报时器件可选用 5V 的有源蜂鸣器或者喇叭来实现。

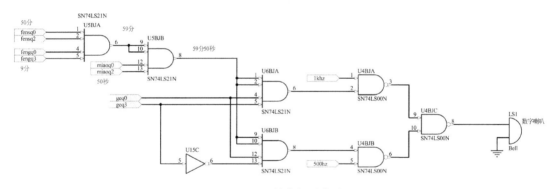

图 6.4.9　整点报时电路

(6)12/24 小时计时周期的切换功能电路

12 和 24 进制切换电路如图 6.4.10 所示,通过开关 S1 切换选择 12 进制或 24 进制的反馈清零信号。当开关 S1 拨动到 1 脚时,则选择显示 24 进制计时,同时将开关 S6 拨动到 1 脚,让发光二极管 DS7 灭了。当开关 S1 拨动到 3 脚时,则选择显示 12 进制计时,同时将开关 S6 拨动到 3 脚,此时,把 12 进制的清零信号送到 JK 触发器(74LS112)的 CLK 端,当计数器进行一次循环计数 2 时,JK 触发器将翻转一次,当 JK 触发器的 Q 端输出为 1 时,发光二极管发光,代表下午;当 JK 触发器的 Q 端输出为 0 时,发光二极管灭了,代表上午。

(7)总体电路设计

各个单元电路相应的输入输出端相连,组成整体电路。

如图 6.4.11 所示,该电路的时钟发生器由晶振产生,用 74ls74 作为 2 分频,得到 1Hz 的矩形波信号,即 2 作为计数器 U7(74ls160)的时钟输入信号。U7—U12 构成时分秒计数器。

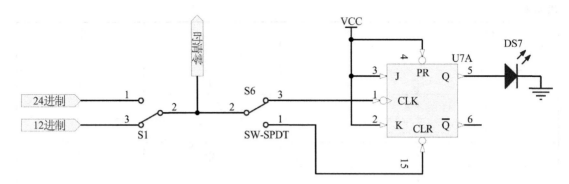

图 6.4.10 12/24 进制切换电路及上下午显示电路

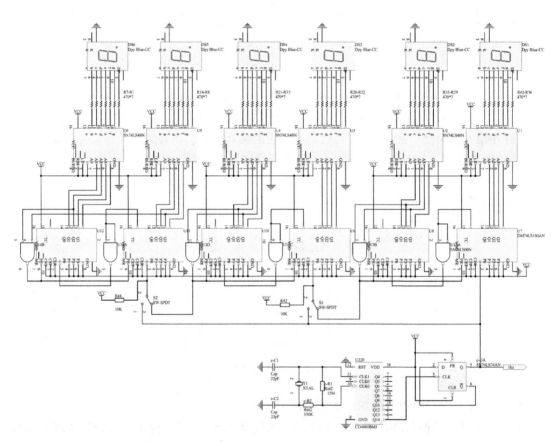

图 6.4.11 整体电路图

秒计数器和分计数器各由一个十进制计数器和一个六进制数串接而成,形成两个六十进制计数器。时计数器是由两个十进制计数器串接并通过反馈接成二十四进制计数器。秒脉冲信号经过 6 级计数器分别得到秒个位、秒十位、分个位、分十位以及时个位和时十位的计数。

U7－U8 两片 74LS160 组成 60 进制的秒计数器,U7 是秒个位,接成 10 进制,它的进位输出接至 U8 秒十位的 CLK 端,十位片采用置位法接成 6 进制,十位片的进位输出取自与非门 U13B。当十位记成 5 后,与非门 U13B 输出低电平,使 LD＝0,处于预置数工作状态。第六个来自个位的进位脉冲到达时,计数器被至成 $Q_3Q_2Q_1Q_0＝D_3D_2D_1D_0＝0000$ 状态,同时 U13B

输出跳变成高电平,使分计数器的个位计入一个"1"。

U9—U10两片74LS160组成60进制的分计数器,U9是分个位,U10是分十位,其接法和原理与秒计数器完全相同。

U11—U12两片74LS160组成24进制的分计数器,U11是时个位,接成10进制,以它的进位输出信号作为时十位的脉冲,当U14B输出低电平时,两片的复位端RD同时为低电平,两片计数器立即被置成0000状态。

译码器采用的是74ls48,是以高电平为输出信号,因此适合驱动共阴极的数码管。

校时电路采用的较为简单,电路中并没有添加上RS锁存器的模块,而是通过S1和S2两个开关来实现"时"、"分"的校准。如当前时间"时"需要校准时,只需将S1按下。"秒"脉冲信号通过按键S1接入时个位输入端CLK,实现"时"调节,校时完毕后,松开S1,回到正常计时状态。同样,需要调节时间"分"时,按下S2可实现"分"调节,完成调节后,将S2松开,回到正常状态。

5. 电路仿真

根据上述各模块的设计整体电路参考电路如下,不同的方案实现方式不一样,因此在实际设计过程中,可根据实际现有芯片器件重新整理设计,可通过以上提供的各个模块进行扩展和修改完成相应的功能需求。

实现基本功能电路图如图6.4.12所示,采用的是Multisim仿真软件,为了仿真效果,参数适当做了调整,比如数码管限流电阻可先省去,另外,1Hz的秒脉冲可以直接由函数发生器提供,便于仿真过程中的调试。

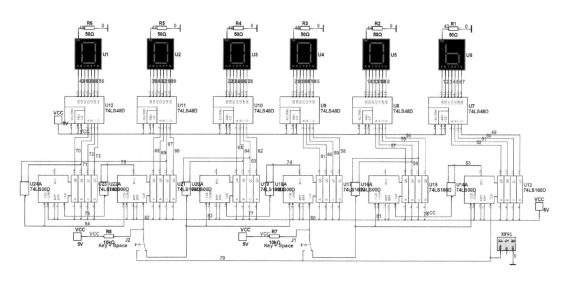

图6.4.12 Multisim仿真电路

6. 安装与电路调试

在进行整体电路连接之前,应对各模块电路进行逐一安装和调试。因此,建议学生在设计电路时,要对各模块预留测试接口。

(1)秒脉冲发生器的安装和调试

按电路图安装,用示波器观察74ls74的输出端的波形,观察其频率和周期。

(2)计数器的安装和调试

按电路图安装,验证"时"、"分"、"秒"计数电路是否为二十四进制和六十进制。调试时如果对分电路和时电路的验证时间过久,可以对用函数信号发生器产生出频率来验证。

(3)译码显示电路的安装与调试

按电路图安装,在安装之前,可以先对 7 段数码管进行检测,验证其 7 段发光二极管是否正常发亮。

(4)校时电路的安装与调试

按电路图安装,根据开关的不同状态,观察是否能对时电路和分电路进行手动加一。

7. 参考文献

[1]童诗白. 模拟电子技术基础[M]. 北京:高等教育出版社,2005.

[2]臧春华. 电子线路设计与应用[M]. 北京:高等教育出版社,2005.

[3]邱关源,罗先觉. 电路(第五版)[M]. 北京:高等教育出版社,2006.

[4]阎石. 数字电子技术(第五版)[M]. 北京:高等教育出版社,2005.

[5]张阳天,韩异凡. Protel DXP 电路设计[M]. 北京:高等教育出版社,2005.

8. 元器件清单

元器件	规 格	个 数
电阻	680	14
电阻	5.1K	1
电阻	10K	4
电阻	1K	4
电阻	100K	1
电阻	100	2
电阻	510K	1
电阻	3.3K	1
电阻	510	1
电解电容	10uF	3
电解电容	0.47uF	1
电解电容	100uF	1
瓷片电容	103	2
芯片	74LS74N	1
芯片	CD4511	2
芯片	74LS192N	2
芯片	NE555	2
管座	DIP8	2
管座	DIP16	4
管座	DIP14	1

6.4.2 项目二 交通指示灯的设计

1. 设计要求

(1) 基本要求

①设计制作一个十字路口的交通指示灯控制电路;

②东西方向绿灯亮,南北方向红灯亮,时间为 20s;

③南北方向绿灯亮,东西方向红灯亮,时间为 20s;

④通行和停止时间用数码管显示,采用倒计时方式,倒计时结束红绿灯自动变换。

(2) 扩展要求

①增设黄灯,红绿灯变换 3 秒前,黄灯处于闪烁状态,红绿灯变换后黄灯熄灭。顺序是绿灯点亮 20s→黄灯点亮 3s→红灯点亮 20s,不断循环。

②设计一个 AC—DC 电路,实现 AC 220V 交流电源供电。

2. 需求分析

根据设计要求的说明可知,南北路红灯和东西路绿灯总是同时点亮和熄灭,南北路绿灯和东西路红灯也总是同时点亮和熄灭,因此电路的输入控制端可以有 3 个状态,故不妨设 S1、S2、S3 三种状态,分别定义如下:

S1:东西方向绿灯亮,南北方向红灯亮,时间为 20s;

S2:南北方向绿灯亮,东西方向红灯亮,时间为 20s;

S3:黄灯闪烁 3 秒。

设想的电路结构如图 6.4.13 所示。

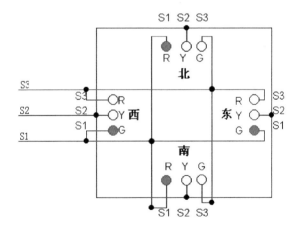

图 6.4.13 交通灯显示电路设想结构图

由设想电路和设定的状态可得出如表 6.4.2 所示的状态表,从表中可知,需 3 组输出端控制指示灯,指示灯东西南北 4 组,每组红绿黄三个灯。

表 6.4.2

主电路状态	S1—R	S1—G	S2—Y	S3—R	S3—G
S1	1	1			
S2			1		
S3				1	1
灯数	南北 R=2	东西 G=2	东南西北 Y=4	东西 R=2	南北 G=2

注:R、G、Y=红、绿、黄灯。

3. 方案论证

根据设计要求和需求分析可知,本课题主要有三大问题:一是 S1、S2、S3 三种状态如何来区别并控制;二是黄灯闪烁电路设计;三是倒计时显示电路设计。主体电路设计方案的选择具体如下:

【方案一】

(1)S1、S2、S3 使用 2 个 SR 锁存器,设置 00、01、10 三个状态,这三种状态恰恰对应电路中 S1、S2、S3 三种状态。

(2)黄灯闪烁的频率采用 D 触发器 74LS74 与外围元件构成脉冲发生器,用于产生脉冲信号。

(3)倒计时显示电路使用 4 个 JK 触发器,实现 4 位计数,另采用 2 个 CD4511 和 2 个七段数码管作为倒计时显示电路。

【方案二】

(1)由 D 触发器 74LS74 与外围元件构成单稳态电路,用于 S1、S2 状态切换(S1、S2 正好是相反的状态),D 触发器是边沿触发器,能够实现第 5、6 管脚同时转换,即东西路和南北路的同时变换。

(2)黄灯闪烁的频率可以采用 NE555 振荡电路实现,接收到控制端的信号,NE555 的第 4 管脚得电开始工作,第三脚即可输出脉冲信号,并且调整第二脚与第一脚间的电容或第二脚与第七脚间的电阻就可以改变闪烁频率。

(3)采用中规模集成电路十进制计数器作为倒计时控制器件,其输出端可直接作为信号灯变化信号。

两方案进行对比结果如表 6.4.3 所示:

表 6.4.3 方案对比

方案	项目	实现方法	优点	缺点
一	S1、S2、S3	2 个锁存器	简单	电平触发,与时钟信号不匹配、无法实现闪烁功能
	黄灯闪烁频率	触发器	信号稳定	价格较高、电路结构复杂
	计数显示电路	4 个 JK 触发器		复杂

续表

方案	项 目	实现方法	优 点	缺 点
二	S1、S2、S3	1个D触发器和1个简易脉冲信号发生器	边沿触发,与时钟信号匹配,控制精度高	
	黄灯闪烁频率	NE555简易信号发生器	成本低容易实现频率微调	脉冲信号精度稍差些
		石英晶体	脉冲信号精度高	成功相对较高
	计数显示电路	中规模集成电路十进制计数器	容易处理,可显示数值	

综合考虑,为使电路简化、运行稳定,选用方案二。

根据上述方案论证本课题的总体模块结构如图 6.4.14 所示。

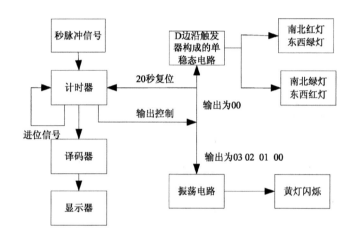

图 6.4.14 总体框图

4. 各模块原理及设计

(1)秒脉冲模块

在"数字钟设计"案例中已介绍过秒脉冲模块的实现方案有多种,可以由 555 定时器的多谐振荡器来实现,通过改变多谐振荡器电路中的电容和电阻参数来控制 555 定时器输出端的波形频率;如图 6.4.15 所示,为 555 定时器直接产生秒脉冲的电路图,该实现方便快捷,不足在于精度较低,秒脉冲的实现也可以采用精度较高的石英晶体,具体电路图参见《数字钟设计》案例这一小节。

如图 6.4.15 所示,当电路图中的 R1 和 R2 值改为:R1=R2=47K,C1=10uF 同样也可以输出 1Hz 矩形波。

(2)计时器模块

如图 6.4.16 所示,采用的是 2 个带预置数的十进制计时器 74LS192 构成 20 秒倒计时计时器。74LS192 是双时钟方式的十进制可逆计数器,要实现倒计时计数,因此要将 74LS192 连接为减计数计时器,此时的时钟输入端为 U2 和 U3 的 DOWN(4 引脚),U2 为十位片,则时钟输入端由个位片的借位输出端(13 引脚)提供,个位片的时钟输入端由秒脉冲提供,同时,复位输入端(14 引脚)无效接低电平、加计数时钟输入端(5 引脚)高电平。置数端(11 脚)正常倒

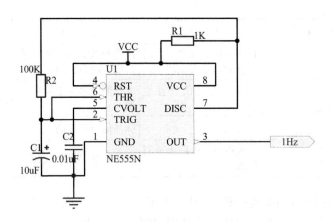

图 6.4.15　555 定时器产生秒脉冲

计时计数时为高电平但当计数到数码管显示为 00 时,红绿灯要交替,接下数码管应该重新被赋值为 20,开始新的一轮倒计时。

如何实现 20s 复位的功能呢? 如电路图所示,采用了借位输出端的控制办法,当倒计时数值变为 0 时,借位会输出低电平,所以只要个位和十位借位输出端都是 0,则意味着此时计数器为 00,即可实现数码管被重新赋值为 20 的状态。

电路图的工作原理:当计数器为 00 时,借位信号为 0,使得三极管 Q2 截止(Q2 的集电极为高电平)、三极管 Q1 导通(Q1 的集电极为低电平)导致 74LS192 的置数端低电平有效,产生重新置数。

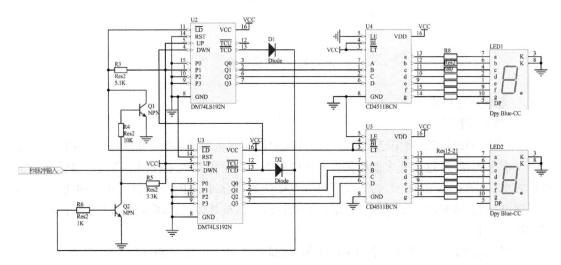

图 6.4.16　计数器模块电路

(3)显示模块

如图 6.4.17 所示为数码管显示电路,图中 2 个数码管分别显示秒的十位和秒的个位,采用 2 个 CD4511 作为译码器及限流电阻为 680 欧,将 74LS192 输出的二进制数转化为 BCD 码,通过 7 段数码管显示具体数值。

(4)黄灯闪烁模块

根据设计要求,要检测到数码管显示 03 02 01 00 时,黄灯要处于闪烁状态,实现该功能的电路图如图 6.4.17 所示。其工作原理为:NE555 定时器构成多谐振荡器,其输出频率决定了黄灯闪烁的快慢;同时,NE555N 的复位信号 RST 来源于数码管显示 03 02 01 00 的触发信号。当检测到数码管 03 02 01 00 信号时,让复位信号 RST 的引脚输入高电平,使其复位无效,多谐振荡器进入正常振荡状态,黄灯闪烁。当检测到其他信号时,复位信号 RST 的引脚输入低电平,复位有效,使得黄灯灭。

如何检测数码管显示 03 02 01 00 这四个触发信号呢? 如表 6.4.4 所示,分析数码管要显示倒计时 20 秒"20"的二进制状态:

表 6.4.4

十 位				个 位			
Q3	Q2	Q1	Q0	Q3	Q2	Q1	Q0
0	0	1	0	0	0	0	0
0	0	0	1	1	0	0	1
⋮	⋮	⋮	⋮	⋮	⋮	⋮	⋮
0	0	0	0	0	1	0	1
0	0	0	0	0	1	0	0
0	0	0	0	0	0	1	1
0	0	0	0	0	0	1	0
0	0	0	0	0	0	0	1
0	0	0	0	0	0	0	0

从表 6.4.4 中可知,数码管显示 03 02 01 00 这四个触发信号时,正好十位的低两位和个位的高两位都为 0,而其他任一信号,这 4 位至少有出现一个"1",因此利用这个特征,检测出 03 02 01 00 这四个特殊触发信号。由于 NE555 复位信号 RST 要低电平有效,故如电路图中所示,十位的低两位和个位的高两位四个引脚输出接上二极管,并将 4 个二极管"线与",只有当这 4 位都为 0 时,二极管截止,Q4 三极管 NPN 截止,其集电极端(NE555 复位信号 RST 为高电平)。同样,也可以利用四输入或门来检测 03 02 01 00 这四个触发信号,实现效果一样。

(5)红绿灯转换模块

如图 6.4.18 所示为红绿灯转换模块电路,由 D 触发器 74LS74 与外围元件构成单稳态电路。74LS74 内含两个独立的 D 上升沿双 d 触发器,当 D 触发器的第 3 管脚检测到上升沿触发时,第 5、6 管脚即同时转换。根据分析可知,南北路红灯和东西路绿灯总是同时点亮和熄灭,南北路绿灯和东西路红灯也总是同时点亮和熄灭,因此,可以将南北路红灯和东西路绿灯由 D 触发器的 Q 输出端第 5 脚来控制,南北路绿灯和东西路红灯由 D 触发器的 Q'输出端第 6 脚来控制,即可实现红绿灯的转换。

根据设计要求可知,红绿灯转换的条件是当倒计时数码管显示 00s 时,红绿灯即转换,因此,D 触发器的触发信号也是源于两片计数器的个位和十位借位输出端都是 0 进行控制的。当计数器显示 00 时,借位输出端为 0,则三极管 Q2 截止,Q2 的集电极为高电平,使得三极管 Q3 导通,Q3 的集电极为低电平,而下一时刻,Q3 的集电极又变到高电平,因此,这一时刻,对

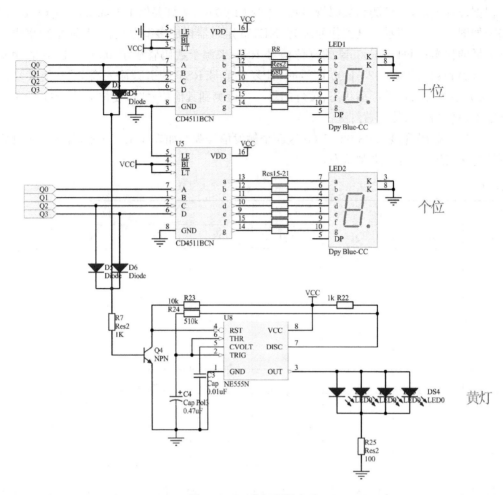

图 6.4.17　黄灯闪烁电路

于 D 触发器的时钟端,产生了一个从低电平跳变到高电平的上升沿信号,触发了 D 触发器的状态进行翻转。

(6)总体电路设计

各个单元电路相应的输入输出端相连,组成整体电路,如图 6.4.19 所示。

5. 电路仿真

实现基本功能电路图如图 6.4.20 所示,采用的是 Multisim 仿真软件,为了仿真效果,参数适当做了调整,比如数码管限流电阻可先省去、共阴极加上了限流电阻、1Hz 的秒脉冲可以直接由函数发生器提供、上升沿的模拟可以用单刀双掷开关代替,便于仿真过程中的调试。

(1)十进制计时器 74LS192 构成 20 秒倒计时计时器电路仿真(见图 6.4.21)。

(2)黄灯闪烁模块,如图 6.4.22 所示,假设译码器的输入信号"03s",黄灯闪烁。

(3)红绿灯交替电路仿真,如图 6.4.23 所示,用一个单刀双掷开关来表示是否倒计时到 00s,当开关拨动电压 5V 时,表示还在倒计时中,例如,南北路红灯、东西路绿灯;当开关拨到接地时,表示是倒计时到 00s 了 74ls192 的借位输出信号为 0,此时,红绿灯交替,南北路绿灯、东西路红灯。

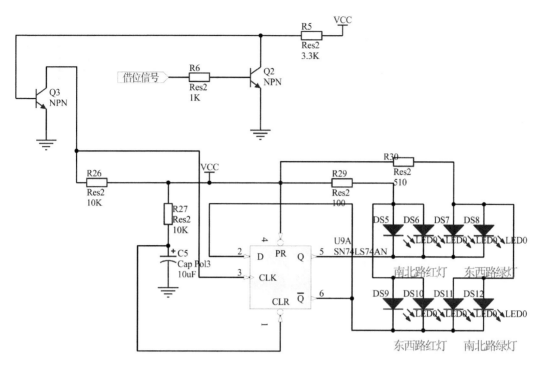

6.4.18 红绿灯转换电路

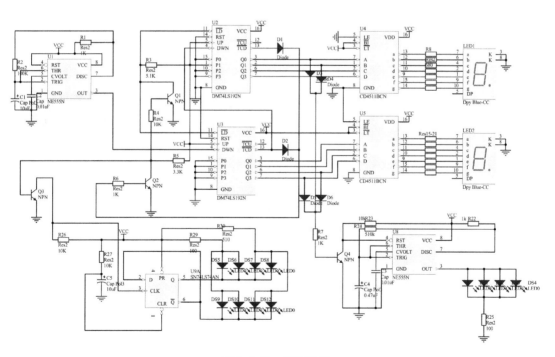

图 6.4.19 整体电路

6. 安装与电路调试

在进行整体电路连接之前,应对各模块电路进行逐一安装和调试。因此,建议学生在设计

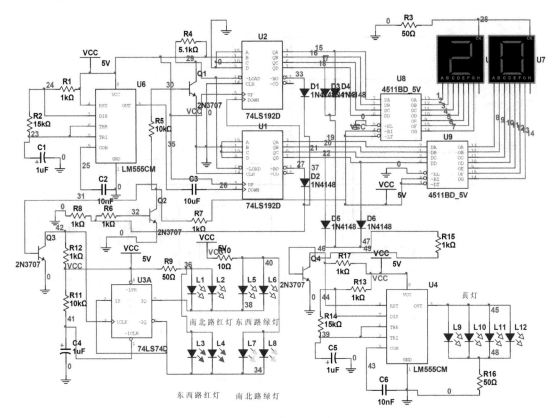

图 6.4.20 黄灯闪烁电路

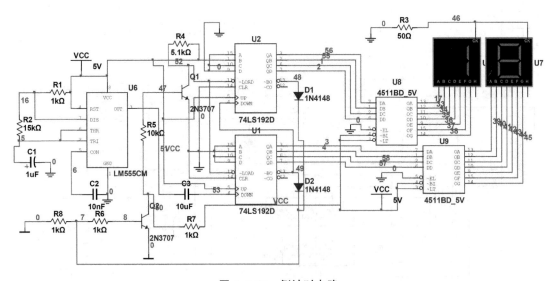

图 6.4.21 倒计时电路

电路时,要对各模块预留测试接口。

(1)秒脉冲发生器的安装和调试

按电路图安装,用示波器观察 555 的输出端的波形,观察其频率和周期。

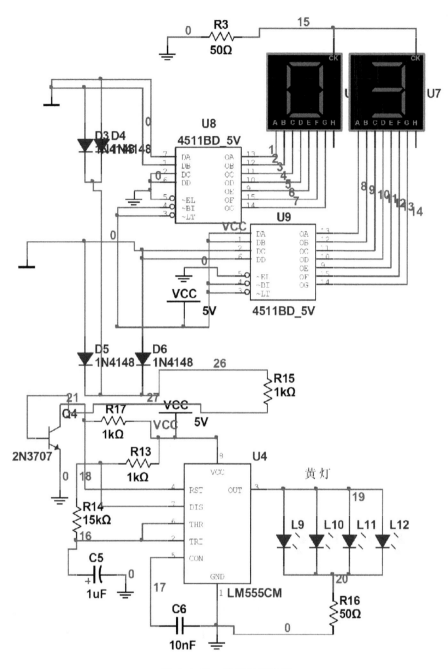

图 6.4.22 黄灯闪烁电路

(2)计时器的安装和调试

按电路图安装,验证计数电路是否可以进行 20 秒倒计时。

(3)译码显示电路的安装与调试

按电路图安装,在安装之前,可以先对 7 段数码管进行检测,验证其 7 段发光二极管是否正常发亮。

(4)黄灯闪烁电路的安装与调试

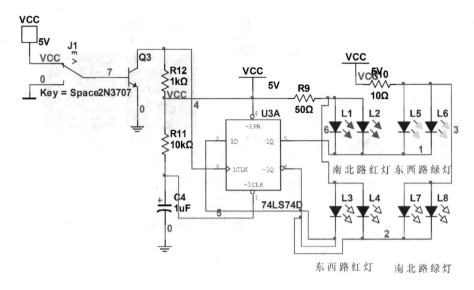

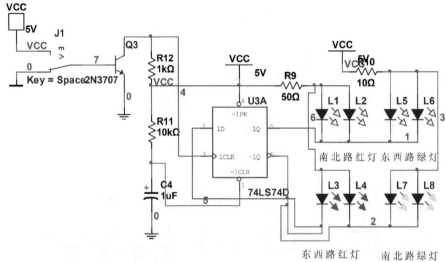

图 6.4.23 红绿灯交替电路

　　按电路图安装,观察当到数码管 03 秒开始时黄灯是否开始闪烁,当数码管 00 秒过后黄灯闪烁停止。如果出现异常显示,可以检测借位输出信号是否为低电平以及各个三极管的电位。

　　(5)红绿灯转换电路的安装与调试

　　按电路图安装,观察当到数码管 00 秒开始时红绿灯是否交替转换。如果出现异常显示,可以检测借位输出信号是否为低电平以及各个三极管的电位。

　　7. 参考文献

　　[1]童诗白.模拟电子技术基础[M].北京:高等教育出版社,2005.

　　[2]臧春华.电子线路设计与应用[M].北京:高等教育出版社,2005.

　　[3]邱关源,罗先觉.电路(第五版)[M].北京:高等教育出版社,2006.

　　[4]阎石.数字电子技术(第五版)[M].北京:高等教育出版社,2005.

　　[5]张阳天,韩异凡.Protel DXP 电路设计[M].北京:高等教育出版社,2005.

8. 元器件清单

元器件	规　格	个　数
电阻	680	14
电阻	5.1K	1
电阻	10K	4
电阻	1K	4
电阻	100K	1
电阻	100	2
电阻	510K	1
电阻	3.3K	1
电阻	510	1
电解电容	10uF	3
电解电容	0.47uF	1
电解电容	100uF	1
瓷片电容	103	2
芯片	74LS74N	1
芯片	CD4511	2
芯片	74LS192N	2
芯片	NE555	2
管座	DIP8	2
管座	DIP16	4
管座	DIP14	1
稳压电路	7805	1

6.4.3 项目三 四人抢答器的设计

1. 设计要求

(1)基本要求

①设计制作一个可容纳四个组参赛的抢答器,每组一个抢答开关。

②设置一个抢答开始按键,同时设置抢答定时电路,且计时起点与抢答命令同步,计时终点是第一个抢答者的抢答信号到来,超时而无人抢答题目作废。

③系统具有第一抢答信号鉴别和锁存功能,主持人发布抢答命令后,第一抢答者按下抢答键后,电路应记下第一抢答者的组别,并封锁其他各组的抢答信号,即其他任何一组的抢答信号都不会使电路响应。

④系统采用声光报警。当主持人将控制开关拨到"开始"位置时,扬声器发声,当有选手抢答时时间停止,报警电路发出报警信号,当设定的抢答时间到,无人抢答时,扬声器发声。

(2)扩展要求

①倒计时扩展为20s;

②将参赛组从4个扩展到8个。

2. 需求分析

四人抢答器主要包括抢答电路、报警电路、显示电路、时钟电路。实现抢答电路需要用到触发器、定时器;实现报警电路需要用到蜂鸣器(或者喇叭);实现显示电路需要用到计数器和数码管;实现时钟电路需要用到定时器、触发器。

在主持人发布抢答命令后,第一抢答者发出抢答信号,此时抢答电路截止,其他抢答者无法抢答。当第一抢答者抢答成功时,报警器会发出警报。在抢答过程中显示电路用来提示抢答者的抢答剩余时间,显示器会有9秒钟的倒计时时间,当抢答成功时,显示器上的时间停止,同时有警报声;9秒内无人抢答时,有警报声,表示此题作废,需等待主持人再一次的发布抢答命令。

电路设计思想如下:

(1)接通电源后,显示器显示"0"状态,抢答器处于禁止状态。此时,若有人抢答,为违规抢答 LED 不显示器显示其编号,定时器显示不变。

(2)主持人将开关置于"计时"状态,宣布"开始"抢答,抢答器工作,定时器倒计时,选手们有9秒的时间"选择"或"放弃",优先选择者,编号锁存,编号显示,倒计时停止,扬声器提示。

(3)若在9秒内无人抢答,抢答无效。则需要由主持人再次操作"置数"和"计时"状态开关。

3. 方案论证

根据设计要求和需求分析可知,满足设计要求的系统框图如图 6.4.24 所示。

具体方案介绍如下:

(1)秒脉冲产生电路

秒脉冲模块的实现方案有多种,可以由 555 定时器的多谐振荡器来实现,也可以采用精度较高的石英晶体。555 定时器直接产生秒脉冲的电路图,实现方便快捷,不足在于精度较低,本方案中将举例由 555 定时器直接产生秒脉冲,石英晶体产生秒脉冲参加数字钟课题的分析介绍。

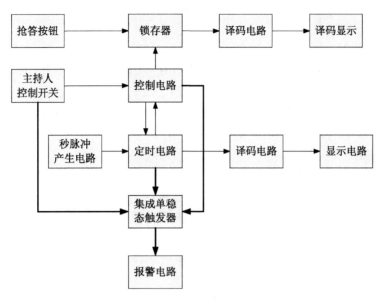

图 6.4.24 总体方案模块

（2）抢答及锁存电路

此部分电路主要完成的功能是实现 4 路选手抢答并进行锁存，能分辨出选手按键先后，并锁存电平信号，并通过译码显示电路组别。该电路主要由四 D 触发器来实现。四 D 触发器内部具有四个独立的 D 触发器，四 D 触发器具有共同的时钟端和共同的清除端，这种 D 触发器又称寄存器，它可以寄存数据。当时钟脉冲未来到时，D 触发器输出端的状态不因输入端状态的改变而改变，起到寄存原来的数据的作用。

（3）定时电路

本电路要求具有定时抢答功能，并且定时时间由主持人设定，因此要设计定时电路。该部分主要由 555 定时器秒脉冲产生电路、十进制同步加减计数器 74LS192 减法计数电路、74LS48 译码电路和 7 段数码管即相关电路组成。具体电路连接及功能将在后续中介绍。

4. 方案实施

（1）秒脉冲电路

为了准确地计时，本设计需要内部秒脉冲产生电路，即能产生周期为一秒的脉冲的电路。如图 6.4.25 所示为用 555 设计的秒脉冲产生电路。

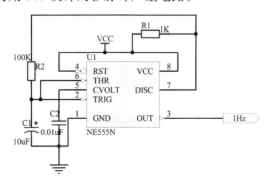

图 6.4.25 555 定时器产生秒脉冲

如图 6.4.25 所示,当电路图中的 R1 和 R2 值改为:R1=R2=47K,C1=10uF 同样也可以输出 1Hz 矩形波。

(2)显示电路设计

根据任务要求,显示电路要完成两部分功能:一是为了提醒抢答者剩余抢答时间的多少便于抢答;二是显示出抢答者的组别。故需要用到两个数码管(这里,设计的倒计时模块为 0—9s,因此用一个数码管即可实现),将倒计时模块产生的信号接至显示电路中。其中显示电路的完成需要 BCD-7 段译码器/驱动器和数码管。

①LED 数码管

在数字电路钟 LED 数码管是最常用的数字显示器件,它一般为"8"字型,7 段(不包括小数点)或 8 段(包括小数点),每段对应一个发光二极管,共阳极和共阴极两种,见图 6.4.26。共阳极数码管的阳极连接在一起,接+5V;共阴极数码管阴极连在一起接地。对于共阴极数码管,当某发光二极管阳极为高电平时,发光二极管点亮,相应段被显示。同样,共阳极数码管阳极连在一起,公共阳极接+5V,当某个发光二极管阴极接低电平时,该发光二极管被点亮,相应段被显示。为了限制发光二极管的电流,在使用时需要串联限流电阻。一般是对每个发光二极管分别接入限流电阻。限流电阻的取值根据电源电压、发光二极管的工作电流和正向电压降确定。普通发光二极管的正向压降红色约为 1.6V,黄色约为 1.4V,蓝色与白色约为2.5V,工作电流为 5~10mA;高亮度发光二极管的正向压降红色为 2.0~2.2V,黄色为 1.8~2V,绿色为 3.0~3.2V,工作电流为 20m。码管常用型号有 BS201、BS202 等。

限流电阻的计算公式为:

$$R 限流电阻=(电源电压-LED 正向稳压电压)/你要求的工作电流$$

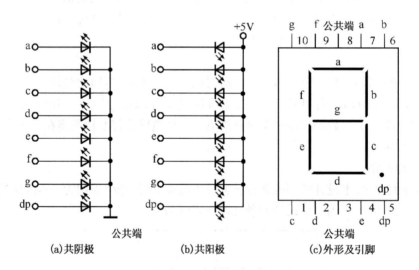

图 6.4.26 8 段 LED 数码管结构及外形图

②LED 显示译码器

为了使电路输入的二进制代码在 LED 数码管显示出对应的数字或符号,一般可通过显示译码器实现。LED 显示译码器根据数码管的共阳极和共阴极两种结构可分为低电平输出有效和高电平输出有效两种。根据显示译码器的电路结构又可分为 TTL 和 CMOS 两种。常见的 LED 显示译码器如表 6.4.5 所示。

表 6.4.5   常用的 LED 显示译码器

型 号	功 能
74LS47	BCD-7 段译码器(OC、15V、驱动共阳 LED)
74LS48	BCD-7 段译码器(OC、5.5V、驱动共阴 LED)
74LS247	BCD-7 段译码器(OC、15V、驱动共阳 LED)
74LS248	BCD-7 段译码器(OC、5.5V、驱动共阴 LED)
CD4511(MC14511)	BCD-7 段译码器(驱动共阴 LED)
CD4513(MC14513)	BCD-7 段译码器(驱动共阴 LED)
CD4543(MC14543)	BCD-7 段译码器(驱动共阳或共阴 LED)
CD4544(MC14544)	BCD-7 段译码器(驱动共阳或共阴 LED)
CD4547(MC14547)	BCD-7 段译码器/大电流驱动器(驱动共阴 LED)

③译码显示电路设计

图 6.4.27 所示为显示电路模块,电路图中器件为 7 段数码显示管和 74LS48 芯片。其中 74LS48 是一种与共阳极七段数码管配合使用的集成译码器。为了要记录抢答之后的剩余时间和显示出抢答者的组别,故该模块需要两个。

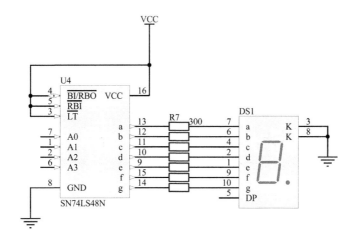

图 6.4.27 译码显示电路

(3)抢答及锁存电路

图 6.4.28 为抢答电路电路图。该部分电路主要 74ls175、74ls10、74ls48 以及数码管构成。74ls175 为一四路的锁存器,当 CP 引脚输入上升沿时,D1—D4 被锁存到输出端(Q0—Q3)。在 CLK 其他状态时,输出与输入无关。电路通电后,按下复位按键主持人开关,Q0、Q1、Q2、Q3 输出低电平,电路进入筹办状态。这时候,当任意一个选手按下抢答按钮后,74ls175 开始工作,时钟端上升沿到来时,与输入端对应的输出端变为低电平,此时,将这组输出端经过组合电路把对应的编号显示出来。同时,按要求说明,抢答电路进入正常状态时,选手抢答,抢答电路停止工作,即将/Q0(Q0 非)、/Q1(Q1 非)、/Q2(Q2 非)、/Q3(Q3 非)经过四输入与门 74ls21,判断是否有选手抢答,当有选手按下按键时,74ls21 输出为 0,经过与非门

后,输出为 1,74LS175 进入锁存状态。当抢答时间到时,74LS192 的借位输出为 0,经过与非门后,输出为 1,74LS175 进入锁存状态,抢答电路也要停止工作。所以,除了复位键之外的其他任何按键都不会发生电路状态的变化。

如何将抢答选手组别在数码管上显示出相应的编号呢?选手按下抢答按钮后,通过74ls175 输出状态和显示编号状态真值表如表 6.4.6 所示。

表 6.4.6   74ls175 输出状态和显示编号状态真值表

74ls175 输出				74ls48 输入			
Q3(4 号选手)	Q2(3 号选手)	Q1(2 号选手)	Q0(1 号选手)	D	C	B	A
0	0	0	1	0	0	0	1
0	0	1	0	0	0	1	0
0	1	0	0	0	0	1	1
1	0	0	0	0	1	0	0

从表中可分析得出,74ls48 输入的 D 端四种状态都为 0,故在电路中可直接接地线来表示;C 端的状态与 74ls175 输出的 Q3 状态完全一致,故可以直接从 74ls175 输出的 Q3 接线至74ls48 输入的 C 端;B 端和 A 端从表 6.4.6 中可以得出:B=Q1+Q2;A=Q0+Q2。

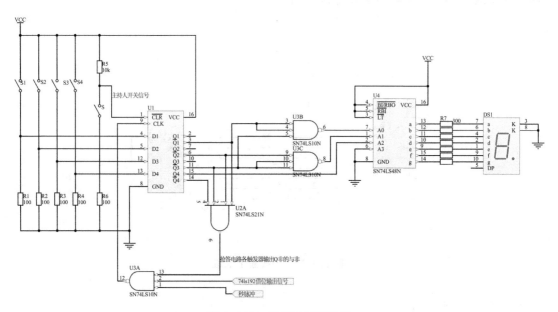

图 6.4.28　抢答及锁存电路

(4)定时电路

本电路要求具有定时抢答功能,该部分主要由 555 定时器秒脉冲产生电路、十进制同步加减计数器 74LS192 减法计数电路、74LS48 译码电路和 1 个 7 段数码管即相关电路组成。电路图如 6.4.29 所示,通过 74LS192 的置数端将时间输入,例如,电路中置 1001,抢答开始前主持人将开关置高电平,处于清零锁存状态,当主持人按下,即开始抢答,此时,由秒脉冲电路产生的秒脉冲信号进入 74LS192,使芯片由预置数开始减计数工作,若没有选手抢答,一直减计数至 0,产生报警,同时 74LS192 的借位输出端由高电平变成低电平,阻止了秒脉冲信号进入计数器,计数器停止工作。若计时期间有人抢答,74ls21 输出为 0 由高电平变成低电平,同样使减计数器停止计时,显示器上显示此刻时间。

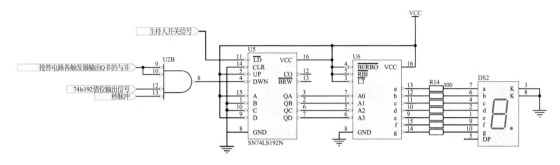

图 6.4.29 定时电路

(5)报警电路

为满足设计要求,必须设计报警电路,该电路主要由 555 定时器组成,电路如图 6.4.30 所示。

图中 555 定时器用来构成多谐振荡器,振荡频率 3 端的输出脉冲频率为:

$$f \approx 1.43/[(R1+2R2)C1] \approx 1000Hz$$

3 端输出信号经过三级管驱动扬声器,发出报警信号。当 4 端的输入信号是高电平时,振荡器工作,有报警信号,4 端输入低电平时,振荡器不工作,没有报警信号。由 555 芯片构成多谐振荡电路,555 的输出信号再经三极管放大,从而推动扬声器发声。

声响显示电路需要在两种情况下做出反应:一种是当有参赛者按下抢答开关时,推动输出级的蜂鸣器发出声响;第二种情况是当主持人给出"请回答"指令后,计时器开始倒计时,若回答问题时间到达限定的时间,蜂鸣器发出声响。

声响电路由两部分组成:一是由门电路组成的控制电路;二是三极管驱动电路。门控电路主要由或门组成,它的两个输入,一个来自抢答电路各触发器输出 Q 非的与非,它说明只要有一 Q 非为低电平,就使该与非门输出为高电平通过或门电路驱动蜂鸣发生器;另一个来自计时系统高位计数器的借位信号。

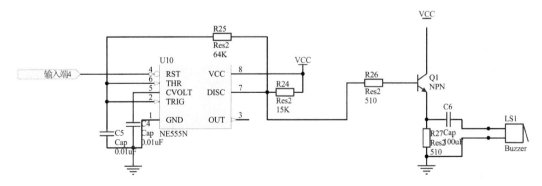

图 6.4.30 报警电路

(6)控制电路

控制电路是抢答器设计的关键,控制电路包括控制扬声器发声时间的部分电路和将以上各个部分电路连接起来的电路。

控制电路是抢答器设计的关键,它要完成以下三项功能:

①主持人将控制开关拨到"开始"位置时,扬声器发声,抢答电路和定时电路进入正常抢答工作状态。

②当参赛选手按动抢答键时,扬声器发声,抢答电路和定时电路停止工作。

③当设定的抢答时间到,无人抢答时,扬声器发声,同时抢答电路和定时电路停止工作。

该部分电路的核心元件是74LS121,74LS121具有如下功能特性:当A1、A2两个输入中有一个或两个为低电平,B产生由0到1的正跳变时,电路有正脉冲输出;当B为高电平时,A1、A2两个输入中有一个或两个产生由1到0的负跳变时,电路有正脉冲输出。

根据任务要求和74LS121的功能特性,设计出控制电路如图6.4.31所示。

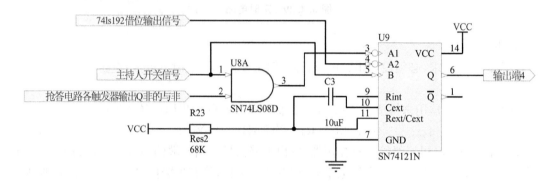

图 6.4.31 控制电路

输出端5输出正脉冲宽度即控制扬声器发声时间 $tw = R1 \times C1 \times \ln 2 \approx 0.7 R1C1$,而抢答电路要求发声时间为0.5秒,因此选取R1=68K,C1=10uF可满足要求。

输入端2、输入端4、主持人开关S共同控制输出正脉冲的有无,当电路处于初始状态时,主持人开关S为低电平,输入端2为高电平,输入端4为高电平,此时A1=0,A2=1,B=0,当主持人宣布开始抢答的同时,将主持人开关S置于高电平,B产生0到1的正跳变,同时,A1由0变成1,输出端5输出宽度为0.5秒的正脉冲,驱动扬声器发声0.5秒。若在预定的抢答时间内有选手抢答,输入端2变为低电平,这样,A1就由之前的1变成0,产生一个负跳变,电路输出正脉冲,扬声器发声。若支持人宣布开始抢答后无选手抢答,A1=1、A2=1、B=1,预定时间定时到时,输入端4=0,A2产生一个1到0的负跳变,电路输出正脉冲,扬声器发声。

(7)总体电路设计

各个单元电路相应的输入输出端相连,组成整体电路,如图6.4.32所示。

5. 电路仿真

实现基本功能电路图如图6.4.33所示,采用的是Protues仿真软件。仿真结果如下:

(1)当通电后,数码管显示00,如图6.4.33所示。

(2)主持人按下开关,倒计时开始,抢答电路进入筹备状态,如图6.4.34所示。

(3)当第一抢答者抢答成功时,报警器会发出警报。在抢答过程中显示电路用来提示抢答者的抢答剩余时间和显示抢答者组别编号。

(4)9秒内无人抢答时,有警报声,表示此题作废,需等待主持人再一次发布抢答命令。

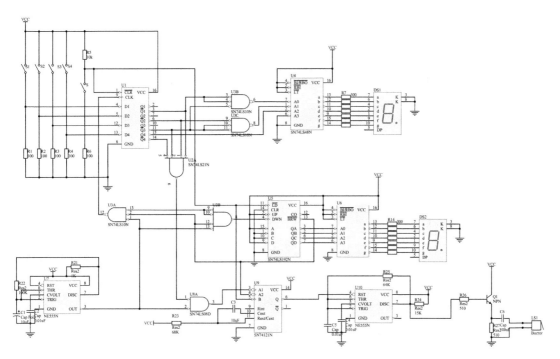

图 6.4.32 总体电路设计

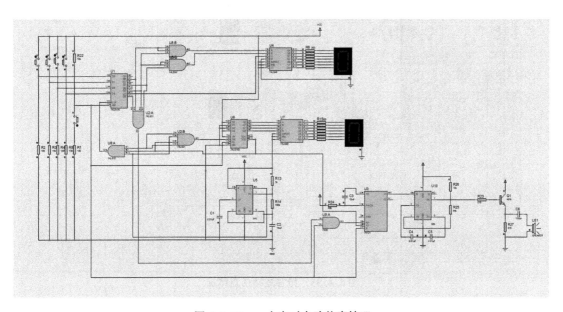

图 6.4.33 一上电时电路仿真情况

6. 安装与电路调试

(1)排除逻辑故障

这类故障往往由于设计和加工制板过程中工艺性错误所造成的。主要包括错线、开路、短路。排除的方法是首先将加工的印制板认真对照原理图,看两者是否一致。应特别注意电源系统检查,以防止电源短路和极性错误,并重点检查系统总线(地址总线、数据总线和控制总

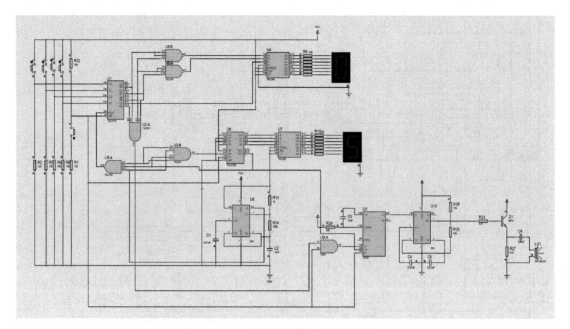

图 6.4.34　抢答电路筹备状态仿真情况

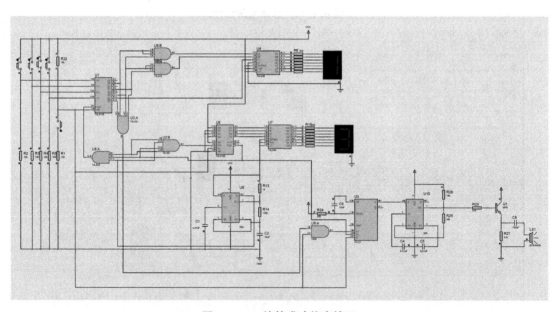

图 6.4.35　抢答成功仿真情况

线)是否存在相互之间短路或与其他信号线路短路。必要时利用数字万用表的短路测试功能,可以缩短排错时间。

(2)排除元器件失效

造成这类错误的原因有两个:一个是元器件买来时就已坏了;另一个是由于安装错误,造成器件烧坏。可以采取检查元器件与设计要求的型号、规格和安装是否一致。在保证安装无误后,用替换方法排除错误。

(3)排除电源故障

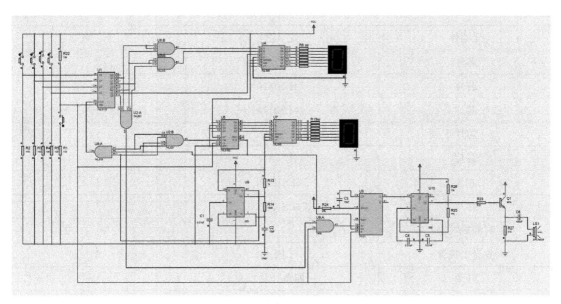

图 6.4.36 无人抢答仿真情况

在通电前,一定要检查电源电压的幅值和极性,否则很容易造成集成块损坏。加电后检查各插件上引脚的电位,一般先检查 VCC 与 GND 之间电位,若在 5V~4.8V 之间属正常。若有高压,有时会使应用系统中的集成块发热损坏。

在电路的安装过程中,学生们应该根据具体的课题具体调试分析。例如,在本课题中,学生们应该注意以下几点:①具有正负极性的元器件,例如发光二极管,是否正确判断并接入电路;②电路焊制过程中,焊锡千万不要与铜融合以防止短路;③在安装过程中一定要与 PCB 板上的电路接法相吻合。电路完成安装后,需进行多次调试,若发现电路工作不理想,用万用表仔细检查是否电路中存在断路、短路现象。若出现断路现象,用跳线把断开处焊接好之后;若出现短路现象,吸锡后重新焊接。

7. 参考文献

[1]童诗白. 模拟电子技术基础[M]. 北京:高等教育出版社,2005.

[2]臧春华. 电子线路设计与应用[M]. 北京:高等教育出版社,2005.

[3]邱关源,罗先觉. 电路(第五版)[M]. 北京:高等教育出版社,2006.

[4]阎石. 数字电子技术(第五版)[M]. 北京:高等教育出版社,2005.

[5]张阳天,韩异凡. Protel DXP 电路设计[M]. 北京:高等教育出版社,2005.

8. 元器件清单

元器件	规 格	个 数
电阻	47K	4
电阻	1K	5
电阻	100 欧姆	3
电容	10uF	1
电容	10nF	3

元器件	规　格	个　数
芯片	NE555P	2
芯片	74LS08N	1
芯片	74LS21N	1
芯片	74LS247N	1
芯片	74LS74N	1
芯片	74LS192N	1
芯片	74LS175N	1
有源蜂鸣器		1
发光二极管	LED	6
开关	四角开关	4
开关	六角开关	1

6.5 高频电路课程设计

6.5.1 项目一 调幅收音机

1. 实训目的

通过对收音机的安装、焊接及调试,了解电子产品的装配过程;掌握元器件的识别及质量检验;学习整机的装配工艺;学习整机调试和测试;学习收音机故障检查和维修。

2. 实训重点

(1)对照原理图看懂印制电路图和接线图。

(2)了解图上的符号,并与实物对照。

(3)根据技术指标测试各元器件的主要参数。

(4)认真细心地安装焊接。

(5)认真检查电路进行调试与测试。

3. 实训仪器

万用表、示波器、电烙铁等。

4. 实训材料

AM 收音机材料清单(超外差式六管收音机)。

表 6.5.1　　　　　　　　　材料清单

序号	代号与名称		规格	数量	序号	代号与名称	规格	数量
1	电阻	R1	91kΩ(或 82kΩ)	1	27	T1	天线线圈	1
2		R2	2.7kΩ	1	28	T2	本振线圈(黑)	1
3		R3	150kΩ(或 120kΩ)	1	29	T3	中周 (白)	1
4		R4	30kΩ	1	30	T4	中周 (绿)	1
5		R5	91kΩ	1	31	T5	输入变压器	1
6		R6	100Ω	1	32	T6	输出变压器	1
7		R7	620Ω	1	33	带开关电位器	4.7KΩ	1
8		R8	510Ω	1	34	耳机插座(GK)	Φ2.5mm	1
9	电容	C1	双联电容	1	35	磁棒	55×13×5	1
10		C2	瓷介 223 (0.022μ)	1	36	磁棒架		1
11		C3	瓷介 103 (0.01μ)	1	37	频率盘	Φ37	1
12		C4	电解 4.7μ~10μ	1	38	拎带	黑色(环)	1
13		C5	瓷介 103 (0.01μ)	1	39	透镜(刻度盘)		1
14		C6	瓷介 333 (0.033μ)	1	40	电位器盘	Φ20	1
15		C7	电解 47μ~100μ	1	41	导线		6根
16		C8	电解 4.7μ~10μ	1	42	正、负极片		各2
17		C9	瓷介 223 (0.022μ)	1	43	负极片弹簧		2
18		C10	瓷介 223 (0.022μ)	1	44	螺钉	固定电位器盘	M1.6×4	1
19		C11	涤纶 103 (0.01μ)	1	45		固定双联	M2.5×4	2
20	三级管	V1	3DG201(β值最小)	1	46		固定频率盘	M2.5×5	1
21		V2	3DG201	1	47		固定线路板	M2×5	1
22		V3	3DG201	1	48	印刷线路板		1
23		V4	3DG201(β值最大)	1	49	金属网罩		1
24		V5	9013	1	50	前壳		1
25		V6	9013	1	51	后盖		1
26	(二级管)	V7	1N4148	1	52	扬声器(Y)	8Ω	1

5. 电路原理

AM 收音机印制板图及电原理图：

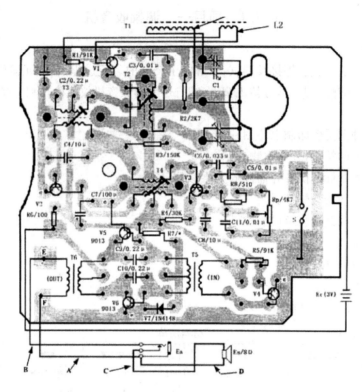

图 6.5.1　AM 收音机印制板图

6. 检测步骤与方法

安装步骤：

(1)按材料清单(见表 6.5.1)清点全套零件，并保管好元件。

(2)用万用表检测元器件(见表 6.5.2 和表 6.5.3)。若元件有损坏，及时注明和更换。

【注意】

V5、V6 的 hFE (放大倍数)相差应不大于 20%。

(3)对元器件引线或引脚进行上锡处理，注意上锡层未氧化(可焊性好)时可以不再处理。

(4)检查印制板(见图 6.5.1)的铜箔线条是否完好，有无断线及短路，特别注意边缘，见(图 6.5.2)。

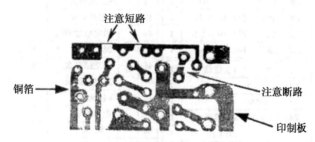

图 6.5.2　有问题的线路板示图

表 6.5.2　　　　　　　　　　　　　　　　用万用表检测元件

类别	测量内容	万用表功能及量程	禁止用量程
R	电阻值	Ω	
V	HEF（V5，V6 配对）	Ω×10，hEF	×10K
B	绕组，电阻，绕组与壳绝缘	Ω×1 见(表 6.5.3)	
C	绝缘电阻	Ω×K	
电解 CD	绝缘电阻及质量	Ω×K	

表 6.5.3　　　　　　　　　　　　　　　　变压器的内阻测试

	T2（黑）本振线圈	T3（白）中周 1	T4（绿）中周 2
万用表档位	Ω×1	Ω×1	Ω×1
	5 1 0.3Ω 0.1Ω 4 3.4Ω 3 2	1Ω 0.2Ω 3.8Ω	2.4Ω 1Ω 3Ω

	T5（蓝或白）输入变压器	T6（黄或粉）输出变压器
万用表档位	Ω×10	Ω×1
	85Ω 180Ω 85Ω	6Ω 0.7Ω 6Ω

【注意】

①为防止变压器原边与副边之间短路，请测量变压器原边与副边之间的电阻。

②若输入、输出变压器用颜色不好区分，可通过测量线圈内阻来区分。

（5）安装元器件。元器件安装质量及顺序直接影响整机质量与成功率，合理的安装需要思考及经验。表 6.5.4 所示安装顺序及要点是实践证明较好的一种安装方法。

【注意】

所有元器件高度不得高于中周的高度。

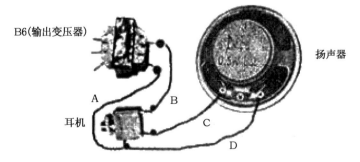

图 6.5.3　耳机插座与变压器、扬声器连线图

表 6.5.4 元件的安装顺序及要点(分类安装)

序号	内 容	注 意 要 点
1	安装 T2、T3、T4	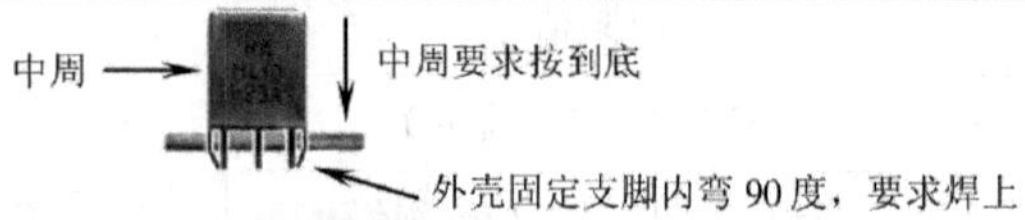 中周 → 中周要求按到底 外壳固定支脚内弯 90 度，要求焊上
2	安装 T5、T6	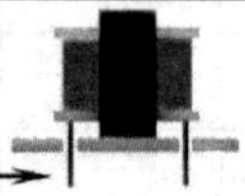 经辅导人员检查后可以先焊 引线固定 →
3	安装 V1—V6	 注意色标、极性及安装高度 E B C
4	安装全部 R	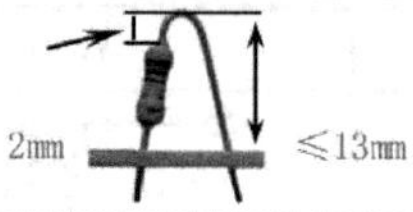 2mm ≤13mm 色环方向保持一致，注意安装高度
5	安装全部 C	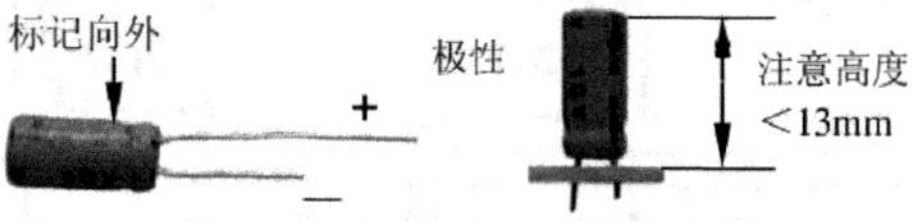 标记向外 极性 注意高度 <13mm +
6	安装双联电容，电位器及磁棒架	磁棒架装在印制板和双联之间。 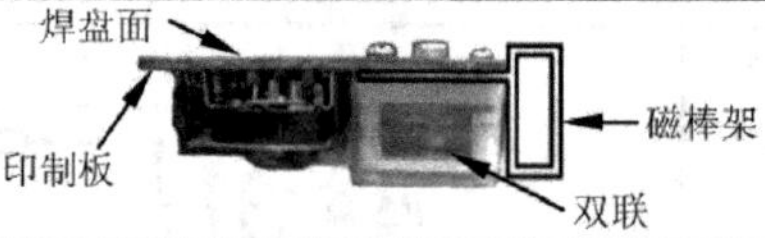 焊盘面 磁棒架 印制板 双联
7	焊前检查	检查已安装的元器件位置，特别注意 V（三极管）的管脚，经辅导人员检查后才许可进行下列工作。
8	焊接已插上的元器件	焊接时注意锡量适中。  焊锡 烙铁
9	修整引线	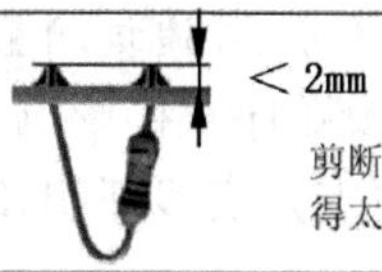 < 2mm 剪断引线多余部分，注意不可留得太长，也不可剪得太短。
10	检查焊点	检查有无漏焊点、虚焊点、短接点。 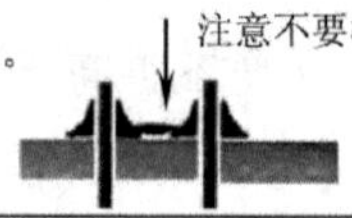 注意不要桥接
11	焊 T1、电池引线，装拨盘、磁棒等	焊 T1 时注意看接线图，其中的线圈 L2 应靠近双联电容一边，并按图连线；耳机插口及扬声器接线参见图 6.5.3。
12	其他	固定扬声器、装透镜、金属网罩及拎带等。  扬声器 烙铁 垫纸 塑壳

7. 检测与调试

(1)目的

通过对收音机的通电检测调试,了解一般电子产品的生产调试过程,初步学习调试电子产品的方法,培养检测能力及一丝不苟的科学作风。

(2)步骤

第一步,检测。

①通电前的准备

A. 自检,互检,使得焊接及印制板质量达到要求,特别注意各电阻阻值是否与图纸相同,各三极管、二极管是否有极性焊错、位置装错以及电路板线条断线或短路,焊接时有无焊锡造成电路短路现象。

B. 接入电源前必须检查电源有无输出电压(3V)和引出线正负极是否正确。

②初测

接入电源(注意＋、一极性),将频率盘拨到530KHz无台区,在收音机开关不打开的情况下首先测量整机静态工作总电流"Io",测量方法参见(图6.5.4),然后将收音机开关打开,分别测量三极管 T1~T6 的 E、B、C 三个电极对地的电压值(也叫静态工作点),测量时注意防止表笔要测量的点与其相邻点短接。如果 Io＞15mA 应立即停止通电,检查故障原因。Io 过大或过小都反映装配中有问题,应该重新仔细检查。

【注意】

该项工作非常重要,在收音机开始正式调试前该项工作必须要做。表 6.5.5 中给出了参考测量值。

表 6.5.5

工作电压:Vcc＝3V 工作电流:Io＝10mA						
三极管	V_1	V_2	V_3	V_4	V_5	V_6
e	1	0	0.056	0	0	0
b	1.54	0.63	0.63	0.65	0.62	0.62
c	2.4	2.4	1.65	1.85	3	3

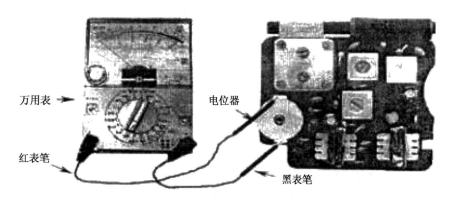

图 6.5.4 测量电流"Io"时万用表的测量

③试听

如果各元器件完好、安装正确,初测也正确,即可试听。接通电源,慢慢转动调谐盘,应能听到广播声,否则应重复①要求的各项检查内容,找出故障并改正,注意在此过程中不要调中周及微调电容。

第二步,调试。

经过通电检查,调好工作点后,并正常发声后,才进行调试工作。

① 调中频频率(俗称调中周)

目的:将中周的谐振频率都调整到固定的中频频率"465KHz"这一点上。

A. 将高频信号发生器的频率指针放在 465KHz 位置上。

B. 打开收音机开关,频率盘放在最低位置(530KHz),将收音机靠近信号发生器。

C. 用改锥按顺序微微调整 T4、T3,见图 6.5.5)。使收音机信号最强,这样反复调 T4、T3(2～3 次),使信号最强。确认信号最强有两种方法:一是使扬声器发出的声音(1KHz)达到最响为止;二是测量电位器 Rp 两端或 R8 对地的"直流电压",指示值最大为止(此时可把音量调到最小)。后面两项调整同样可使用此法。

②调整频率范围(通常叫调覆盖或对刻度)

目的:使双联电容全部旋入到全部旋出所接收的频率范围恰好是整个中波波段,即 525KHz～1605KHz。

A. 低端调整:高频信号发生器调至 525KHz,收音机调至 530KHz 位置上,此时调整 T2 使收音机信号声出现并最强。

B. 高端调整:再将高频信号发生器调到 1600KHz,收音机调到高端 1600KHz,调 C1b(见图 6.5.5)使信号声出现并最强。

C. 反复上述 A、B 二项调整 2～3 次,使信号最强。

第三步,T₁ 统调。

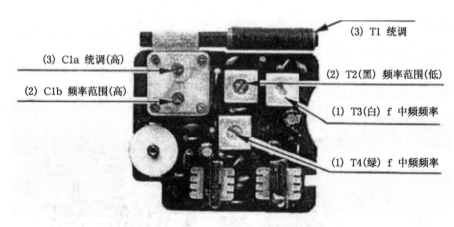

图 6.5.5 调试中可调元件位置图

①统调(调灵敏度,跟踪调整)

目的:使本机振荡频率始终比输入回路的谐振频率高出一个固定的中频频率"465KHz"。

②方法。低端:信号发生器调至 600KHz,收音机低端调至 600KHz,调整线圈 T1(见图6.5.5)在磁棒上的位置使信号最强(一般线圈位置应靠近磁棒的右端)。

高端:信号发生器调至 1500KHz,收音机高端调至 1500KHz,调 C1a,使高端信号最强。高低端反复 2～3 次,调完后即可用蜡将线圈固定在磁棒上。

【注意】

上述调试过程应通过耳机监听；如果信号过强，调整作用不明显时，可逐渐增加收音机与信号发生器之间的距离，使调整作用更敏感。

（3）验收

①外观：机壳及频率盘清洁完整，不得有划伤烫伤及缺损。

②印制板安装整齐美观，焊接质量好，无损伤。

③导线焊接要可靠，不得有虚焊，特别是导线与正负极片间的焊接位置和焊接质量。

④整机安装合格，转动部分灵活，固定部分可靠，后盖松紧合适。

⑤性能指标要求：

A. 频率范围 525～1605KHz；

B. 灵敏度较高（相对）；

C. 音质清晰、宏亮、噪音低。

8. 调幅收音机指标

（1）性能指标简介

该收音机为六管中波段袖珍式半导体管收音机，体积小巧、外型美观，音质清晰，宏亮，噪声低，携带使用方便，采用可靠的全硅管线路，具有机内磁性天线，收音效果良好，并设有外接耳机插口。

（2）指标

频率范围：525～1605KHz

输出功率：50mw（不失真） 150mw（最大）扬声器：φ57mm   8Ω

电源：3V（两节五号电池）体积：宽122×高65×厚25mm

9. 收音机检测方法

（1）检测前提、要领及方法

①前提：安装正确。元器件无缺焊、错焊，连接无误，印制板焊点无虚焊、桥接等。

②要领：耐心细致、冷静有序。检测按步骤进行，一般由后级向前检测，先判定故障位置（信号注入法），再查找故障点（电位法），循序渐进，排除故障。忌讳乱调乱拆，盲目烫焊，导致越修越坏。

③方法：

A. 信号注入法

收音机是一个信号捕捉处理、放大系统，通过注入信号可以判定故障位置。

a. 用万用表 R×10 电阻档，红表笔接电池负极（地）黑表笔碰触放大器输入端（一般为三极管基极），此时扬声器可听到"咯咯"声。

b. 用手握改锥金属部分去碰放大器输入端，从扬声器听反应，此法简单易行，但相应信号微弱，不经三极管放大听不到。

B. 电位法

用万用表测各级放大器或元器件工作电压（见表 6.5.6）可具体判定造成故障的元器件。

（2）测量整机静态总电流

将万用表拨至 100mA 直流电流档，两表笔跨接于电源开关（开关为断开位置）的两端（若指针反偏，将表笔对调一下），测量总电流，测量时可能有如下四种结果：

①电流为 0，这是由于电源的引线已断，或者电源的引线及开关虚焊所致。如果这一部分

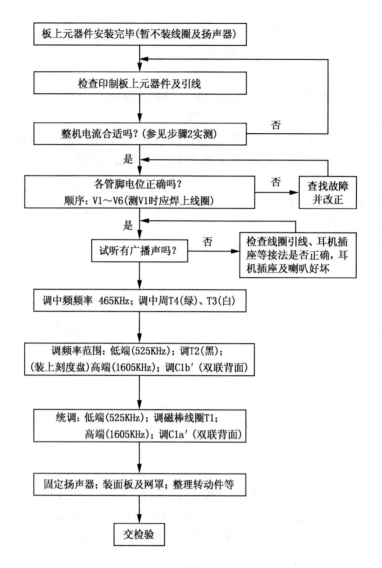

板上元器件安装完毕(暂不装线圈及扬声器)

检查印制板上元器件及引线

整机电流合适吗?(参见步骤2实测)　　否

各管脚电位正确吗?
顺序：V1～V6(测V1时应焊上线圈)　　否　　查找故障
并改正

试听有广播声吗?　　否　　检查线圈引线、耳机插
座等接法是否正确，耳
机插座及喇叭好坏

调中频频率 465KHz；调中周T4(绿)、T3(白)

调频率范围：低端(525KHz)；调T2(黑)；
(装上刻度盘)高端(1605KHz)；调C1b′(双联背面)

统调：低端(525KHz)；调磁棒线圈T1；
高端(1605KHz)；调C1a′(双联背面)

固定扬声器；装面板及网罩；整理转动件等

交检验

图 6.5.6　AM 收音机调试流程图

证明是完好的，应检查印刷电路板，看有无断裂处。

②电流在 30mA 左右，这是由于 C7、振荡线圈 T2 与地不相通的一组线圈(即 T2 次级)、T3、T4 内部线圈与外壳、输入变压器 T5 初级、V1、V2、V4 的集电极对地发生短路，印刷板上有桥接存在等。

③电流在 15mA～20mA 左右，可将电阻 R7 更换大一些的，如原为 560Ω 现换成 1k 的。

④电流很大，表针满偏。这是由于输出变压器初级对地短路，或者 V5 或 V6 集电极对地短路(可能 V5 或 V6 的 ce 结击穿或搭锡所致)。另外，要重点检查 V5(二极管)，检查是否焊反，或测其两端电压(正常值应为 0.62V～0.65V)，如偏高，则应更换二极管。

⑤总电流基本正常(本机正常电流约为 10mA±2mA)，比时可进行下一步检查。

(3)判断故障位置

故障在低放之前还是低放之中(包括功放)的方法：

①接通电源开关将音量电位器开至最大,喇叭中没有任何响声。可以判定低放部分肯定有故障。

②判断低放之前的电路工作是否正常方法如下:将音量调小,万用表拨至直流 0.5V 档,两表笔并接在音量电位器非中心端的另两端上,一边从低端到高端拨动调谐盘,一边观看电表指针.若发现指针摆动,且在正常播出一句话时指针摆动次数约在数十次左右.即可断定低放之前电路工作是正常的。若无摆动,则说明低放之前的电路中也有故障,这时仍应先解决低放中的问题,然后再解决低放之前电路中的问题。

(4)完全无声故障检修(低放故障)

将音量开大,用万用表直流电压 10V 档,黑表笔接地,红表笔分别触碰电位器的中心端和非接地端(相当于输入干扰信号),可能出现三种情况:

①碰非接地端喇叭中无"咯咯"声,碰中心端时喇叭有声。这是由于电位器内部接触不良,可更换或修理排除故障。

②碰非接地端和中心端均无声,这时用万用表 R×10 档,两表笔并接碰触喇叭引线,触碰时喇叭若有"咯咯"声,说明喇叭完好。然后用万用表电阻档点触 T6 次级两端,喇叭中如无"咯咯"声,说明耳机插孔接触不良,或者喇叭的导线已断;若有"咯咯"声,则把表笔接到 T6 初级两组线圈两端,这时若无"咯咯"声,就是 T6 初级有断线。

A. 将 T6 初级中心抽头处断开,测量集电极电流:▲电流正常:说明 V5 和 V6 工作正常,T5 次级无断线。▲电流为 0:则可能是 R7 断路或阻值变大;R7 短路;T5 次级断线;V5 和 V6 损坏(同时损坏情况较少)。▲电流比正常情况大:则可能是 R7 阻值变小;V7 损坏;而 V5 或 V6 有漏电;T5 初、次级有短路;C9 或 C10 有漏电或短路。

B. 测量 V4 的直流工作状态,若无集电极电压,则 T5 初级断线;若无基极电压,则 R5 开路;C8 和 C11 同时短路较少,C8 短路而电位器刚好处于最小音量处时,会造成基极对地短路。若红表笔触碰电位器中心端无声,触碰 V4 基极有声,说明 C8 开路或失效。

③用干扰法触碰电位器的中心端和非接地端,喇叭中均有声,则说明低放工作正常。

(5)无台故障检修(低放前故障)

无声指将音量开大,喇叭中有轻微的"沙沙"声,但调谐时收不到电台。

①测量 V3 的集电极电压:若无,则 R4 开路或 C6 短路;若电压不正常,检查 R4 是否良好。测量 V3 的基极电压,若无,则可能 R3 开路(这时 V2 基极也无电压),或 T4 次级断线,或 C4 短路。注意此管工作在近似截止的工作状态,所以它的射极电压很小,集电极电流也很小。

②测量 V2 的集电极电压。无电压,是 T4 初级断线;电压正常而干扰信号的注入在喇叭中不能引起声音,是 T4 初级线圈或次级线圈有短路,或槽路电容(200p)短路。电压正常时喇叭发声(槽路电容装在中周内)。

③测量 V2 的基极电压:无电压,系 T3 次级断线或脱焊。电压正常,但干扰信号的注入不能在喇叭中引起响声,是 V2 损坏。电压正常,喇叭有声。

④测量 V1 的集电极电压。无电压,是 T2 次级线圈,T3 初级线圈有断线。电压正常,喇叭中无"咯咯"声,为 T3 初级线圈或次级线圈有短路,或槽路电容短路。如果中周内部线圈有短路故障时,由于匝数较少,所以较难测出,可采用替代法加以证实。

⑤测量 V1 的基极电压。无电压,可能是 R1 或 T1 次级开路,或 C2 短路。电压高于正常值,系 V1 发射结开路。电压正常,但无声,是 V1 损坏。至此如果仍收不到电台,进行下面的检查。

⑥将万用表拨至直流电压 10V 档,两表笔并接于 R2 两端,用镊子将 T2 的初级短路一下,看表针指示是否减少(一般减小 0.2~0.3V 左右),如电压不减小,说明本机振荡没有起振,振荡耦合电容 C3 失效或开路,C2 短路(V1 射极无电压),T2 初级线圈内部断路或短路,双联质量不好。如电压减小很少,说明本机振荡太弱,或 T2 受潮,印刷板受潮,或双联漏电,或微调电容不好,或 V1 质量不好,此法同时可检测 V1 偏流是否合适。电压减小正常,断定故障在输入回路。查双联有无短路,电容质量如何,磁棒线圈 T1 初级是否断线。到此收音机应能收听到电台播音,可以进入调试。

表 6.5.6   静态工作点参考

测试点	发射极电压(V)	基极电压(V)	集电极电压(V)	集电极电流(mA)	备注
V1	1.1~1.3	1.4~1.9	2.5	0.4 左右	
V2	0	0.7	2.5	0.1~0.2 左右	
V3	0.05	0.7	1.7	0.2 左右	该管近似截止状态
V4	0	0.7	1.9	1.5 左右	
V5	0	0.65	3	1~2.5	
V6	0	0.65	3	1~2.5	
V7				2.5~3	二极管

10. 思考题

(1)电路设计可以改进的地方有哪些?

(2)哪些元器件可以被替换?

11. 实训报告内容

(1)请写出实习目的和实习内容。

(2)请画出原理框图并做简要的说明。

(3)请说明调测的方法和步骤。

(4)说明在实习过程中所遇到的问题以及解决方法。

(5)请谈一谈实习的心得体会以及有何建议和意见。

6.5.2 项目二 LM386 音频功率放大电路

1. 实训目的

模拟电子技术课实习是专业基础必修课,是通信技术专业重要的实践教学环节,其目的是使学生将模拟电路理论知识与基本实践技能相结合。学生通过对实用模拟电子电路的设计、安装、调试、撰写报告等各环节的训练,培养其电子技术理论知识在实践中的应用能力以及独立地解决实际问题的能力和创新能力。

通过该实训,加强学生对所学理论知识的理解;强化学生的技能练习,使之能够掌握电子技术基本理论的应用与实践技能、技巧;加强动手能力及劳动观念的培养,学会基本的电路设计及构成方法;尤其在培养学生对所学专业知识综合应用能力及认知素质等方面,该项实训是不可缺少的重要环节。

2. 实训重点

(1)实训内容

①常用电子器件的认识及焊接练习;

②常用仪表的用法及测量;

③951 高级大功率放大器和 LM386 音频功率放大电路安装与调试。

(2)实训教学要求

①理解单元电路的原理,掌握操作步骤,能正确安装简单的单元电路。

②熟悉集成元件的引脚功能,并能正确安装。

③掌握测试仪表仪器的使用及调整。

④会根据测试结果分析故障产生原因。

⑤会利用原理电路图纸判断具体器件故障。

3. 实训仪器

万用表、示波器、电烙铁等。

4. 实训材料

编 号	元件编号	元件型号
1	R1	1MΩ
2	R2	4KΩ
3	R3	100KΩ
4	R4	10Ω
5	Q1	9013
6	C1	$1\mu F/50V$
7	C2	$10\mu F/50V$
8	C3	$100\mu F/16V$
9	C4	104
10	C5	$100\mu F/16V$

编　号	元件编号	元件型号
11	C6	104
12	U1	集成功放 LM386
13	SP	扬声器1个

5. 电路原理

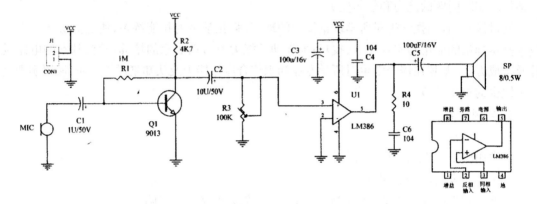

图 6.5.7

6. 思考题

(1)电路设计可以改进的地方有哪些?

(2)哪些元器件可以被替换?

7. 实训报告内容

(1)实训内容、目的、器材;

(2)电路原理说明、元件清单介绍;

(3)调试方法,性能指标检测结果,维修过程及结果的说明;

(4)实训总结(包括收获、感想和建议)。

6.5.3　项目三　小功率调频发射机的设计与制作

1. 实训目的
(1)掌握小功率发射机的结构与原理。
(2)掌握调频振荡级、缓冲级、功放输出级的原理与应用。

2. 实训重点
(1)确定电路形式,选择各级电路的静态工作点,画出电路图。
(2)计算各级电路元件参数并选取元件。
(3)画出电路装配图。
(4)组装焊接电路。
(5)调试并测量电路性能。

3. 主要技术指标
(1)中心频率　　$f_0 = 12MHz$
(2)频率稳定度　$\Delta f/f_0 \leqslant 10^{-4}$
(3)最大频偏　　$\Delta f_m > 10kHz$
(4)输出功率　　$P_o \geqslant 30Mw$　　电源电压　　$V_{cc} = 9V$

4. 实训仪器
万用表、示波器、电烙铁等。

5. 实训材料

序号	名称	规格型号	数量	单位	点位
1	碳膜电阻	RT-1/6W-12Ω	1	个	R4
2	碳膜电阻	RT-1/6W-100Ω	3	个	R6、R12、R15
3	碳膜电阻	RT-1/6W-470Ω	1	个	R11
4	碳膜电阻	RT-1/6W-1KΩ	1	个	R5
5	碳膜电阻	RT-1/6W-1.2KΩ	1	个	R2
6	碳膜电阻	RT-1/6W-10KΩ	4	个	R1、R3、R8、R10
7	碳膜电阻	RT-1/6W-20KΩ	1	个	R14
8	碳膜电阻	RT-1/6W-27KΩ	2	个	R7、R9
9	碳膜电阻	RT-1/6W-200KΩ	1	个	R13
10	电解电容	100uF	1	个	C13
11	瓷介电容	470(47pF)	1	个	Cp
12	瓷介电容	101(100pF)	3	个	C2、C11、C12
13	瓷介电容	181(180pF)	1	个	C10
14	瓷介电容	221(220pF)	4	个	C1、C6、C9、C15
15	瓷介电容	681(680pF)	1	个	C16

序号	名称	规格型号	数量	单位	点位
16	瓷介电容	102(0.001uF)	1	个	C5
17	瓷介电容	103(0.01uF)	3	个	C3、C7、C8
18	瓷介电容	104(0.1uF)	2	个	C4、C14
19	变容二极管	B910	1	个	D1
20	电感	100uH	1	个	LC
21	三极管	9018	3	个	T1、T2、T3
22	中周		3	个	L1、L2、L3
23	万能板		1	块	
24	DIP8		3	个	
25	焊锡丝		1	米	

6. 电路原理

通常小功率发射机采用直接调频方式,它的组成框图如图 6.5.8 所示。其中调频振荡级主要是产生频率稳定、中心频率符合指标要求的正弦波信号,且其频率受到外加音频信号电压调变;缓冲级主要是对调频振荡信号进行放大,以提供末级所需的激励功率,同时还对前后级起有一定的隔离作用,为避免末级功放的工作状态变化而直接影响振荡级的频率稳定度;功放级的任务是确保高效率输出足够大的高频功率,并馈送到天线进行发射。

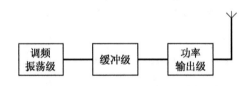

图 6.5.8　调频发射机组成

上述框所示小功率发射机设计的主要任务是选择各级电路形式和各级元器件参数的计算。

(1)调频振荡级

由于是固定的中心频率,可以考虑采用频率稳定度较高的克拉泼振荡电路。

(2)缓冲级

由于对该级有一定增益要求,考虑到中心频率固定,因此可采用以 LC 并联回路作负载的小信号谐振放大器电路。对该级管子的要求是:

$$f_T \geqslant (3-5)f_o$$
$$V_{(BR)CEO} \geqslant 2V_{cc}$$

至于谐振回路的计算,一般先根据 f_o 计算出 LC 的乘积值,然后选择合适的 C 来求出 LC。根据本项目的频率,可取 100pF～200pF 。

(3)功放输出级

为了获得较大的功率增益和较高的集电极效率,该级可采用共发射极电路,且工作在丙类

状态。输出回路用来实现阻抗匹配并进行滤波,从结构简单、调节方便起见,本项目可采用 π
型网络,计算元件参数时通常取 Qe1 在 10 以内,计算公式请参阅教材。功放管要满足以下条
件:

$$P_{CM} \geqslant P_0$$
$$I_{CM} \geqslant i_{cmax}$$
$$V_{(BR)CEO} \geqslant 2V_{cc}$$
$$f_T \geqslant (3-5)f_o$$

(4)参考电路

鉴于上述设计考虑,图 6.5.9 所示是可供选用的电路之一。在条件许可时,亦可采用
MC2833 单片集成电路来设计,该集成电路工作原理请参见其规格书,应结合本项目要求对电
路外围元件参数作相应计算修改。

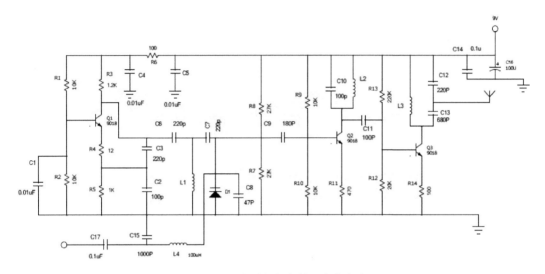

图 6.5.9　小型调频发射机参考电路

7. 思考题

(1)电路设计可以改进的地方有哪些?

(2)哪些元器件可以被替换?

8. 实训报告内容

写出课程设计报告书,内容包括:

(1)任务及性能指标要求;

(2)电路和方案选择的依据,元件的理论计算和选择;

(3)调试方法和步骤,调试中问题的分析及解决;

(4)测试仪器,实验结果及分析;

(5)改进设想,实验心得。

第七章　电子系统综合设计

7.1　项目一

2017 年全国大学生电子设计竞赛试题

微电网模拟系统(A 题)

【本科组】

一、任务

设计并制作由两个三相逆变器等组成的微电网模拟系统,其系统框图如图 1 所示,负载为三相对称 Y 连接电阻负载。

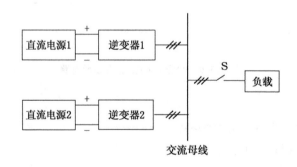

图 1　微电网模拟系统结构示意图

二、要求

1. 基本要求

(1)闭合 S,仅用逆变器 1 向负载提供三相对称交流电。负载线电流有效值 I_o 为 2A 时,线电压有效值 U_o 为 24V±0.2V,频率 f_o 为 50Hz±0.2Hz。

(2)在基本要求(1)的工作条件下,交流母线电压总谐波畸变率(THD)不大于 3%。

(3)在基本要求(1)的工作条件下,逆变器 1 的效率 η 不低于 87%。

(4)逆变器 1 给负载供电,负载线电流有效值 I_o 在 0～2A 间变化时,负载调整率 $S_{I1} \leqslant 0.3\%$。

2. 发挥部分

(1)逆变器 1 和逆变器 2 能共同向负载输出功率,使负载线电流有效值 I_o 达到 3A,频率 f_o 为 50Hz±0.2Hz。

(2)负载线电流有效值 I_o 在 1～3A 间变化时,逆变器 1 和逆变器 2 输出功率保持为 1∶1 分配,两个逆变器输出线电流的差值绝对值不大于 0.1A。负载调整率 $S_{I2}\leqslant0.3\%$。

(3)负载线电流有效值 I_o 在 1～3A 间变化时,逆变器 1 和逆变器 2 输出功率可按设定在指定范围(比值 K 为 1∶2～2∶1)内自动分配,两个逆变器输出线电流折算值的差值绝对值不大于 0.1A。

(4)其他。

三、说明

(1)本题涉及的微电网系统未考虑并网功能,负荷为电阻性负载,微电网中风力发电、太阳能发电、储能等由直流电源等效。

(2)题目中提及的电流、电压值均为三相线电流、线电压有效值。

(3)制作时须考虑测试方便,合理设置测试点,测试过程中不需重新接线。

(4)为方便测试,可使用功率分析仪等测试逆变器的效率、THD 等。

(5)进行基本要求测试时,微电网模拟系统仅由直流电源 1 供电;进行发挥部分测试时,微电网模拟系统仅由直流电源 1 和直流电源 2 供电。

(6)本题定义:①负载调整率 $S_{I1}=\left|\dfrac{U_{o2}-U_{o1}}{U_{o1}}\right|$,其中 U_{o1} 为 $I_o=0A$ 时的输出端线电压,U_{o2} 为 $I_o=2A$ 时的输出端线电压;②负载调整率 $S_{I2}=\left|\dfrac{U_{o2}-U_{o1}}{U_{o1}}\right|$,其中 U_{o1} 为 $I_o=1A$ 时的输出端线电压,U_{o2} 为 $I_o=3A$ 时的输出端线电压;③逆变器 1 的效率 η 为逆变器 1 输出功率除以直流电源 1 的输出功率。

(7)发挥部分(3)中的线电流折算值定义:功率比值 K>1 时,其中电流值小者乘以 K,电流值大者不变;功率比值 K<1 时,其中电流值小者除以 K,电流值大者不变。

(8)本题的直流电源 1 和直流电源 2 自备。

7.2   项目二

2017 年全国大学生电子设计竞赛试题

滚球控制系统(B 题)

【本科组】

一、任务

在边长为 65cm 光滑的正方形平板上均匀分布着 9 个外径 3cm 的圆形区域,其编号分别为 1～9 号,位置如图 1 所示。设计一控制系统,通过控制平板的倾斜,使直径不大于 2.5cm 的小球能够按照指定的要求在平板上完成各种动作,并从动作开始计时并显示,单位为秒。

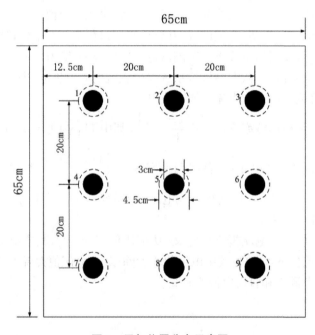

图 1   平板位置分布示意图

二、要求

1. 基本部分

(1)将小球放置在区域 2,控制使小球在区域内停留不少于 5 秒。

(2)在 15 秒内,控制小球从区域 1 进入区域 5,在区域 5 停留不少于 2 秒。

(3)控制小球从区域 1 进入区域 4,在区域 4 停留不少于 2 秒;然后再进入区域 5,小球在区域 5 停留不少于 2 秒。完成以上两个动作总时间不超过 20 秒。

(4)在 30 秒内,控制小球从区域 1 进入区域 9,且在区域 9 停留不少于 2 秒。

2. 发挥部分

(1)在 40 秒内,控制小球从区域 1 出发,先后进入区域 2、区域 6,停止于区域 9,在区域 9

中停留时间不少于 2 秒。

(2)在 40 秒内,控制小球从区域 A 出发,先后进入区域 B、区域 C,停止于区域 D;测试现场用键盘依次设置区域编号 A、B、C、D,控制小球完成动作。

(3)小球从区域 4 出发,作环绕区域 5 的运动(不进入),运动不少于 3 周后停止于区域 9,且保持不少于 2 秒。

(4)其他。

三、说明

1. 系统结构要求与说明

(1)平板的长宽不得大于图 1 中标注尺寸;1~9 号圆形区域外径为 3cm,相邻两个区域中心距为 20cm;1~9 区域内可选择加工外径不超过 3cm 的凹陷。

(2)平板及 1~9 号圆形区域的颜色可自行决定。

(3)自行设计平板的支撑(或悬挂)结构,选择执行机构,但不得使用商品化产品;检测小球运动的方式不限;若平板机构上无自制电路,则无需密封包装,可随身携带至测试现场。

(4)平板可采用木质(细木工板、多层夹板)、金属、有机玻璃、硬塑料等材质,其表面应平滑,不得敷设其他材料,且边缘无凸起。

(5)小球需采用坚硬、均匀材质,小球直径不大于 2.5cm。

(6)控制运动过程中,除自身重力、平板支撑力及摩擦力外,小球不应受到任何外力的作用。

2. 测试要求与说明

(1)每项运动开始时,用手将小球放置在起始位置。

(2)运动过程中,小球进入指定区域是指小球投影与实心圆形区域有交叠;小球停留在指定区域是指小球边缘不出区域虚线界;小球进入非指定区域是指小球投影与实心圆形区域有交叠。

(3)运动中小球进入非指定区域将扣分;在指定区域未能停留指定的时间将扣分;每项动作应在限定时间内完成,超时将扣分。

(4)测试过程中,小球在规定动作完成前滑离平板视为失败。

7.3 项目三

2017 年全国大学生电子设计竞赛试题

四旋翼自主飞行器探测跟踪系统(C 题)

【本科组】

一、任务

设计并制作四旋翼自主飞行器探测跟踪系统,包括设计制作一架四旋翼自主飞行器,飞行器上安装一向下的激光笔;制作一辆可遥控小车作为信标。飞行器飞行和小车运行区域俯视图和立体图分别如图 1 和图 2 所示。

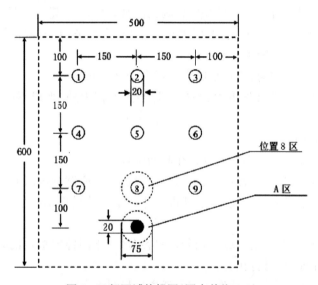

图 1　飞行区域俯视图(图中单位:cm)

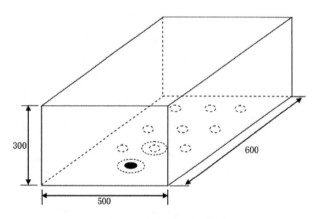

图 2　飞行区域立体图(图中单位:cm)

二、要求

1. 基本要求

(1)四旋翼自主飞行器(以下简称"飞行器")摆放在图 1 所示的 A 区,一键式启动飞行器,起飞并在不低于 1m 高度悬停,5s 后在 A 区降落并停机。悬停期间激光笔应照射到 A 区内。

(2)手持飞行器靠近小车,当两者距离在 0.5~1.5m 范围内时,飞行器和小车发出明显声光指示。

(3)小车摆放在位置 8。飞行器摆放在 A 区,一键式启动飞行器,飞至小车上方且悬停 5s 后择地降落并停机;悬停期间激光笔应照射到位置 8 区内且至少照射到小车一次,飞行时间不大于 30s。

2. 发挥部分

(1)小车摆放在位置 8。飞行器摆放在 A 区,一键式启动飞行器,飞至小车上方后,用遥控器使小车到达位置 2 后停车,期间飞行器跟随小车飞行;小车静止 5s 后飞行器择地降落并停机。飞行时间不大于 30s。

(2)小车摆放在位置 8。飞行器摆放在 A 区,一键式启动飞行器。用遥控器使小车依次途经位置 1~9 中的 4 个指定位置,飞行器在距小车 0.5~1.5m 范围内全程跟随;小车静止 5s 后飞行器择地降落并停机。飞行时间不大于 90s。

(3)其他

四、说明:

1. 参赛队所用飞行器应遵守中国民用航空局的管理规定(《民用无人驾驶航空器实名制登记管理规定》,编号:AP-45-AA-2017-03)。

2. 飞行器桨叶旋转速度高,有危险!请务必注意自己及他人的人身安全。

3. 除小车、飞行器的飞行控制板、单一摄像功能模块外,其他功能的实现必须使用组委会统一下发的 2017 年全国大学生电子设计竞赛 RX23T 开发套件中 RX23TMCU 板(芯片型号 R5F523T5ADFM,板上有"NUEDC"标识)。RX23TMCU 板应安装于明显位置,可插拔,"NUEDC"标识易观察,以便检查。

4. 四旋翼飞行器可自制或外购,带防撞圈,外形尺寸(含防撞圈)限定为:长度≤50cm,宽度≤50cm。飞行器机身必须标注赛区代码。

5. 遥控小车可自制或外购,外形尺寸限定为:长度≤20cm,宽度≤15cm。小车车身必须标注赛区代码。

6. 飞行区域地面为白色;A 区由直径 20cm 的黑色实心圆和直径 75cm 的同心圆组成。位置 1~9 由直径 20cm 的圆形及数字 1~9 组成。位置 8 区是指位置 8 的直径 75cm 同心圆。圆及数字线宽小于 0.1cm。飞行区域不得额外设置任何标识、引导线或其他装置。

7. 飞行过程中飞行器不得接触小车。

8. 测试全程只允许更换电池一次。

9. 飞行器不得遥控,飞行过程中不得人为干预。小车由一名参赛队员使用一个遥控器控制。小车与飞行器不得有任何有线连接。小车遥控器可用成品。

10. 飞行器飞行期间,触及地面或保护网后自行恢复飞行的,酌情扣分;触地触网后 5s 内不能自行恢复飞行视为失败,失败前完成的部分仍计分。

11. 一键式启动是指飞行器摆放在 A 区后,只允许按一个键启动。如有飞行模式设置应在飞行器摆放在 A 区前完成。

12. 基本要求(3)和发挥部分(1)、(2)中择地降落是指飞行器稳定降落于场地任意地点,避免与小车碰撞。

13. 基本要求(3)和发挥部分(1)、(2)飞行时间超时扣分。

14. 发挥部分(1)、(2)中飞行器跟随小车是指飞行器飞行路径应与小车运行路径一致,出现偏离酌情扣分。飞行器飞行路径以激光笔照射地面位置为准,照射到小车车身或小车运行路径视为跟随。

15. 发挥部分(2)中指定位置由参赛队员在测试现场抽签决定。

16. 为保证安全,可沿飞行区域四周架设安全网(长 600cm、宽 500cm、高 300cm),顶部无需架设。若安全网采用排球网、羽毛球网时可由顶向下悬挂不必触地,不得影响视线。安装示意图如图 3 所示。

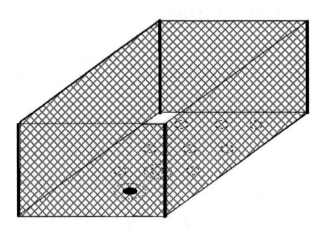

图 3 飞行区域安全网示意图

7.4 项目四

2017年全国大学生电子设计竞赛试题

自适应滤波器(E 题)

【本科组】

一、任务

设计并制作一个自适应滤波器,用来滤除特定的干扰信号。自适应滤波器工作频率为10KHz~100KHz。其电路应用如图 1 所示。

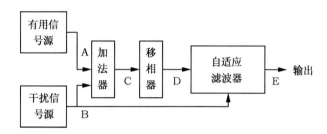

图 1 自适应滤波器电路应用示意图

图 1 中,有用信号源和干扰信号源为两个独立信号源,输出信号分别为信号 A 和信号 B,且频率不相等。自适应滤波器根据干扰信号 B 的特征,采用干扰抵消等方法,滤除混合信号 D中的干扰信号 B,以恢复有用信号 A 的波形,其输出为信号 E。

二、要求

1. 基本要求

(1)设计一个加法器实现 C=A+B,其中有用信号 A 和干扰信号 B 峰峰值均为 1~2V,频率范围为 10KHz~100KHz。预留便于测量的输入输出端口。

(2)设计一个移相器,在频率范围为 10KHz~100KHz 的各点频上,实现点频 0°~180°手动连续可变相移。移相器幅度放大倍数控制在 1±0.1,移相器的相频特性不做要求。预留便于测量的输入输出端口。

(3)单独设计制作自适应滤波器,有两个输入端口,用于输入信号 B 和 D。有一个输出端口,用于输出信号 E。当信号 A、B 为正弦信号,且频率差≥100Hz 时,输出信号 E 能够恢复信号 A 的波形,信号 E 与 A 的频率和幅度误差均小于 10%。滤波器对信号 B 的幅度衰减小于1%。预留便于测量的输入输出端口。

2. 发挥部分

(1)当信号 A、B 为正弦信号,且频率差≥10Hz 时,自适应滤波器的输出信号 E 能恢复信号 A 的波形,信号 E 与 A 的频率和幅度误差均小于 10%。滤波器对信号 B 的幅度衰减小于1%。

（2）当 B 信号分别为三角波和方波信号，且与 A 信号的频率差大于等于 10Hz 时，自适应滤波器的输出信号 E 能恢复信号 A 的波形，信号 E 与 A 的频率和幅度误差均小于 10%。滤波器对信号 B 的幅度衰减小于 1%。

（3）尽量减小自适应滤波器电路的响应时间，提高滤除干扰信号的速度，响应时间不大于 1 秒。

（4）其他。

三、说明

1. 自适应滤波器电路应相对独立，除规定的 3 个端口外，不得与移相器等存在其他通信方式。

2. 测试时，移相器信号相移角度可以在 0°～180°手动调节。

3. 信号 E 中信号 B 的残余电压测试方法为：信号 A、B 按要求输入，滤波器正常工作后，关闭有用信号源使 $U_A = 0$，此时测得的输出为残余电压 U_E。滤波器对信号 B 的幅度衰减为 U_E/U_B。若滤波器不能恢复信号 A 的波形，该指标不测量。

4. 滤波器电路的响应时间测试方法为：在滤波器能够正常滤除信号 B 的情况下，关闭两个信号源。重新加入信号 B，用示波器观测 E 信号的电压，时降低示波器水平扫描速度，使示波器能够观测 1～2 秒 E 信号包络幅度的变化。测量其从加入信号 B 开始，至幅度衰减 1% 的时间即为响应时间。若滤波器不能恢复信号 A 的波形，该指标不测量。

7.5　项目五

2017 年全国大学生电子设计竞赛试题

调幅信号处理实验电路(F 题)

【本科组】

一、任务

设计并制作一个调幅信号处理实验电路。其结构框图如图 1 所示。输入信号为调幅度 50％的 AM 信号。其载波频率为 250MHz～300MHz，幅度有效值 V_{irms} 为 $10\mu V$～1mV，调制频率为 300Hz～5KHz。

低噪声放大器的输入阻抗为 50Ω，中频放大器输出阻抗为 50Ω，中频滤波器中心频率为 10.7MHz，基带放大器输出阻抗为 600Ω、负载电阻为 600Ω，本振信号自制。

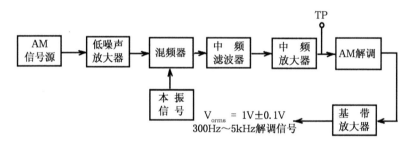

图 1　调幅信号处理实验电路结构框图

二、要求

1. 基本要求

(1)中频滤波器可以采用晶体滤波器或陶瓷滤波器，其中频频率为 10.7MHz。

(2)当输入 AM 信号的载波频率为 275MHz，调制频率在 300Hz～5KHz 范围内任意设定一个频率，$V_{irms}=1mV$ 时，要求解调输出信号为 $V_{orms}=1V\pm0.1V$ 的调制频率的信号，解调输出信号无明显失真。

(3)改变输入信号载波频率 250MHz～300MHz，步进 1MHz，并在调整本振频率后，可实现 AM 信号的解调功能。

2. 发挥部分

(1)当输入 AM 信号的载波频率为 275MHz，V_{irms} 在 $10\mu V$～1mV 之间变动时，通过自动增益控制(AGC)电路(下同)，要求输出信号 V_{orms} 稳定在 $1V\pm0.1V$。

(2)当输入 AM 信号的载波频率 250MHz～300MHz(本振信号频率可变)，V_{irms} 在 $10\mu V$～1mV 之间变动，调幅度为 50％时，要求输出信号 V_{orms} 稳定在 $1V\pm0.1V$。

(3)在输出信号 V_{orms} 稳定在 $1V\pm0.1V$ 的前提下，尽可能降低输入 AM 信号的载波信号电平。

(4)在输出信号 V_{orms} 稳定在 $1V \pm 0.1V$ 的前提下，尽可能扩大输入 AM 信号的载波信号频率范围。

(5)其他。

三、说明

1. 采用+12V 单电源供电，所需其他电源电压自行转换。
2. 中频放大器输出要预留测试端口 TP。

7.6 项目六

2017 年全国大学生电子设计竞赛试题

远程幅频特性测试装置（H 题）

【本科组】

一、任务

设计并制作一远程幅频特性测试装置。

二、要求

1. 基本要求

（1）制作一信号源。输出频率范围：1MHz～40MHz；步进：1MHz，且具有自动扫描功能；负载电阻为 600Ω 时，输出电压峰峰值在 5mV～100mV 之间可调。

（2）制作一放大器。要求输入阻抗：600Ω；带宽：1MHz～40MHz；增益：40dB，要求在 0～40 dB 连续可调；负载电阻为 600Ω 时，输出电压峰峰值为 1V，且波形无明显失真。

（3）制作一用示波器显示的幅频特性测试装置，该幅频特性定义为信号的幅度随频率变化的规律。在此基础上，如图 1 所示，利用导线将信号源、放大器、幅频特性测试装置等三部分联接起来，由幅频特性测试装置完成放大器输出信号的幅频特性测试，并在示波器上显示放大器输出信号的幅频特性。

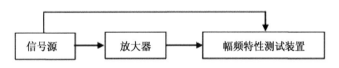

图 1　远程幅频特性测试装置框图（基本部分）

2. 发挥部分

（1）在电源电压为 +5V 时，要求放大器在负载电阻为 600Ω 时，输出电压有效值为 1V，且波形无明显失真。

（2）如图 2 所示，将信号源的频率信息、放大器的输出信号利用一条 1.5m 长的双绞线（一根为信号传输线，一根为地线）与幅频特性测试装置联接起来，由幅频特性测试装置完成放大器输出信号的幅频特性测试，并在示波器上显示放大器输出信号的幅频特性。

图 2　有线信道幅频特性测试装置框图（发挥部分）

（3）如图 3 所示，使用 WiFi 路由器自主搭建局域网，将信号源的频率信息、放大器的输出信号信息与笔记本电脑联接起来,由笔记本电脑完成放大器输出信号的幅频特性测试,并以曲线方式显示放大器输出信号的幅频特性。

图 3 WiFi 信道幅频特性测试装置框图 (发挥部分)

(4)其他。

三、说明

1. 笔记本电脑和路由器自备(仅限本题)。
2. 在信号源、放大器的输出端预留测试端点。

7.7　项目七

2017 年全国大学生电子设计竞赛试题
可见光室内定位装置(Ⅰ题)

【本科组】

一、任务

设计并制作可见光室内定位装置,其构成示意图如图 1 所示。参赛者自行搭建不小于 80cm×80cm×80cm 的立方空间(包含顶部、底部和 3 个侧面)。顶部平面放置 3 个白光 LED,其位置和角度自行设置,由 LED 控制电路进行控制和驱动;底部平面绘制纵横坐标线 (间隔 5cm),并分为 A、B、C、D、E 五个区域,如图 2 所示。要求在 3 个 LED 正常照明(无明显 闪烁)的情况下,测量电路根据传感器检测的信号判定传感器的位置。

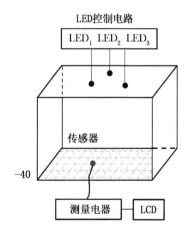

图 1　可见光室内定位装置示意图

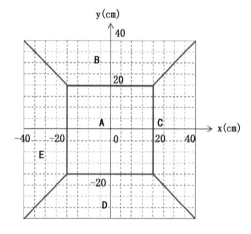

图 2　底部平面坐标区域图

二、要求

1. 基本要求

(1)传感器位于 B、D 区域,测量电路能正确区分其位于横坐标轴的上、下区域。

(2)传感器位于 C、E 区域,测量电路能正确区分其位于纵坐标轴的左、右区域。

(3)传感器位于 A 区域,测量显示其位置坐标值,绝对误差不大于 10cm。

(4)传感器位于 B、C、D、E 区域,测量显示其位置坐标值,绝对误差不大于 10cm。

(5)测量电路 LCD 显示坐标值,显示分辨率为 0.1cm。

2. 发挥部分

(1)传感器位于底部平面任意区域,测量显示其位置坐标值,绝对误差不大于 3cm。

(2)LED 控制电路可由键盘输入阿拉伯数字,在正常照明和定位(误差满足基本要求(3) 或(4))的情况下,测量电路能接收并显示 3 个 LED 发送的数字信息。

（3）LED 控制电路外接 3 路音频信号源,在正常照明和定位的情况下,测量电路能从 3 个 LED 发送的语音信号中,选择任意一路进行播放,且接收的语音信号均无明显失真。

（4）LED 控制电路采用＋12V 单电源供电,供电功率不大于 5W。

（5）其他。

三、说明

1. LED 控制电路和测量电路相互独立。

2. 顶部平面不可放置摄像头等传感器件。

3. 传感器部件体积不大于 5cm×5cm×3cm,用"＋"表示检测中心位置。

4. 信号发生器或 MP3 的信号可作为音频信号源。

5. 在 LED 控制电路的 3 个音频输入端、测量电路的扬声器输入端和供电电路端预留测试端口。

6. 位置绝对误差:

$$e=\sqrt{(x-x_0)^2+(y-y_0)^2}$$

式中 x、y 为测得坐标值,x_0、y_0 为实际坐标值。

7. 每次位置测量开始后,要求 5s 内将测得的坐标值锁定显示。

8. 测试环境:关闭照明灯,打开窗帘,自然采光,避免阳光直射。

7.8　项目八

2017 年全国大学生电子设计竞赛试题

单相用电器分析监测装置(K 题)

【本科组】

一、任务

设计并制作一个可根据电源线的电参数信息分析用电器类别和工作状态的装置。该装置具有学习和分析监测两种工作模式。在学习模式下,测试并存储各单件电器在各种状态下用于识别电器及其工作状态的特征参量;在分析监测模式下,实时指示用电器的类别和工作状态。

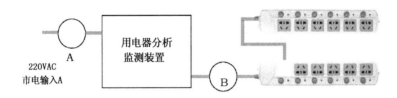

图 1　分析监测装置示意图

二、要求

1. 基本要求

(1)电器电流范围 0.005A～10.0A,可包括但不限于以下电器:LED 灯、节能灯、USB 充电器(带负载)、无线路由器、机顶盒、电风扇、热水壶。

(2)可识别的电器工作状态总数不低于 7,电流不大于 50mA 的工作状态数不低于 5,同时显示所有可识别电器的工作状态。自定可识别的电器种类,包括一件最小电流电器和一件电流大于 8A 的电器,并完成其学习过程。

(3)实时指示用电器的工作状态并显示电源线上的电特征参数,响应时间不大于 2s。特征参量包括电流和其他参量,自定义其他特征参量的种类、性质、数量自定。电器的种类及其工作状态、参量种类可用序号表示。

(4)随机增减用电器或改变使用状态,能实时指示用电器的类别和状态。

(5)用电阻自制一件可识别的最小电流电器。

2. 发挥部分

(1)具有学习功能。清除作品存储的所有特征参数,重新测试并存储指定电器的特征参数。一种电器一种工作状态的学习时间不大于 1 分钟。

(2)随机增减用电器或改变使用状态,能实时指示用电器的类别和状态。

(3)提高识别电流相同,其他特性不同的电器的能力和大、小电流电器共用时识别小电流电器的能力。

(4)装置在监测模式下的工作电流不大于15mA,可以选用无线传输到便携终端上显示的方式,显示终端可为任何符合竞赛要求的通用或专用的便携设备,便携显示终端功耗不计入装置的功耗。

(5)其他。

三、说明

图中A点和B点预留装置电流和用电器电流测量插入接口。测试基本要求的电器自带,并安全连接电源插头。具有多种工作状态的要带多件,以便所有工作状态同时出现。最小电流电器序号为1;序号1~5电器电流不大于50mA;最大电流电器序号为7,可由赛区提供(例如1800W热水壶)。交作品之前完成学习过程,赛区测试时直接演示基本要求的功能。

7.9　项目九

2017年全国大学生电子设计竞赛试题

自动泊车系统（L 题）

【高职高专组】

一、任务

设计并制作一个自动泊车系统,要求电动小车能自动驶入指定的停车位,停车后能自动驶出停车场。停车场平面示意图如图 1 所示,其停车位有两种规格,01～04 称为垂直式停车位,05、06 称为平行式停车位。图中"⊗"为 LED 灯。

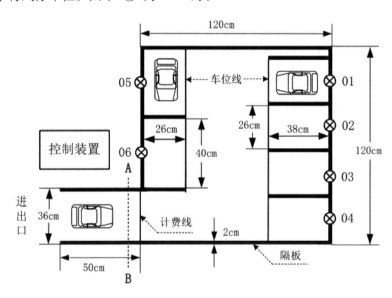

图 1　停车场平面示意图

二、要求

1. 基本要求

(1)停车场中的控制装置能通过键盘设定一个空车位,同时点亮对应空车位的 LED 灯。

(2)控制装置设定为某一个垂直式空车位。电动小车能自动驶入指定的停车位;驶入停车位后停车 5s,停车期间发出声光信息;然后再从停车位驶出停车场。要求泊车时间(指一进一出时间及停车时间)越短越好。

(3)停车场控制装置具有自动计时计费功能,实时显示计费时间和停车费。为了测评方便,计费按每 30 秒 5 元计算(未满 30 秒按 5 元收费)。

2. 发挥部分

(1)电动小车具有检测并实时显示在泊车过程中碰撞隔板次数的功能,要求电动小车周边任何位置碰撞隔板都能检测到。

(2)电动小车能自动驶入指定的平行式停车位;驶入停车位后停车 5s,停车期间发出声光信息;然后从停车位驶出停车场。要求泊车时间越短越好。

(3)要求碰撞隔板的次数越少越好。

(4)其他。

三、说明

1. 测试时要求使用参赛队自制的停车场地装置。上交作品时,需要把控制装置与电动小车一起封存。

2. 停车场地可采用木工板制作。板上的隔板也可采用木工板,其宽度为 2cm,高度为 20cm;计费线和车位线的宽度为 1cm,可以涂墨或粘黑色胶带。示意图中的虚线、电动小车模型和尺寸标注线不要绘制在板上。为了长途携带方便,建议在图 1 中虚线 AB 处将停车场地分为两块,测试时再拼接在一起。

3. 允许在隔板表面安装相关器件,但不允许在停车场地地面设置引导标志。

4. 电动小车为四轮电动小车,其地面投影为长方形,外围尺寸(含车体上附加装置)的限制为:长度≥26cm,宽度≥16cm,高度≤20cm,行驶过程中不允许人工遥控。要求在电动小车顶部明显标出电动小车的中心点位置,即横向与纵向两条中心线的交点。

5. 当电动小车运行前部第一次通过计费线时开始计时,小车运行前部再次通过计费线时停止计时。

6. 若电动小车泊车时间超过 4 分钟即结束本次测试,已完成的测试内容(含计时和计费的测试内容)仍有效,但发挥部分(3)的测试成绩计 0 分。

7.10 项目十

2017 年全国大学生电子设计竞赛试题

管道内钢珠运动测量装置(M 题)

【高职高专组】

一、任务

设计并制作一个管道内钢珠运动测量装置,钢珠运动部分的结构如图 1 所示。装置使用 2 个非接触传感器检测钢珠运动,配合信号处理和显示电路获得钢珠的运动参数。

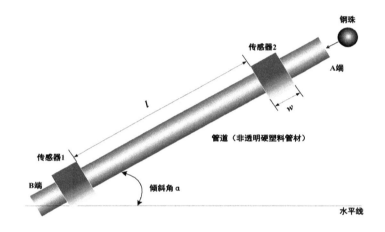

图 1 钢珠运动部分的结构

二、要求

1. 基本要求

规定传感器宽度 w≤20mm,传感器 1 和 2 之间的距离 l 任意选择。

(1)按照图 1 所示放置管道,由 A 端放入 2~10 粒钢珠,每粒钢珠放入的时间间隔≤2s,要求装置能够显示放入钢珠的个数。

(2)分别将管道放置为 A 端高于 B 端或 B 端高于 A 端,从高端放入 1 粒钢珠,要求能够显示钢珠的运动方向。

(3)按照图 1 所示放置管道,倾斜角 a 为 10°~80°之间的某一角度,由 A 端放入 1 粒钢珠,要求装置能够显示倾斜角 a 的角度值,测量误差的绝对值≤3°。

2. 发挥部分

设定传感器 1 和 2 之间的距离 l 为 20mm,传感器 1 和 2 在管道外表面上安放的位置不限。

(1)将 1 粒钢珠放入管道内,堵住两端的管口,摆动管道,摆动周期≤1 s,摆动方式如图 2 所示,要求能够显示管道摆动的周期个数。

(2)按照图1所示放置管道,由A端一次连续倒入2~10粒钢珠,要求装置能够显示倒入钢珠的个数。

(3)按照图1所示放置管道,倾斜角 a 为 $10°\sim80°$ 之间的某一角度,由A端放入1粒钢珠,要求装置能够显示倾斜角 a 的角度值,测量误差的绝对值 $\leqslant3°$。

(4)其他。

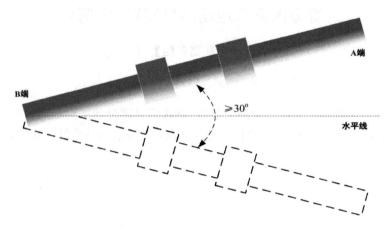

注:A端由最高处向下到达最低处,再由最低处回到最高处为1个摆动周期,摆动角度上下对称。

图2　管道摆动方式

三、说明

1. 管道采用市售非透明4分(外径约20mm)硬塑料管材,要求内壁光滑,没有加工痕迹,长度为500mm。钢珠直径小于管道内径,具体尺寸不限。

2. 发挥部分(2),"由A端一次连续倒入2~10粒钢珠"的推荐方法:将硬纸卷成长槽形状,槽内放入2~10粒钢珠,长槽对接A端管口,倾斜长槽将全部钢珠一次倒入管道内。

3. 所有参数以2位十进制整数形式显示;基本部分(2)A端向B端运动方向显示"01",B向A端运动方向显示"10"。

7.11　项目十一

2017 年全国大学生电子设计竞赛试题
直流电动机测速装置(O 题)
【高职高专组】

一、任务

在不检测电动机转轴旋转运动的前提下,按照下列要求设计并制作相应的直流电动机测速装置。

二、要求

1. 基本要求

以电动机电枢供电回路串接采样电阻的方式实现对小型直流有刷电动机的转速测量。

(1)测量范围:600～5000rpm

(2)显示格式:四位十进制

(3)测量误差:不大于 0.5%

(4)测量周期:2 秒

(5)采样电阻对转速的影响:不大于 0.5%

2. 发挥部分

以自制传感器检测电动机壳外电磁信号的方式实现对小型直流有刷电动机的转速测量。

(1)测量范围:600～5000rpm

(2)显示格式:四位十进制

(3)测量误差:不大于 0.2%

(4)测量周期:1 秒

(5)其他

三、说明

1. 建议被测电动机采用工作电压为 3.0～9.0V、空载转速高于 5000rpm 的直流有刷电动机。

2. 测评时采用调压方式改变被测电动机的空载转速。

3. 考核制作装置的测速性能时,采用精度为 0.05%±1 个字的市售光学非接触式测速计作参照仪,以检测电动机转轴旋转速度的方式进行比对。

4. 基本要求中,采样电阻两端应设有明显可见的短接开关。

5. 基本要求中,允许测量电路与被测电动机分别供电。

6. 发挥部分中,自制的电磁信号传感器形状大小不限,但测转速时不得与被测电动机有任何电气连接。

7.11 项目十二

2017 年全国大学生电子设计竞赛试题

简易水情检测系统(P 题)

【高职高专组】

一、任务

设计并制作一套如图 1 所示的简易水情检测系统。图 1 中,a 为容积不小于 1 升、高度不小于 200mm 的透明塑料容器,b 为 PH 值传感器,c 为水位传感器。整个系统仅由电压不大于 6V 的电池组供电,不允许再另接电源。检测结果用显示屏显示。

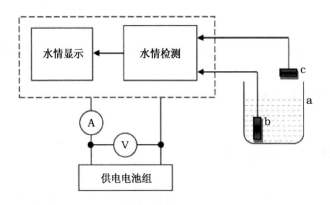

图 1 简易水情检测系统示意图

二、要求

1. 基本要求

(1)分四行显示"水情检测系统"和水情测量结果。

(2)向塑料容器中注入若干毫升的水和白醋,在 1 分钟内完成水位测量并显示,测量偏差不大于 5mm。

(3)保持基本要求(2)塑料容器中的液体不变,在 2 分钟内完成 PH 值测量并显示,测量偏差不大于 0.5。

(4)完成供电电池的输出电压测量并显示,测量偏差不大于 0.01V。

2. 发挥部分

(1)将塑料容器清空,多次向塑料容器注入若干纯净水,测量每次的水位值。要求在 1 分钟内稳定显示,每次测量偏差不大于 2mm。

(2)保持发挥部分(1)的水位不变,多次向塑料容器注入若干白醋,测量每次的 PH 值。要求在 2 分钟内稳定显示,测量偏差不大于 0.1。

(3)系统工作电流尽可能小,最小电流不大于 50μA。

(4)其他。

三、说明

1. 不允许使用市售检测仪器。

2. 为方便测量,要预留供电电池组输出电压和电流的测量端子。

3. 显示格式:

第一行显示"水情检测系统";

第二行显示水位测量高度值及单位"mm";

第三行显示 PH 测量值,保留 1 位小数;

第四行显示电池输出电压值及单位"V",保留 2 位小数。

4. 水位高度以钢直尺的测量结果作为标准值。

5. PH 值以现场提供的 PH 计(分辨率 0.01)测量结果作为标准值。

6. 系统工作电流用万用表测量,数值显示不稳定时取 10 秒内的最小值。

附录 A　Multisim 软件简介及使用方法

一、Multisim 软件简介

Multisim 是美国国家仪器(NI)有限公司推出的以 Windows 为基础的仿真工具,适用于板级的模拟/数字电路板的设计工作。它包含了电路原理图的图形输入、电路硬件描述语言输入方式,具有丰富的仿真分析能力。

Multisim 软件可用于交互式地搭建电路原理图,并对电路进行仿真分析。Multisim 提炼了 SPICE 仿真的复杂内容,无需深入地了解 SPICE 技术亦可很快地进行捕获、仿真和分析电路,这也使其更适合电子学教育。通过 Multisim 和虚拟仪器技术,PCB 设计工程师和电子学教育工作者可以完成从理论分析到原理图绘制及仿真,再到原型设计和测试这样一个完整的综合设计流程。

目前美国 NI 公司的 EWB 包含有电路仿真设计模块 Multisim、PCB 设计模块 Ultiboard、布线引擎 Ultiroute 以及通信电路分析与设计模块 Commsim 共 4 个部分,能完成从电路的仿真设计到电路版图生成的全过程。Multisim、Ultiboard、Ultiroute 及 Commsim 这 4 个部分相互独立,可以分别使用。Multisim、Ultiboard、Ultiroute 及 Commsim 这 4 个部分有增强专业版(Power Professional)、专业版(Professional)、个人版(Personal)、教育版(Education)、学生版(Student)以及演示版(Demo)等多个版本,各版本的功能和价格有明显差异。

Multisim 软件经历了 EWB5.0、EWB6.0、Multisim2001、Multisim 7、Multisim 8、Multisim 9、Multisim 10、Multisim 11、Multisim 12、Multisim 13、Multisim 14 等版本,在各高校教学中普遍使用 Multisim 10,现以 Multisim 10 教育版为例简要介绍其使用方法。

(一)Multisim 10 的启动

启动 Multisim 10 以后,出现以下启动界面,如图 A.1 所示。

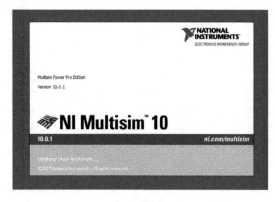

图 A.1　启动界面

(二)Multisim 10 的工作界面

Multisim 10 打开后的界面如图 A.2 所示。主要有菜单栏、工具栏、缩放栏、设计栏、仿真栏、工程栏、元件栏、仪器栏以及电路图编辑窗口等部分组成。

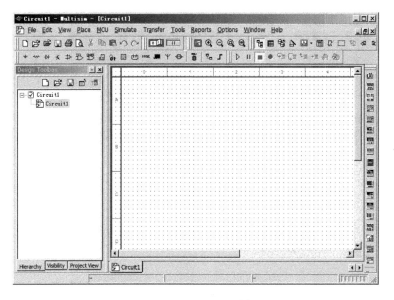

图 A.2 Multisim 10 界面

点击 File(文件)→New(新建)→Schematic Capture(原理图),即可新建一张空白电路原理图,如图 A.3 所示。

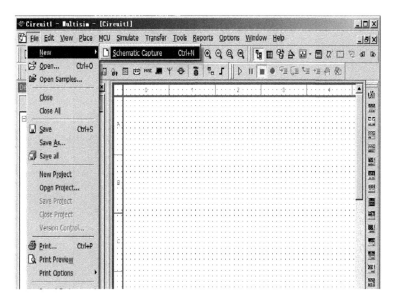

图 A.3 新建原理图

二、Multisim 10 常用元件库

在 Multisim 10 的工具栏上有常用元件库的按钮,如图 A. 4 所示。

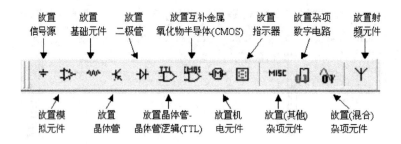

图 A. 4　元件库工具栏

(一)"Sources (信号源)"按钮

点击"Sources (信号源)"按钮,弹出对话框中的"Family (系列)"栏如图 A. 5 所示,在相应的系列下可继续选择所需的信号源。

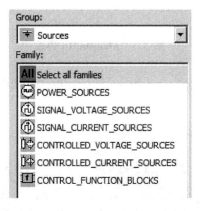

图 A. 5　信号源列表

1. 选中"POWER_SOURCES (电源)",其"Component (元件)"栏下内容如图 A. 6 所示。

图 A. 6　电源列表

2. 选中"SIGNAL_VOLTAGE_SOURCES（信号电压源）"，其"Component（元件）"栏下内容如图 A.7 所示。

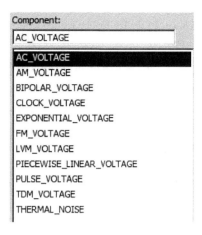

图 A.7　信号电压源列表

3. 选中"SIGNAL_CURRENT_SOURCES（信号电流源）"，其"Component（元件）"栏下内容如图 A.8 所示。

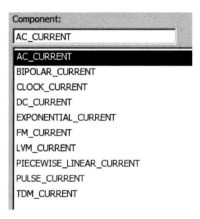

图 A.8　信号电流源列表

4. 选中"CONTROLLED_VOLTAGE_SOURCES（电压控源）"，其"Component（元件）"栏下内容如图 A.9 所示。

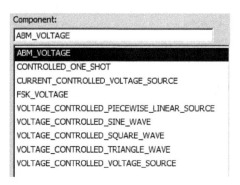

图 A.9　电压控源列表

5. 选中"CONTROLLED_CURRENT_SOURCES（电流控源）"，其"Component（元件）"栏下内容如图 A. 10 所示。

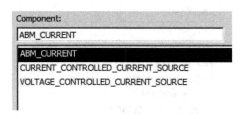

图 A. 10　电流控源列表

6. 选中"CONTROL_FUNCTION_BLOCKS（控制函数块）"，其"Component（元件）"栏下内容如图 A. 11 所示。

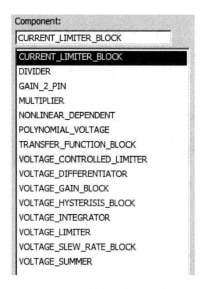

图 A. 11　控制函数块列表

（二）"Analog（模拟元件）"按钮

点击"Analog（模拟元件）"按钮，弹出对话框中"Family（系列）"栏如图 A. 12 所示，在相应的系列下可继续选择所需的模拟元件。

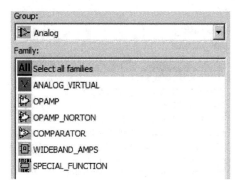

图 A. 12　模拟元件列表

1. 选中"ANALOG_VIRTUAL（模拟虚拟元件）"，其"Component（元件）"栏中仅有虚拟比较器、三端虚拟运放和五端虚拟运放 3 个类型可供调用。

2. 选中"OPAMP（运算放大器）"，其"Component（元件）"栏中包括了国外许多公司提供的多达 4243 种各种规格运放可供调用。

3. 选中"OPAMP_NORTON（诺顿运算放大器）"，其"Component（元件）"栏中有 16 种规格诺顿运放可供调用。

4. 选中"COMPARATOR（比较器）"，其"Component（元件）"栏中有 341 种规格比较器可供调用。

5. 选中"WIDEBAND_AMPS（宽带运放）"，其"Component（元件）"栏中有 144 种规格宽带运放可供调用，宽带运放典型值达 100MHz，主要用于射频放大电路。

6. 选中"SPECIAL_FUNCTION（特殊功能运放）"，其"Component（元件）"栏中有 165 种规格特殊功能运放可供调用，主要包括测试运放、视频运放、乘法器/除法器、前置放大器和有源滤波器等。

（三）"Basic（基础元件）"按钮

点击"Basic（基础元件）"按钮，弹出对话框中"Family（系列）"栏如图 A.13 所示，在相应的系列下可继续选择所需的基础元件。

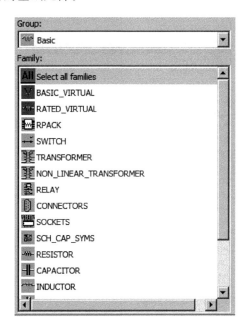

图 A.13　基础元件列表

1. 选中"BASIC_VIRTUAL（基本虚拟元件库）"，其"Component（元件）"栏中如图 A.14 所示。

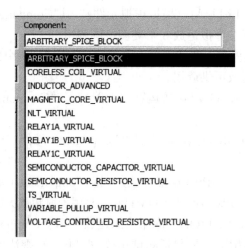

图 A.14 虚拟元件库列表

2. 选中"RATED_VIRTUAL（额定虚拟元件）",其"Component（元件）"栏中如图 A.15 所示。

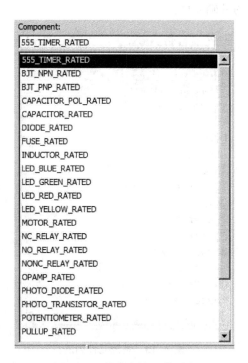

图 A.15 额定虚拟元件列表

3. 选中"RPACK（排阻）",其"Component（元件）"栏中共有 7 种排阻可供调用。
4. 选中"SWITCH（开关）",其"Component（元件）"栏中如图 A.16 所示。

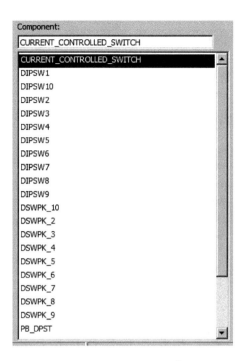

图 A. 16　开关元件列表

5. 选中"TRANSFORMER（变压器）"，其"Component（元件）"栏中共有 20 种规格变压器可供调用。

6. 选中"NON_LINEAR_TRANSFORMER（非线性变压器）"，其"Component（元件）"栏中共有 10 种规格非线性变压器可供调用。

7. 选中"RELAY（继电器）"，其"Component（元件）"栏中共有 96 种各种规格直流继电器可供调用。

8. 选中"CONNECTORS（连接器）"，其"Component（元件）"栏中共有 130 种各种规格连接器可供调用。

9. 选中"SOCKETS（双列直插式插座）"，其"Component（元件）"栏中共有 12 种各种规格插座可供调用。

10. 选中"RESISTOR（电阻）"，其"Component（元件）"栏中有从"1.0Ω 到 $22M\Omega$"全系列电阻可供调用。

11. 选中"CAPACITOR（电容器）"，其"Component（元件）"栏中有从"$1.0pF$ 到 $10\mu F$"系列电容可供调用。

12. 选中"INDUCTOR（电感）"，其"Component（元件）"栏中有从"$1.0\mu H$ 到 $9.1H$"全系列电感可供调用。

13. 选中"CAP_ELECTROLIT（电解电容器）"，其"Component（元件）"栏中有从"$0.1\mu F$ 到 $10F$"系列电解电容器可供调用。

14. 选中"VARIABLE_CAPACITOR（可变电容器）"，其"Component（元件）"栏中仅有 $30pF$、$100pF$ 和 $350pF$ 三种可变电容器可供调用。

15. 选中"VARIABLE_INDUCTOR（可变电感器）"，其"Component（元件）"栏中仅有三

种可变电感器可供调用。

16. 选中"POTENTIOMETER（电位器）"，其"Component（元件）"栏中共有 18 种阻值电位器可供调用。

（四）"Transistors（三极管）"按钮

点击"Transistors（三极管）"按钮，弹出对话框的"Family（系列）"栏如图 A.17 所示，在相应的系列下可继续选择所需的三极管。

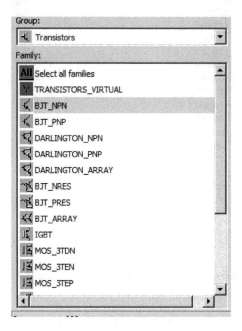

图 A.17　三极管元件列表

1. 选中"BJT_NPN（双极型 NPN 型晶体管）"，其"Component（元件）"栏中共有 658 种规格晶体管可供调用。

2. 选中"BJT_PNP（双极型 PNP 型晶体管）"，其"Component（元件）"栏中共有 409 种规格晶体管可供调用。

3. 选中"DARLINGTON_NPN（达林顿 NPN 型晶体管）"，其"Component（元件）"栏中有 46 种规格达林顿管可供调用。

4. 选中"DARLINGTON_PNP（达林顿 PNP 型晶体管）"，其"Component（元件）"栏中有 13 种规格达林顿管可供调用。

5. 选中"DARLINGTON_ARRAY（集成达林顿管阵列）"，其"Component（元件）"栏中有 8 种规格集成达林顿管可供调用。

6. 选中"BJT_NRES（带阻 NPN 型晶体管）"，其"Component（元件）"栏中有 71 种规格带阻 NPN 型晶体管可供调用。

7. 选中"BJT_PRES（带阻 PNP 型晶体管）"，其"Component（元件）"栏中有 29 种规格带阻 PNP 型晶体管可供调用。

8. 选中"BJT_ARRAY（晶体管阵列）"，其"Component（元件）"栏中有 10 种规格晶体管阵列可供调用。

9. 选中"IGBT（绝缘栅双极型三极管）"，其"Component（元件）"栏中有 98 种规格绝缘栅双极型三极管可供调用。

10. 选中"MOS_3TDN（N 沟道耗尽型 MOS 管）"，其"Component（元件）"栏中有 9 种规格 MOSFET 管可供调用。

11. 选中"MOS_3TEN（N 沟道增强型 MOS 管）"，其"Component（元件）"栏中有 545 种规格 MOSFET 管可供调用。

12. 选中"MOS_3TEP（P 沟道增强型 MOS 管）"，其"Component（元件）"栏中有 157 种规格 MOSFET 管可供调用。

13. 选中"JFET_N（N 沟道耗尽型结型场效应管）"，其"Component（元件）"栏中有 263 种规格 JFET 管可供调用。

14. 选中"JFET_P（P 沟道耗尽型结型场效应管）"，其"Component（元件）"栏中有 26 种规格 JFET 管可供调用。

15. 选中"POWER_MOS_N（N 沟道 MOS 功率管）"，其"Component（元件）"栏中有 116 种规格 N 沟道 MOS 功率管可供调用。

16. 选中"POWER_MOS_P（P 沟道 MOS 功率管）"，其"Component（元件）"栏中有 38 种规格 P 沟道 MOS 功率管可供调用。

17. 选中"UJT（UJT 管）"，其"Component（元件）"栏中仅有 2 种规格 UJT 管可供调用。

18. 选中"THERMAL_MODELS（带有热模型的 NMOSFET 管）"，其"Component（元件）"栏中仅有一种规格 NMOSFET 管可供调用。

（五）"Diodes（二极管）"按钮

点击"Diodes（二极管）"按钮，弹出对话框的"Family（系列）"栏如图 A.18 所示，在相应的系列下可继续选择所需的二极管。

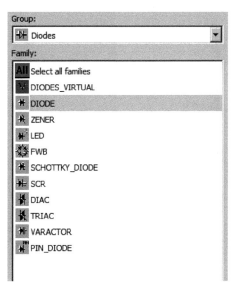

图 A.18   二极管元件列表

1. 选中"DIODES_VIRTUAL（虚拟二极管元件）"，其"Component（元件）"栏中仅有 2 种规格虚拟二极管元件可供调用，一种是普通虚拟二极管，另一种是齐纳击穿虚拟二极管。

2. 选中"DIODES（普通二极管）"，其"Component（元件）"栏中包括了国外许多公司提供的 807 种各种规格二极管可供调用。

3. 选中"ZENER（齐纳击穿二极管，即稳压管）"，其"Component（元件）"栏中包括了国外许多公司提供的 1266 种各种规格稳压管可供调用。

4. 选中"LED（发光二极管）"，其"Component（元件）"栏中有 8 种颜色的发光二极管可供调用。

5. 选中"FWB（全波桥式整流器）"，其"Component（元件）"栏中有 58 种规格全波桥式整流器可供调用。

6. 选中"SCHOTTKY_DIODES（肖特基二极管）"，其"Component（元件）"栏中有 39 种规格肖特基二极管可供调用。

7. 选中"SCR（单向晶体闸流管）"，其"Component（元件）"栏中共有 276 种规格单向晶体闸流管可供调用。

8. 选中"DIAC（双向开关二极管）"，其"Component（元件）"栏中共有 11 种规格双向开关二极管（相当于两只肖特基二极管并联）可供调用。

9. 选中"TRIAC（双向晶体闸流管）"，其"Component（元件）"栏中共有 101 种规格双向晶体闸流管可供调用。

10. 选中"VARACTOR（变容二极管）"，其"Component（元件）"栏中共有 99 种规格变容二极管可供调用。

11. 选中"PIN_DIODES（Positive-Intrinsic-Negative，PIN 结二极管）"，其"Component（元件）"栏中共有 19 种规格 PIN 结二极管可供调用。

（六）"TTL（晶体管－晶体管逻辑）"按钮

点击"TTL（晶体管－晶体管逻辑）"按钮，弹出对话框的"Family（系列）"栏如图 A. 19 所示，在相应的系列下可继续选择所需的晶体管－晶体管逻辑器件。

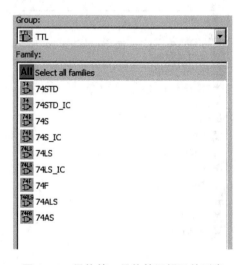

图 A. 19 晶体管－晶体管逻辑元件列表

1. 选中"74STD 系列"，其"Component（元件）"栏中有 126 种规格数字集成电路可供调用。

2. 选中"74STD_IC 系列"，其"Component（元件）"栏中有 14 种规格数字集成电路可供调用。

3. 选中"74S 系列",其"Component（元件）"栏中有 111 种规格数字集成电路可供调用。

4. 选中"74S_IC 系列",其"Component（元件）"栏中有 1 种规格数字集成电路可供调用。

5. 选中"74LS(低功耗肖特基 TTL 型数字集成电路)",其"Component（元件）"栏中有 281 种规格数字集成电路可供调用。

6. 选中"74LS_IC(低功耗肖特基 TTL 型数字集成电路)",其"Component（元件）"栏中有 203 种规格数字集成电路可供调用。

7. 选中"74F 系列",其"Component（元件）"栏中有 185 种规格数字集成电路可供调用。

8. 选中"74ALS 系列",其"Component（元件）"栏中有 92 种规格数字集成电路可供调用。

9. 选中"74AS 系列",其"Component（元件）"栏中有 50 种规格数字集成电路可供调用。

（七）"CMOS（互补金属氧化物半导体）"按钮

点击"CMOS（互补金属氧化物半导体）"按钮,弹出对话框的"Family（系列）"栏如图 A.20 所示,在相应的系列下可继续选择所需的互补金属氧化物半导体元件。

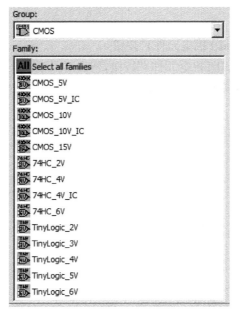

图 A.20　互补金属氧化物半导体元件列表

1. 选中"CMOS_5V 系列",其"Component（元件）"栏中有 265 种数字集成电路可供调用。

2. 选中"CMOS_5V_IC 系列",其"Component（元件）"栏中有 55 种数字集成电路可供调用。

3. 选中"CMOS_10V 系列",其"Component（元件）"栏中有 265 种数字集成电路可供调用。

4. 选中"CMOS_10V_IC 系列",其"Component（元件）"栏中有 2 种数字集成电路可供调用。

5. 选中"CMOS_15V 系列",其"Component（元件）"栏中有 265 种数字集成电路可供调用。

6. 选中"74HC_2V 系列",其"Component（元件）"栏中有 176 种数字集成电路可供调用。

7. 选中"74HC_4V 系列",其"Component（元件）"栏中有 176 种数字集成电路可供调用。

8. 选中"74HC_4V_IC 系列",其"Component（元件）"栏中有 4 种数字集成电路可供调用。

9. 选中"74HC_6V 系列",其"Component（元件）"栏中有 176 种数字集成电路可供调用。

10. 选中"TinyLogic_2V 系列",其"Component（元件）"栏中有 18 种数字集成电路可供调用。

11. 选中"TinyLogic_3V 系列",其"Component（元件）"栏中有 18 种数字集成电路可供调用。

12. 选中"TinyLogic_4V 系列",其"Component（元件）"栏中有 18 种数字集成电路可供调用。

13. 选中"TinyLogic_5V 系列",其"Component（元件）"栏中有 24 种数字集成电路可供调用。

14. 选中"TinyLogic_6V 系列",其"Component（元件）"栏中有 7 种数字集成电路可供调用。

（八）"Electro_Mechanical（机电元件）"按钮

点击"Electro_Mechanical（机电元件）"按钮,弹出对话框的"Family（系列）"栏如图 A. 21 所示,在相应的系列下可继续选择所需的机电元件。

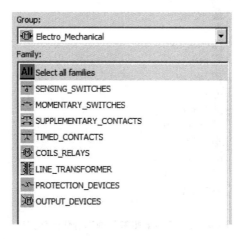

图 A. 21　机电元件列表

1. 选中"SENSING_SWITCHES（检测开关）",其"Component（元件）"栏中有 17 种开关可供调用,并可在键盘上设定关联按键来控制开关的开或闭。

2. 选中"MOMENTARY_SWITCHES（瞬时开关）",其"Component（元件）"栏中有 6 种开关可供调用,动作后会很快恢复原来状态。

3. 选中"SUPPLEMENTARY_CONTACTS（接触器）",其"Component（元件）"栏中有 21 种接触器可供调用。

4. 选中"TIMED_CONTACTS（定时接触器）",其"Component（元件）"栏中有 4 种定时接触器可供调用。

5. 选中"COILS_RELAYS（线圈与继电器）"，其"Component（元件）"栏中有 54 种线圈与继电器可供调用。

6. 选中"LINE_TRANSFORMER（线性变压器）"，其"Component（元件）"栏中有 11 种线性变压器可供调用。

7. 选中"PROTECTION_DEVICES（保护装置）"，其"Component（元件）"栏中有 4 种保护装置可供调用。

8. 选中"OUTPUT_DEVICES（输出设备）"，其"Component（元件）"栏中有 5 种输出设备可供调用。

（九）"Indicators（指示器）"按钮

点击"Indicators（指示器）"按钮，弹出对话框的"Family（系列）"栏如图 A.22 所示，在相应的系列下可继续选择所需的指示器。

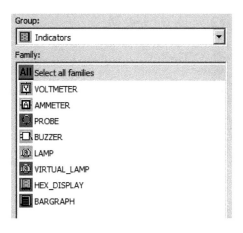

图 A.22　指示器列表

1. 选中"VOLTMETER（电压表）"，其"Component（元件）"栏中有 4 种不同形式的电压表可供调用。

2. 选中"AMMETER（电流表）"，其"Component（元件）"栏中也有 4 种不同形式的电流表可供调用。

3. 选中"PROBE（探测器）"，其"Component（元件）"栏中有 5 种颜色的探测器可供调用。

4. 选中"BUZZER（蜂鸣器）"，其"Component（元件）"栏中仅有 2 种蜂鸣器可供调用。

5. 选中"LAMP（灯泡）"，其"Component（元件）"栏中有 9 种不同功率的灯泡可供调用。

6. 选中"VIRTUAL_LAMP（虚拟灯泡）"，其"Component（元件）"栏中只有 1 种虚拟灯泡可供调用。

7. 选中"HEX_DISPLAY（十六进制显示器）"，其"Component（元件）"栏中有 33 种十六进制显示器可供调用。

8. 选中"BARGRAPH（条形光柱）"，其"Component（元件）"栏中仅有 3 种条形光柱可供调用。

（十）"Misc（杂项元件）"按钮

点击"Misc（杂项元件）"按钮，弹出对话框的"Family（系列）"栏如图 A.23 所示，在相应的系列下可继续选择所需的杂项元件。

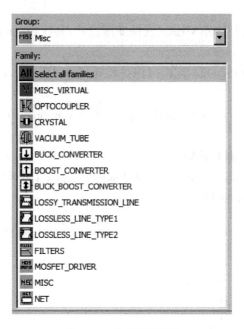

图 A.23　杂项元件列表

1. 选中"MISC_VIRTUAL（其他虚拟元件）"，其"Component（元件）"栏内容如图 A.24 所示。

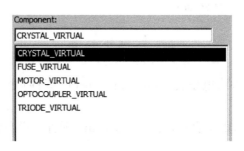

图 A.24　虚拟元件列表

2. 选中"OPTOCOUPLER（光电三极管型光耦合器）"，其"Component（元件）"栏中有 83 种传感器可供调用。

3. 选中"CRYSTAL（晶振）"，其"Component（元件）"栏中有 18 种不同频率的晶振可供调用。

4. 选中"VACUUM_TUBE（真空电子管）"，其"Component（元件）"栏中有 21 种电子管可供调用。

5. 选中"BUCK_CONVERTER（降压变压器）"，其"Component（元件）"栏中只有 1 种降压变压器可供调用。

6. 选中"BOOST_CONVERTER（升压变压器）"，其"Component（元件）"栏中也只有 1 种升压变压器可供调用。

7. 选中"BUCK_BOOST_CONVERTER（降压/升压变压器）"，其"Component（元件）"栏中有 2 种降压/升压变压器可供调用。

8. 选中"LOSSY_TRANSMISSION_LINE（有损耗传输线）"、"LOSSLESS_LINE_TYPE1（无损耗传输线子 1）"和"LOSSLESS_LINE_TYPE2（无损耗传输线 2）"，其"Component（元件）"栏中都只有 1 个类型可供调用。

9. 选中"FILTERS（滤波器）"，其"Component（元件）"栏中有 34 种滤波器可供调用。

10. 选中"MOSFET_DRIVER（场效应管驱动器）"，其"Component（元件）"栏中有 29 种场效应管驱动器可供调用。

11. 选中"MISC（其他元件）"，其"Component（元件）"栏中有 16 个类型可供调用。

12. 选中"NET（网络）"，其"Component（元件）"栏中有 11 个类型可供调用。

（十一）"Misc Digital（杂项数字电路）"按钮

点击"Misc Digital（杂项数字电路）"按钮，弹出对话框的"Family（系列）"栏如图 A.25 所示，在相应的系列下可继续选择所需的杂项数字电路元件。

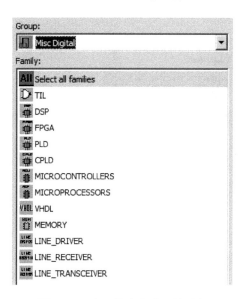

图 A.25 杂项数字电路元件列表

1. 选中"TIL（TIL 系列器件）"，其"Component（元件）"栏中有 103 个类型可供调用。

2. 选中"DSP（数字信号处理器件）"，其"Component（元件）"栏中有 117 个类型可供调用。

3. 选中"FPGA（现场可编程器件）"，其"Component（元件）"栏中有 83 个类型可供调用。

4. 选中"PLD（可编程逻辑电路）"，其"Component（元件）"栏中有 30 个类型可供调用。

5. 选中"CPLD（复杂可编程逻辑电路）"，其"Component（元件）"栏中有 20 个类型可供调用。

6. 选中"MICROCONTROLLERS（微处理控制器）"，其"Component（元件）"栏中有 70 个类型可供调用。

7. 选中"MICROPROCESSORS（微处理器）"，其"Component（元件）"栏中有 60 个类型可供调用。

8. 选中"VHDL（VHDL 语言编程器件）"，其"Component（元件）"栏中有 119 个类型可供调用。

9. 选中"VERILOG_HDL(VerilogHDL 语言编程器件)"，其"Component（元件）"栏中有 10 个类型可供调用。

10. 选中"MEMORY（存贮器）"，其"Component（元件）"栏中有 87 个类型可供调用。

11. 选中"LINE_DRIVER（线路驱动器件）"，其"Component（元件）"栏中有 16 个类型可供调用。

12. 选中"LINE_RECEIVER（线路接收器件）"，其"Component（元件）"栏中有 20 个类型可供调用。

13. 选中"LINE_TRANSCEIVER（无线电收发器件）"，其"Component（元件）"栏中有 150 个类型可供调用。

(十二)"Mixed（混合杂项元件）"按钮

点击"Mixed（混合杂项元件）"按钮，弹出对话框的"Family（系列）"栏如图 A.26 所示，在相应的系列下可继续选择所需的混合杂项元件。

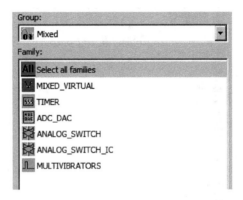

图 A.26　混合杂项元件列表

1. 选中"MIXED_VIRTUAL（混合虚拟器件）"，其"Component（元件）"栏如图 A.27 所示。

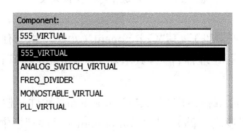

图 A.27　混合虚拟器件列表

2. 选中"TIMER（555 定时器）"，其"Component（元件）"栏中有 8 种 LM555 电路可供调用。

3. 选中"ADC_DAC（A/D、D/A 转换器）"，其"Component（元件）"栏中有 39 种转换器可供调用。

4. 选中"ANALOG_SWITCH（模拟开关）"，其"Component（元件）"栏中有 127 种模拟开关可供调用。

5. 选中"ANALOG_SWITCH_IC（模拟开关）"，其"Component（元件）"栏中有 1 种模拟开关可供调用。

6. 选中"MULTIVIBRATORS（多频振荡器）"，其"Component（元件）"栏中有 8 种振荡器可供调用。

（十三）"RF（射频元件）"按钮

点击"RF（射频元件）"按钮，弹出对话框的"Family（系列）"栏如图 A.28 所示，在相应的系列下可继续选择所需的射频元件。

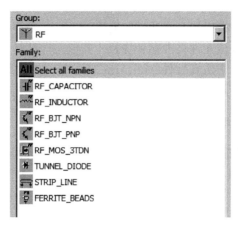

图 A.28　射频元件列表

1. 选中"RF_CAPACITOR（射频电容器）"和"RF_INDUCTOR（射频电感器）"，其"Component（元件）"栏中都只有 1 个类型可供调用。

2. 选中"RF_INDUCTOR（射频电感）"，，其"Component（元件）"栏中有 1 种类型可供调用

3. 选中"RF_BJT_NPN（射频双极结型 NPN 管）"，其"Component（元件）"栏中有 84 种 NPN 管可供调用。

4. 选中"RF_BJT_PNP（射频双极结型 PNP 管）"，其"Component（元件）"栏中有 7 种 PNP 管可供调用。

5. 选中"RF_MOS_3TDN（射频 N 沟道耗尽型 MOS 管）"，其"Component（元件）"栏中有 30 种射频 MOSFET 管可供调用。

6. 选中"TUNNEL_DIODE（射频隧道二极管）"，其"Component（元件）"栏中有 10 种射频隧道二极管可供调用。

7. 选中"STRIP_LINE（射频传输线）"，其"Component（元件）"栏中有 6 种射频传输线可供调用。

8. 选中"FERRITE_BEADS（铁氧体磁环）"，其"Component（元件）"栏中有 59 种类型可供调用。

至此，电子仿真软件 Multisim 10 的元件库及元器件全部介绍完毕，对读者在创建仿真电路寻找元件时有一定的帮助。这里还有几点需要说明：

第一,关于虚拟元件,这里指的是现实中不存在的元件,也可以理解为它们的元件参数可以任意修改和设置的元件。比如要一个 1.034Ω 电阻、$2.3\mu F$ 电容等不规范的特殊元件,就可以选择虚拟元件通过设置参数达到;但仿真电路中的虚拟元件不能链接到制版软件 Ultiboard 10 的 PCB 文件中进行制版,这一点不同于其他元件。

第二,与虚拟元件相对应,我们把现实中可以找到的元件称为真实元件或称现实元件。比如电阻的"Component(元件)"栏中就列出了从 1.0Ω 到 $22M\Omega$ 的全系列现实中可以找到的电阻。现实电阻只能调用,但不能修改它们的参数(极个别可以修改,比如晶体管的 β 值)。凡仿真电路中的真实元件都可以自动链接到 Ultiboard 10 中进行制版。

第三,电源虽列在现实元件栏中,但它属于虚拟元件,可以任意修改和设置它的参数;电源和地线也都不会进入 Ultiboard 10 的 PCB 界面进行制版。

第四,关于额定元件,是指它们允许通过的电流、电压、功率等的最大值都是有限制的称额定元件,超过它们的额定值,该元件将击穿和烧毁。其他元件都是理想元件,没有定额限制。

第五,关于三维元件,电子仿真软件 Multisim 10 中有 23 个类型,且其参数不能修改,只能搭建一些简单的演示电路,但它们可以与其它元件混合组建仿真电路。

三、Multisim 10 界面菜单工具栏介绍

Multisim 10 软件以图形界面为主,采用菜单、工具栏和热键相结合的方式,具有一般 Windows 应用软件的界面风格,用户可以根据自己的习惯和熟悉程度自如使用。

(一)菜单栏

菜单栏位于界面的上方,通过菜单可以对 Multisim 10 的所有功能进行操作。

不难看出菜单中有一些与大多数 Windows 平台上的应用软件一致的功能选项,如 File、Edit、View、Options、Help。此外,还有一些 EDA 软件专用的选项,如 Place、Simulation、Transfer 和 Tool 等。

1. File(文件)

File 菜单中包含了对文件和项目的基本操作以及打印等命令,具体菜单功能如表 A.1 所示。

表 A.1　　　　　　　　　　　　　　　File 菜单功能

命　令	功　能
New	建立新文件
Open	打开文件
Close	关闭当前文件
Save	保存
SaveAs	另存为
NewProject	建立新项目
OpenProject	打开项目
SaveProject	保存当前项目
CloseProject	关闭项目

续表

命　令	功　能
VersionControl	版本管理
PrintCircuit	打印电路
PrintReport	打印报表
PrintInstrument	打印仪表
RecentFiles	最近编辑过的文件
RecentProject	最近编辑过的项目
Exit	退出 Multisim

2. Edit(编辑)

Edit 命令提供了类似于图形编辑软件的基本编辑功能,用于对电路图进行编辑,具体菜单功能如表 A.2 所示。

表 A. 2　　　　　　　　　　　　Edit 菜单功能

命　令	功　能
Undo	撤消编辑
Cut	剪切
Copy	复制
Paste	粘贴
Delete	删除
SelectAll	全选
FlipHorizontal	将所选的元件左右翻转
FlipVertical	将所选的元件上下翻转
90ClockWise	将所选的元件顺时针 90 度旋转
90ClockWiseCW	将所选的元件逆时针 90 度旋转
ComponentProperties	元器件属性

3. View(视图)

通过 View 菜单可以决定使用软件时的视图,对一些工具栏和窗口进行控制,具体菜单功能如表 A.3 所示。

表 A. 3　　　　　　　　　　　　View 菜单功能

命　令	功　能
Toolbars	显示工具栏
ComponentBars	显示元器件栏
StatusBars	显示状态栏

续表

命　令	功　能
ShowSimulationErrorLog/AuditTrail	显示仿真错误记录信息窗口
ShowXSpiceCommandLineInterface	显示 Xspice 命令窗口
ShowGrapher	显示波形窗口
ShowSimulateSwitch	显示仿真开关
ShowGrid	显示栅格
ShowPageBounds	显示页边界
ShowTitleBlockandBorder	显示标题栏和图框
ZoomIn	放大显示
ZoomOut	缩小显示
Find	查找

4. Place(放置)

通过 Place 命令可在电路图中绘制所需的电子元器件,具体菜单功能如表 A.4 所示。

表 A.4　　　　　　　　　　　　　　　　Place 菜单功能

命　令	功　能
PlaceComponent	放置元器件
PlaceJunction	放置连接点
PlaceBus	放置总线
PlaceInput/Output	放置输入/出接口
PlaceHierarchicalBlock	放置层次模块
PlaceText	放置文字
PlaceTextDescriptionBox	打开电路图描述窗口,编辑电路图描述文字
ReplaceComponent	重新选择元器件替代当前选中的元器件
PlaceasSubcircuit	放置子电路
ReplacebySubcircuit	重新选择子电路替代当前选中的子电路

5. Simulate(仿真)

通过 Simulate 菜单可执行仿真分析命令,获得仿真结果,具体菜单功能如表 A.5 所示。

表 A.5　　　　　　　　　　　　　　　　Simulate 菜单功能

命　令	功　能
Run	执行仿真
Pause	暂停仿真
DefaultInstrumentSettings	设置仪表的预置值

续表

命　令	功　能
DigitalSimulationSettings	设定数字仿真参数
Instruments	选用仪表(也可通过工具栏选择)
Analyses	选用各项分析功能
Postprocess	启用后处理
VHDLSimulation	进行 VHDL 仿真
AutoFaultOption	自动设置故障选项
GlobalComponentTolerances	设置所有器件的误差

6. Transfer(转换)

通过 Transfer 菜单提供的命令可将 Multisim 文件格式转换为其他 EDA 软件的文件格式,具体菜单功能如表 A. 6 所示。

表 A. 6　　　　　　　　　　Transfer 菜单功能

命　令	功　能
TransfertoUltiboard	将所设计的电路图转换为 Ultiboard(Multisim 中的电路板设计软件)的文件格式
TransfertootherPCBLayout	将所设计的电路图以其他电路板设计软件所支持的文件格式
BackannotateFromUltiboard	将在 Ultiboard 中所作的修改标记到正在编辑的电路中
ExportSimulationResultstoMathCAD	将仿真结果输出到 MathCAD
ExportSimulationResultstoExcel	将仿真结果输出到 Excel
ExportNetlist	输出电路网表文件

7. Tools(工具)

Tools 菜单主要针对元器件的编辑与管理,具体菜单功能如表 A. 7 所示。

表 A. 7　　　　　　　　　　Tools 菜单功能

命　令	功　能
CreateComponents	新建元器件
EditComponents	编辑元器件
CopyComponents	复制元器件
DeleteComponent	删除元器件
DatabaseManagement	启动元器件数据库管理器,进行数据库的编辑管理工作
UpdateComponent	更新元器件

8. Options(选项)

通过 Options 菜单可以对软件的运行环境进行定制和设置,具体菜单功能如表 A. 8 所示。

表 A. 8   **Options 菜单功能**

命　令	功　能
Preference	设置操作环境
ModifyTitleBlock	编辑标题栏
SimplifiedVersion	设置简化版本
GlobalRestrictions	设定软件整体环境参数
CircuitRestrictions	设定编辑电路的环境参数

9. Help(帮助)

Help 菜单提供 Multisim 的在线帮助和辅助说明,具体菜单功能如表 A. 9 所示。

表 A. 9   **Help 菜单功能**

命　令	功　能
MultisimHelp	Multisim 的在线帮助
MultisimReference	Multisim 的参考文献
ReleaseNote	Multisim 的发行申明
AboutMultisim	Multisim 的版本说明

(二)工具栏

Multisim 10 提供了多种工具栏,并以层次化的模式加以管理,用户可以通过 View 菜单中的选项方便地将顶层的工具栏打开或关闭,再通过顶层工具栏中的按钮来管理和控制下层的工具栏。通过工具栏,用户可以方便直接地使用软件的各项功能。

顶层的工具栏有:Standard 工具栏、Design 工具栏、Zoom 工具栏、Simulation 工具栏、虚拟仪器工具栏。

1. Standard 工具栏

Standard 工具栏是针对文件及编辑的操作,包含了常见的文件操作和编辑操作。

2. Design 工具栏

Design 工具栏作为设计工具栏是 Multisim 的核心工具栏,通过对该工作栏按钮的操作可以完成对电路从设计到分析的全部工作,其中的按钮可以直接开关下层的工具栏:Component 中的 MultisimMaster 工具栏,Instrument 工具栏。

(1)MultisimMaster 工具栏可以在 Design 工具栏中通过按钮来打开或关闭。该工具栏有 14 个按钮,每一个按钮都对应一类元器件,其分类方式和 Multisim 元器件数据库中的分类相对应,通过按钮上图标就可大致清楚该类元器件的类型。具体的内容可以从 Multisim 的在线文档中获取。

这个工具栏作为元器件的顶层工具栏,每一个按钮又可以开关下层的工具栏,下层工具栏是对该类元器件更细致的分类工具栏。

(2)Instruments 工具栏集中了 Multisim 为用户提供的所有虚拟仪器仪表,用户可以通过按钮选择自己需要的仪器对电路进行观测。

3. Zoom 工具栏

用户可以通过 Zoom 工具栏方便地调整所编辑电路的视图大小。

4. Simulation 工具栏

Simulation 工具栏可以控制电路仿真的开始、结束和暂停。

5. 虚拟仪器工具栏

通过虚拟仪器工具栏,用户可以对电路进行仿真运行,通过对运行结果的分析,判断设计是否正确合理,是 EDA 软件的一项主要功能。为此,Multisim 为用户提供了类型丰富的虚拟仪器,可以从 Design 工具栏、Instruments 工具栏,或用菜单命令(Simulation/instrument)选用这 11 种仪表。在选用后,各种虚拟仪表都以面板的方式显示在电路中。

下面将 11 种虚拟仪器的名称及表示方法总结如表 A. 10 所示。

表 A. 10 Multisim 中的虚拟仪器

对应按钮	仪器名称	中文名称
	Multimeter	万用表
	FunctionGenerator	波形发生器
	Wattermeter	瓦特表
	Oscilloscape	示波器
	BodePlotter	波特图图示仪
	WordGenerator	字元发生器
	LogicAnalyzer	逻辑分析仪
	LogicConverter	逻辑转换仪
	DistortionAnalyzer	失真度分析仪
	SpectrumAnalyzer	频谱仪
	NetworkAnalyzer	网络分析仪

四、Multisim 仿真实例

(一)简单 RC 高通滤波频响仿真

1. 找到如图 A. 29 所示的工具栏,选择电容、电阻元件。

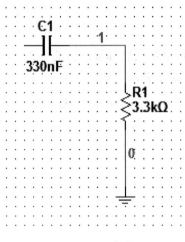

图 A. 29　工具栏

2. 绘制如图 A. 30 所示电路。

图 A. 30　RC 电路图

3. 在绘制的过程中需要用到鼠标右键来旋转电阻,具体操作过程如图 A. 31 所示。

图 A. 31　放置并旋转电阻方向

4. 仿真前的准备工作。

添加信号发生器(右侧工具栏第三个,如图 A. 32 所示)。

图 A. 32　信号发生器

绘制后如图 A. 33 所示。

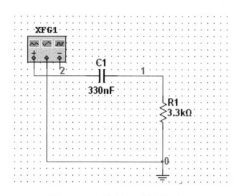

图 A. 33　绘制完成的电路图

5. 开始仿真:点菜单"仿真"→"分析"→"交流分析"并且把参数设置好,如图 A. 34 所示。

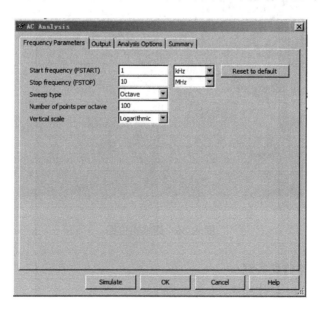

图 A. 34　频率设置

接着,点击第二页的"Output"标签,选择要测试的电路位置(可多选),如图 A. 35 所示。

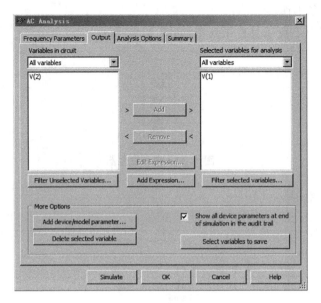

图 A. 35　输出设置

最后,点击"仿真"按钮,即可获得频响相位图,如图 A. 36 所示。

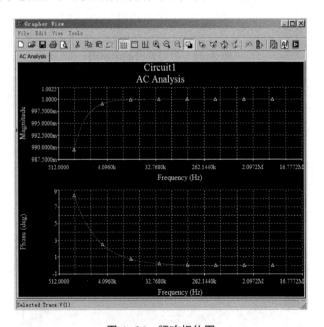

图 A. 36　频响相位图

(二)简单电阻电路仿真实例

1. 打开 Multisim 10 设计环境

选择:文件→新建→原理图。即弹出一个新的电路图编辑窗口,工程栏同时出现一个新的名称。单击"保存",将该文件命名,保存到指定文件夹下。

这里需要说明的是:

(1)文件的名字要能体现电路的功能,要让自己以后再次看到该文件名也能立刻想起该文件实现的功能。

(2)在电路图的编辑和仿真过程中,要养成随时保存文件的习惯,以免由于没有及时保存而导致文件丢失或损坏。

(3)文件的保存位置,最好用一个专门的文件夹来保存所有基于 Multisim 10 的例子,这样便于管理。

2. 在绘制电路图之前,需要先了解一下元件栏和仪器栏的内容,熟悉 Multisim 10 所提供的电路元件和仪器。

3. 首先放置电源。

点击元件栏的放置信号源选项,出现如下图 A.37 所示的对话框:

(1)"数据库"选项,选择"主数据库";

(2)"组"选项里选择"SOURCES";

(3)"系列"选项里选择"POWER_SOURCES";

(4)"元件"选项里,选择"DC_POWER";

(5)右边的"符号"、"功能"等对话框里,会根据所选项目,列出相应的说明。

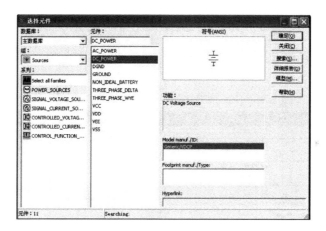

图 A.37　信号源元件选择框

4. 选择好电源符号后,点击"确定"按钮,移动鼠标到电路编辑窗口,选择放置位置后,点击鼠标左键即可将电源符号放置于电路编辑窗口中,放置完成后,还会弹出元件选择对话框,可以继续放置,点击关闭按钮可以取消放置。

5. 放置的电源符号显示的是 12V。若所需的电源不是 12V,则可双击该电源符号,出现如图 A.38 所示的属性对话框,在该对话框里,可以更改该元件的属性。在这里,我们将电压改为 3V。

6. 接下来放置电阻。点击"放置基础元件",弹出如下图 A.39 所示对话框:

(1)"数据库"选项,选择"主数据库";

(2)"组"选项里选择"Basic";

(3)"系列"选项里选择"RESISTOR";

(4)"元件"选项里,选择"20K";

(5)右边的"符号"、"功能"等对话框里,会根据所选项目,列出相应的说明。

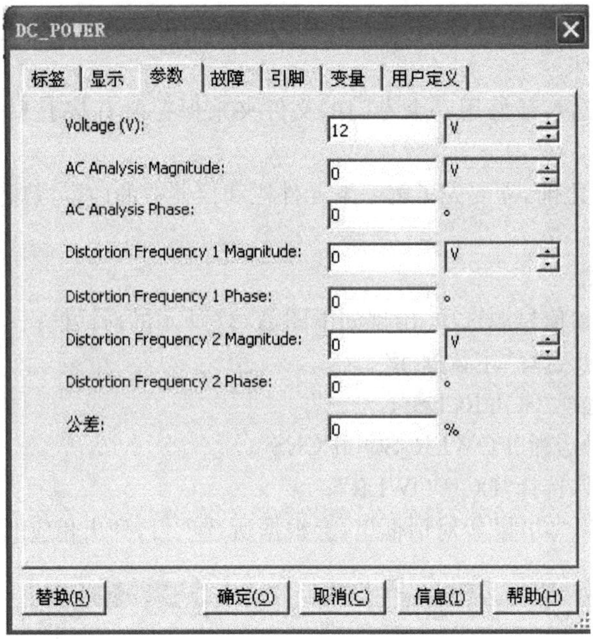

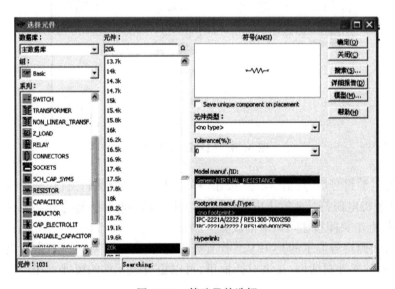

图 A.38　参数修改框

图 A.39　基础元件选择

7. 按上述方法,再放置一个 10K 的电阻和一个 100K 的可调电阻。放置完毕后,如图 A.40 所示。

8. 我们可以看到,放置后的元件都按照默认的摆放情况被放置在编辑窗口中。例如电阻是默认横着摆放的,但实际在绘制电路过程中,各种元件的摆放情况是不一样的,比如我们想把电阻 R1 变成竖直摆放,那么该如何操作呢?

我们可以通过这样的步骤来操作:

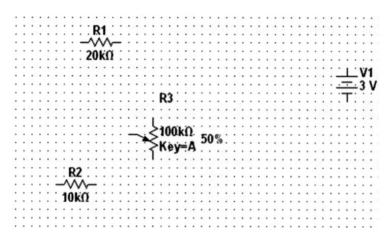

图 A.40   放置元件

将鼠标放在电阻 R1 上,然后右键点击,这时会弹出一个对话框,在对话框中可以选择让元件顺时针或者逆时针旋转 90°。如果元件摆放的位置不合适,想移动一下元件的摆放位置,则将鼠标放在元件上,按住鼠标左键,即可拖动元件到合适位置。

9. 放置电压表。

在仪器栏选择"万用表",将鼠标移动到电路编辑窗口内,这时我们可以看到,鼠标上跟随着一个万用表的简易图形符号。点击鼠标左键,将电压表放置在合适位置。电压表的属性同样可以双击鼠标左键进行查看和修改。

所有元件放置好后,如图 A.41 所示。

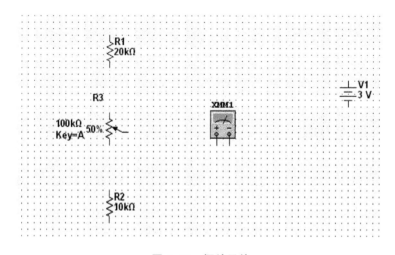

图 A.41   摆放元件

10. 连线。

将鼠标移动到电源的正极,当鼠标指针变成 ◆ 时,表示导线已经和正极连接起来了,单击鼠标将该连接点固定,然后移动鼠标到电阻 R1 的一端,出现小红点后,表示正确连接到 R1 了,单击鼠标左键固定,这样一根导线就连接好了。如图 A.42 所示。如果想要删除这根导线,将鼠标移动到该导线的任意位置,点击鼠标右键,选择"删除"即可将该导线删除。或者选中导线,直接按键盘上的"Delete"键亦可删除该导线。

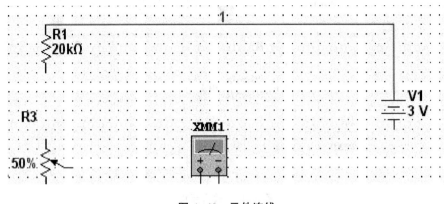

图 A.42 元件连线

11. 按照前面第三步的方法,放置一个公共地线,各连线连接好,如图 A.43 所示。注意:在电路图的绘制中,公共地线是必需的。

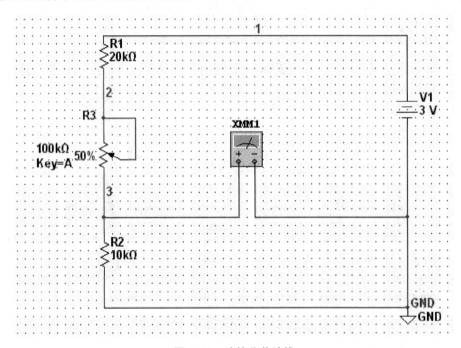

图 A.43 连接公共地线

12. 电路连接完毕,检查无误后,就可以进行仿真了。点击仿真栏中的绿色开始按钮 ▷。电路进入仿真状态。双击图中的万用表符号,即可弹出如图 A.44 所示的对话框,在这里显示了电阻 R2 上的电压。

对于显示的电压值是否正确,我们可以验算一下:根据电路图可知,R2 上的电压值应等于:(电源电压 * R2 的阻值)/(R1,R2,R3 的阻值之和)。则计算如下:(3.0 * 10 * 1000)/((10 +20+50) * 1000)=0.375V,经验证电压表显示的电压正确。

　　另外,R3 的阻值是如何得来的呢? 从图中可以看出,R3 是一个 100K 的可调电阻,其调节百分比为 50%,则在这个电路中,R3 的阻值为 50K。

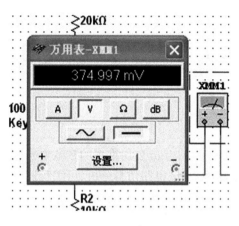

图 A.44　仿真结果

　　13. 关闭仿真,改变 R2 的阻值,按照第十二步的步骤再次观察 R2 上的电压值,会发现随着 R2 阻值的变化,其上的电压值也随之变化。注意:在改变 R2 阻值的时候,须关闭仿真。

　　这样我们大致熟悉了如何利用 Multisim 10 来进行电路仿真。以后我们在进行相关电子实验实训之前就可以利用电路仿真先对电路进行设计和仿真验证,提高实验实训的效率。

附录 B　Protel DXP 2004 软件简介及使用方法

　　Protel DXP 2004 是澳大利亚 Altium 公司推出的一款电子设计自动化软件。它的主要功能包括:原理图编辑、印制电路板设计、电路仿真分析、可编程逻辑器件的设计。用户使用最多的是该款软件的原理图编辑和印制电路板设计功能。

　　下面通过具体的原理图和印制电路板实例来介绍 Protel DXP 2004 的功能。图 B.1 是单片机的小系统部分电路原理图,图 B.2 是该电路原理图所对应的印制电路板。本附录通过对原理图和印制电路板的认识来使读者了解和熟悉 Protel DXP 2004 的功能,并了解 Protel DXP 2004 中原理图、电路板、元件、封装等基本概念。

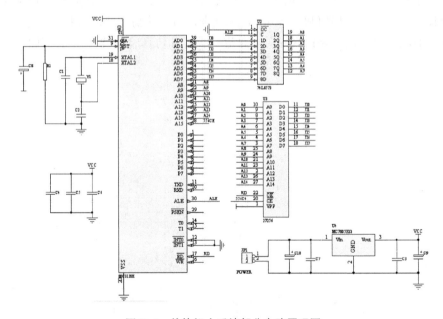

图 B.1　单片机小系统部分电路原理图

一、原理图概述

　　原理图用于表示电路的工作原理,通常由以下几个部分构成:元件的图形符号及元件的相关标注、元件的连接关系、用于说明电路工作原理的文字标注和图形符号。

(一)元件的图形符号及元件的相关标注

　　元件标号、元件型号及元件参数的标注,具体如图 B.3 所示。

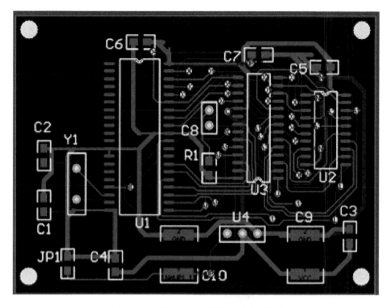

图 B.2　单片机小系统部分电路板

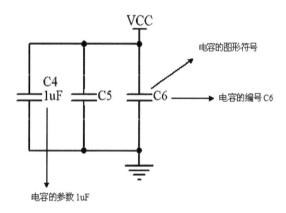

图 B.3　元件示例

(二)元件的连接关系

原理图中的连接关系通常用导线、网络标号、总线等表示。

如图 B.4 所示。图中有的元件之间是用导线相连的。如电容 C1、C2、C3 之间。有的元件之间是用网络标号相连接的,具有相同名称的网络标号表示是相连的,如元件 U3 的引脚 2 的网络标号是 PC0,而元件 U4 的引脚 3 的网络标号也是 PC0,则表示这两个脚是相连的;当连接的导线数量很多时,可以用总线来表示连接,总线就是多根导线的汇合,如元件 U3 的引脚 2、5、6、9、12、15、16、19 和元件 U4 的 3、4、7、8、13、14、17、18 对应相连接,则可以用总线来表示。

(三)用于说明电路工作原理的文字标注和图形符号

文字标注和图形符号只是为了看图者更加方便理解,本身不具有电气效果。系统在对原理图进行电气规则检查时,会检查具有电气效应的元件、导线、总线、网络标号等,而不会检查不具有电气效应的文字标注和波形示意等。

元件符号就是用来表示元器件引脚电气分布关系的一个图形标志。它是与现实中的元件

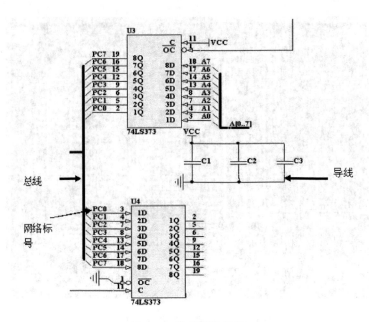

图 B.4 元件连接示例

相对应的。

图 B.5 普通电阻　　图 B.6 可变电阻

图 B.7 普通二极管　　图 B.8 发光二极管

图 B.5 是普通电阻的符号,图 B.6 是可变电阻的符号,图 B.7 是普通二极管的符号,图 B.8 是发光二极管的符号,图 B.9 是集成块 74LS373 的符号,图 B.10 是数码管的符号。

同一个器件所对应的图形符号可以有不同种,但是必须保证图形符号所包含的元件引脚信息是正确的,如引脚的数量必须相等,引脚的一些电气属性必须相同,而引脚的位置排列则可以不同。

如图 B.11 是元件 74LS373 的另一种图形符号形式,与图 B.9 比较,引脚数量一样(图 B.9 中,有两个引脚 10 和 20 隐藏起来了),但是引脚排列不一样。

Protel DXP 2004 提供了很多元件库,每个元件库中都包含了成百上千的图形符号,用户在进行原理图设计时,可以从 Protel DXP 2004 所提供的元件库中查找使用所需要的图形符号。如果库中不存在用户所需要的图形符号,用户也可以自己设计图形符号。

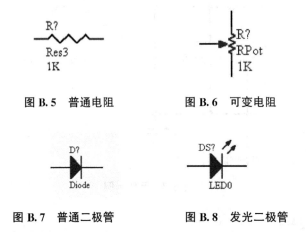

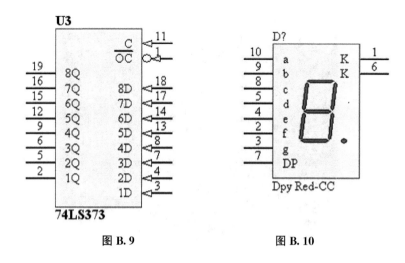

图 B. 9　　　　　　　　　图 B. 10

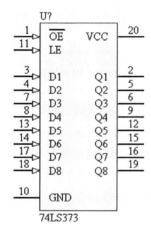

图 B. 11　74LS373

二、电路板概述

(一)电路板的概念

印制电路板(PCB)是以绝缘基板为材料,加工成一定的尺寸,在其上有一个导电图形,以及导线和孔,从而实现了器件之间的电气连接。在用户使用电路板时,只需要根据原理图,将元件焊接在相应的位置即可。

印制电路板由元件封装、导线、元件孔、过孔(金属化孔)、安装孔等构成,如图 B. 12 所示。

(二)元件封装的概念

元件封装指的是实际元器件焊接到电路板上时,在电路板上所显示的外形和焊点位置。如图 B. 13 是电阻的插针式封装。

元件封装只是空间的概念,大小要和实际器件匹配,引脚的排布以及引脚之间的距离和实际器件一致,这样在实际使用的时候,就能够将器件安装到电路板上对应的封装位置。如果尺寸不匹配,则无法安装。

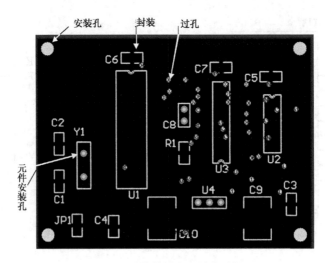

图 B. 12 单片机小系统电路板

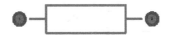

图 B. 13 电阻的封装

不同的元件可以使用同一种封装,比如电阻、电容、二极管都是具有两个引脚的元件,那么它们可以使用同一种封装,只要封装的两个焊盘间距离和实际器件匹配就可以。

同一种元件可以使用不同类型的封装,比如普通电阻,因为电阻的功率不同而导致不同功率的电阻在外形上有差异,有的电阻较大、有的电阻较小,所以电阻对应的封装也有不同的类型。如 AXIAL－0.3 对应的是焊盘间距离为 300mil 的电阻的封装,而 AXIAL－0.4 对应的是焊盘间距离为 400mil 的电阻的封装,同样有 AXIAL－0.5、AXIAL－0.6、AXIAL－0.7 等。如图 B.14 所示。

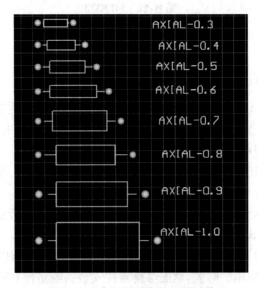

图 B. 14 电阻所对应的不同封装

(三)原理图和电路板之间的对应关系

通过比较图 B.1 和图 B.2 可以看出,电路板上的导电图形和电路原理图中元件及元件之间连接关系是对应的。原理图上的每个元件在电路板上都对应一个封装,原理图中的连接关系也一一反映在电路板中的导线连接上。

原理图只是表示元件及元件之间连接关系的一种逻辑表示,而电路板是反映这种逻辑关系的实际器件。

使用 Protel DXP 2004 制作电路板的方便在于,当原理图绘制完成后,软件能够根据原理图中的逻辑关系自动生成印制电路板,自动布局、自动布线,如果用户对系统的布局和布线不满意的话,可以进行手工调整。

由此可知,Protel DXP 2004 的两个主要功能是:绘制电路原理图和制作印制电路板。

原理图主要由元件的图形符号、元件之间的连接、相应的文字标注所构成。印制电路板是反映原理图连接关系的实际物理器件,主要由元件的封装、导线、过孔、安装孔等构成。

三、Protel DXP 的元件封装库及其分类中英文对照

(一)Protel DXP 中的基本 PCB 库

Protel DXP 的 PCB 库的确比较丰富,与以前的版本不同的是:Protel DXP 中的原理图元件库和 PCB 板封装库使用了不同的扩展名以视区分,原理图元件库的扩展名是 .SchLib,PCB 板封装库的扩展名 .PcbLib,它们是在软件安装路径的"\Library\..."目录下面的一些封装库中。根据元件的不同封装我们将其封装分为二大类:一类是分立元件的封装,一类是集成电路元件的封装。下面我们简单分别介绍最基本的和最常用的几种封装形式:

1. 分立元件类

(1)电容:电容分普通电容和贴片电容:普通电容在 Miscellaneous Devices.IntLib 库中找到,它的种类比较多,总的可以分为两类,一类是电解电容,一类是无极性电容。电解电容由于容量和耐压不同其封装也不一样,电解电容的名称是"RB.＊/.＊",其中 .＊/.＊表示的是焊盘间距/外形直径,其单位是英寸。无极性电容的名称是"RAD－＊＊＊",其中＊＊＊表示的是焊盘间距,其单位是英寸。

贴片电容在\Library\PCB\Chip Capacitor－2 Contacts.PcbLib 中,它的封装比较多,可根据不同的元件选择不同的封装,这些封装可根据厂家提供的封装外形尺寸选择,它的命名方法一般是 CC＊＊＊－＊＊＊,其中"－"后面的"＊＊＊"分成二部分,前面两个＊是表示焊盘间的距离,后面二个＊＊表示焊盘的宽度,它们的单位都是 10mil,"－"前面的"＊＊＊"是对应的公制尺寸。

(2)电阻:电阻分普通电阻和贴片电阻:普通电阻在 Miscellaneous Devices.IntLib 库中找到,比较简单,它的名称是"AXIAL－＊＊＊",其中＊＊＊表示的是焊盘间距,其单位是英寸。

贴片电阻在 Miscellaneous Devices.IntLib 库中只有一个,它的名称是"R2012－0806",其含义和贴片电容的含义基本相同。其余的可用贴片电容的封装套用。

(3)二极管:二极管分普通二极管和贴片二极管:普通二极管在 Miscellaneous Devices.IntLib 库中找到,它的名称是"DIODE－＊＊＊",其中＊＊＊表示一个数据,其单位是英寸。贴片二极管可用贴片电容的封装套用。

(4)三极管:普通三极管在 Miscellaneous Devices.IntLib 库中找到,它的名称与 Protel99 SE 的名称"TO－＊＊＊"不同,在 Protel DXP 中,三极管的名称是"BCY－W3/＊＊＊"系列,

可根据三极管功率的不同进行选择。

连接件:连接件在 Miscellaneous Connector PCB. IntLib 库中,可根据需要进行选择。

其他分立封装元件大部分也在 Miscellaneous Devices. IntLib 库中,我们不再各个说明,但必须熟悉各元件的命名,这样在调用时就能够一目了然。

2. 集成电路类

DIP:是传统的双列直插封装的集成电路;

PLCC:是贴片封装的集成电路,由于焊接工艺要求高,不宜采用;

PGA:是传统的栅格阵列封装的集成电路,有专门的 PGA 库;

QUAD:是方形贴片封装的集成电路,焊接较方便;

SOP:是小贴片封装的集成电路,和 DIP 封装对应;

SPGA:是错列引脚栅格阵列封装的集成电路;

BGA:是球形栅格阵列封装的集成电路;

其他:除此而外,还有部分新的封装和上述封装的变形,这里就不再一一说明了。

(二)将 Protel 99 SE 的元件库转换到 Protel DXP 中

在 Protel 99 SE 中有部分封装元件是 Protel DXP 中没有的,如果一个一个地去创建这些元件,不仅费事,而且可能会产生错误,如果将 Protel 99 SE 中的封装库导入 Protel DXP 中实际是很方便的,而且事半功倍,方法是:启动 Protel 99 SE,新建一个 *.DDB 工程,在这个工程中导入需要的封装库,需要几个就导入几个,然后保存工程并关闭 Protel 99 SE。启动 Protel DXP,打开刚保存的 *.DDB 文件,这时,Protel DXP 会自动解析 *.DDB 文件中的各文件,并将它们保存在"*/"目录中,以后就可以十分方便地调用了。其实对 Protel 99、Protel2.5 等以前的版本的封装元件库也可以用导入的方法将封装元件库导入 Protel DXP 中。

(三)在 Protel DXP 的封装元件库间复制元件

有的时候我们需要将一个封装元件库中的某个封装元件复制到另一个封装元件库中,复制的方法比较多,我们在这里介绍两种比较常用和比较简单的方法供参考:

【方法一】 单击 *.PcbLib(被复制的封装元件所在的元件库),将 *.PcbLib 作为当前被编辑的文件,用鼠标右键点击被复制的封装元件,在下拉菜单单击"Copy";单击 *1.PcbLib(被复制的封装元件要复制到的元件库),将 *1.PcbLib 作为当前被编辑的文件,用鼠标右键点封装元件列表最上面的空白处,在下拉菜单单击"Paste",然后保存即可;

【方法二】 单击 *.PcbLib(被复制的封装元件所在的元件库),将 *.PcbLib 作为当前被编辑的文件,用鼠标左键点击被复制的封装元件,使被复制的封装元件到编辑区,点击【Edit】/【Select】/【All】选择编辑区的全部内容,再点击【Edit】/【Coyp】进行复制;单击 *1.PcbLib(被复制的封装元件要复制到的元件库),将 *1.PcbLib 作为当前被编辑的文件,用鼠标左键点击【Tools】/【New Component】新建一个元件,关闭向导对话框,继续点击【Edit】/【Paste】将封装元件复制到编辑区,点击【Tools】/【Rename Component】对元件重命名,然后保存即可。上述方法同样适合原理图元件库中元件的复制。

(四)在 Protel DXP 中创建自己的封装元件库

我们在制作 PCB 板时不是需要在 Protel DXP 中的所有的元件库,而是仅仅需要其中的部分元件库和封装库,或者是某个库中的部分元件或封装元件,如果我们将这些元件或封装元件创建自己的元件库和封装元件库,给我们带来很大的方便,在查找过程中也特别容易了。在某个磁盘分区,新建一个目录如"PDXP LIB",在这个目录下再新建二个目录"SCH"和"PCB",

在"SCH"目录中可以创建自己的电路原理图的元件库。

在 Protel DXP 的单击【File】/【New】/【PCB Library】新建一个空的 PCB 元件库,并用另外的名称如"分立元件 . PcbLib"存盘到"X:/PDXP LIB/PCB/"中,其中"X:"是上面目录的所在盘符。在这个库中用运上面新建封装元件的方法和封装元件在封装元件库间的复制方法将分立元件的封装全部放置在这个库中。用同样的方法,创建"DIP. PcbLib"、"贴片电容. PcbLib"、"接插件 . PcbLib"、"PLCC. PcbLib"、"SOP. PcbLib"等封装元件库。

在这些库中用运上面新建封装元件的方法和封装元件在封装元件库间的复制方法将相应元件的封装全部放置在这个库中。在分类过程中,最好分的比较细一点,虽然看起来库比较多,但是一则管理比较方便,维护、修改、添加等都十分容易,二则在调用元件时一目了然。

(五)创建和修改封装元件时注意的一些问题

1. 我们建议自己创建的元件库保存在另外的磁盘分区,这样的好处是如果在 Protel DXP 软件出现问题或操作系统出现问题时,自己创建的元件库不可能因为重新安装软件或系统而丢失,另外对元件库的管理也比较方便和容易。

2. 对于自己用手工绘制元件时必须注意元件的焊接面在底层还是在顶层,一般来讲,贴片元件的焊接面是在顶层,而其他元件的焊接面是在底层(实际是在 MultiLayer 层)。对贴片元件的焊盘用绘图工具中的焊盘工具放置焊盘,然后双击焊盘,在对话框将 Saple(形状)中的下拉菜单修改为 Rectangle(方形)焊盘,同时调整焊盘大小 X-Size 和 Y-Size 为合适的尺寸,将 Layer(层)修改到"Toplayer"(顶层),将 Hole Size(内经大小)修改为 0mil,再将 Designator 中的焊盘名修改为需要的焊盘名,再点击 OK 就可以了。

有的初学者在做贴片元件时用填充来做焊盘,这是不可以的,一则本身不是焊盘,在用网络表自动放置元件时肯定出错,二则如果生产 PCB 板,阻焊层将这个焊盘覆盖,无法焊接,请初学者们特别注意。

3. 在用手工绘制封装元件和用向导绘制封装元件时,首先要知道元件的外形尺寸和引脚间尺寸以及外形和引脚间的尺寸,这些尺寸在元件供应商的网站或供应商提供的资料中可以查到,如果没有这些资料,那只有用千分尺逐个尺寸进行测量了。测量后的尺寸是公制,最好换算成以 mil 为单位的尺寸(1cm=1000/2.54=394mil 1mm=1000/25.4=39.4mil),如果要求不是很高,可以取 1cm=400mil,1mm=40mil。

4. 如果目前已经编辑了一个 PCB 电路板,那么单击【Design】/【Make PCB Library】可以将 PCB 电路板上的所有元件新建成一个封装元件库,放置在 PCB 文件所在的工程中。这个方法十分有用,我们 在编辑 PCB 文件时如果仅仅对这个文件中的某个封装元件修改的话,那么只修改这个封装元件库中的相关元件就可以了,而其他封装元件库中的元件不会被修改。

(六)Protel DXP 元件库分类中英文对照

Fairchild Semiconductor

FSC Discrete BJT. IntLib	三极管
FSC Discrete Diode. IntLib	二极管
FSC Discrete Rectifier. IntLib	IN 系列二极管
FSC Logic Flip-Flop. IntLib	40 系列
FSC Logic Latch. IntLib	74LS 系列

C-MAC MicroTechnology

C-MAC MicroTechnology	晶振

Dallas Semiconductor

DallasMicrocontroller 8-Bit. IntLib   存储器

International Rectifier

IR Discrete SCR. IntLib   可控硅

IR Discrete Diode. IntLib   二极管

KEMET Electronics

KEMET Chip Capacitor. IntLib   粘贴式电容

Motorola

Motorola Discrete BJT. IntLib   三极管

Motorola Discrete Diode. IntLib   1N 系列稳压管

Motorola Discrete JFET. IntLib   场效应管

Motorola

Motorola Discrete MOSFET. IntLib   MOS 管

Motorola Discrete SCR. IntLib   可控硅

Motorola Discrete TRIAC. IntLib   双向可控硅

National Semiconductor

NSC Audio Power Amplifier. IntLib   LM38、48 系列

NSC Analog Timer Circuit. IntLib   LM555

NSC Analog Timer Circuit. IntLib   三极管

NSC Discrete Diode. IntLib   IN 系列二极管

NSC Discrete Diode. IntLib   IN 系列稳压管

NSC Logic

Counter. IntLib   CD40 系列

Counter. IntLib   74 系列

ON Semiconductor

ON Semi Logic Counter. IntLib   74 系列

ON Semi Logic Counter. IntLib   晶振

Simulation

Sources. IntLib   信号源

Simulation Voltage

Source. INTLIB   信号源

ST Microelectronics

ST Analog Timer Circuit. IntLib   LM555

ST Discrete BJT. IntLib   2N 系列三极管

ST Operational Amplifier. IntLib   TL084 系列

ST Logic

Counter. IntLib   40、74 系列

ST Logic Flip-Flop. IntLib   74 系列 4017

Switch. IntLib   4066 系列

Latch. IntLib   74 系列

ST Logic Register. IntLib	40 系列
ST Logic Special Function. IntLib	40 系列

STPower Mgt

Voltage Reference. IntLib	TL、LM38 系列
Voltage Regulator. IntLib	电源块子 78、LM317 系列

Teccor Electronics

Teccor Discrete TRIAC. IntLib	双向可控硅
Teccor Discrete SCR. IntLib	可控硅

Texas Instruments

TI Analog Timer Circuit. IntLib	555 系列
TI Converter Digital to Analog. IntLib	D/A 转换器
TI Converter Analog to Digital. IntLib	A/D 转换器
TI Logic Decoder Demux. IntLib	SN74LS138

TI Logic

Flip-Flop. IntLib	逻辑电路 74 系列

TI Logic Gate

TI Operational Amplifier. IntLib	TL 系列功放块

四、原理图设计实例

在 Protel DXP 2004 中如何新建和保存原理图文件;如果需要绘制多张相互关联的原理图,这些原理图文件在 Protel DXP 2004 中是如何组织的;原理图中的元件如何放置;这都是作为初学者感到迷茫的问题。

下面通过一个简单的模拟放大器电路来叙述绘制一个原理图的过程。

(一)训练任务

该任务为绘制一张简单的模拟放大器电路图,要求使用 Protel DXP 2004 绘制,电路如图 B. 15 所示。

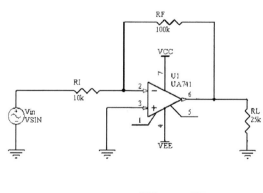

图 B. 15　模拟放大器电路图

(二)实验目的

(1)掌握如何启动 Protel DXP 2004

(2)学会新建和保存原理图文件,掌握设计项目和文件的关系

(3)掌握查找和放置元器件,并设置元器件属性

(4)掌握使用导线连接元器件,并学会放置电源符号

(三)执行步骤

步骤 1:启动 Protel DXP 2004

启动 Protel DXP 2004 一般有 3 种方法:

(1)用鼠标双击 Windows 桌面的快捷方式图标 ,进入 Protel DXP 2004。

(2)执行"开始"→"程序"→Altium→DXP2004。

(3)执行"开始"→DXP2004。

Protel DXP 2004 启动后,系统出现启动画面,几秒钟后,系统进入程序主页面,如图 B.16。

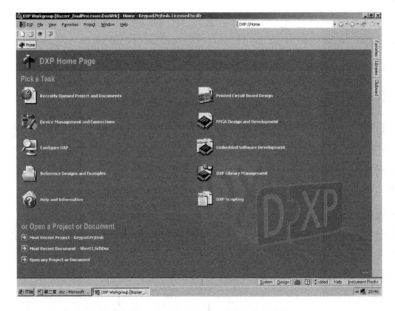

图 B.16 Protel DXP 2004 主页面

步骤 2:电路原理图文件的新建和保存

新建 PCB 项目:执行"文件"菜单,选择"创建",然后选择"项目"子菜单下的"PCB 项目",如图 B.17 所示。

执行完毕后,新建了一个名为"PCB_Project1.PrjPCB"的 PCB 项目文件,显示在文件面板的下方,如图 B.18 所示。

新建原理图设计文件:执行"文件"菜单,选择"创建",然后选择"原理图"。新建了一个名为"sheet1.schdoc"的原理图设计文件,显示在 PCB 项目"PCB_Project1.PrjPCB"的下方,如图 B.19 所示。

保存原理图设计文件:执行"文件",选择"保存",在弹出的对话框中,将原理图设计文件保存为"模拟放大器电路图.schdoc"。

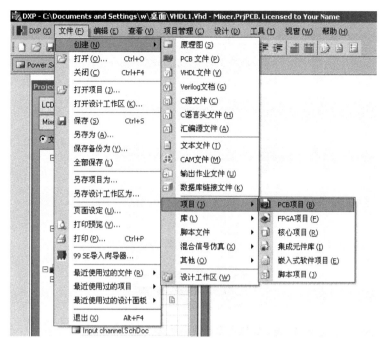

图 B.17 新建项目

图 B.18 新建了 PCB 项目的文件工作面板

保存设计项目:执行"文件"菜单,选择"另存项目为…",在弹出的对话框中,将项目保存为"模拟放大器.PrjPCB"。

保存后文件面板中的文件名也同步更新为"模拟放大器电路图.schdoc"。右边的空白图纸就是 Protel DXP 2004 的原理图绘制的工作区域。

图 B. 19   新建了原理图设计文的文件工作面板

　　如果需要向指定的设计项目中添加原理图设计文件,也可以在文件工作面板中的设计项目名上,单击右键,选择快捷菜单中的"追加新文件到项目中",然后选择"schematic"。采用这样的方法也可以向设计项目中添加其他类型的文件。

　　在 Protel DXP 2004 中,是以项目设计文件为单位进行管理的,设计项目可以包含电路原理图文件、印制电路板文件、源程序文件等。该种组织结构以树型的形式显示在文件工作面板中。如图 B. 20 所示。

图 B. 20   项目和文件的组织关系

常见的项目类型有：PCB 项目（. PrjPCB）、FPGA 项目（. PrjFPG）、核心项目（. PrjCOR）、嵌入式软件项目（. PrjEmb），集成元件库（. LibPkg），脚本项目（. PrjScr）等。

常见的文件类型有：原理图设计文件（. schdoc）、PCB 设计文件（. pcbdoc）、VHDL 文件（FPGA 设计文件，即. vhdl）等。

Protel DXP 2004 以项目设计文件为单位对这些存储在不同的地方的文件进行设计和管理。一个设计项目中可以包含若干个类型相同或不相同的设计文件，这些文件可以存储在不同的地方。

一般，用户在 Protel DXP 2004 中为每一个工程项目独立的建立一个文件夹，用来存放所有与项目有关的文件。

步骤 3：元件的查找和放置

（1）查找及放置元件

首先开始查找图 B. 15 中的电阻 RI、RF 和 RL，并将这三个电阻放置到图中合适的位置。

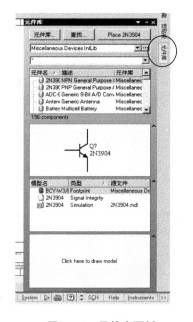
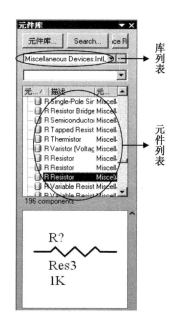

图 B. 21　元件库面板　　　　图 B. 22　元件列表

①执行"查看"/"显示整个文档"菜单命令，确认整个电路原理图纸显示在整个窗口中。该操作也可以通过在图纸上单击右键，在弹出的快捷菜单中选择"查看"/"显示整个文档"进行。

②单击 Protel DXP 2004 窗口右侧的标签项"元件库"，打开"元件库"面板，如图 B. 21 所示。该面板也可以通过菜单"查看"/"工作区面板"/"System"/"元件库"打开或关闭。

③从元件库面板上方的库列表下拉菜单中选择 MiscellaneousDevices. Intlib，使之成为当前元件库，同时该库中的所有元件显示在其下方的列表项中。从元件列表中找到电阻 RES3，单击选择电阻后，电阻将显示在面板的下方。如图 B. 22 所示。

④双击 RES3（或者单击选中 RES3，然后单击元件库面板上方的"PlaceBattery"按钮），移动鼠标到图纸上，在合适的位置单击鼠标左键，即可将元件 RES2 放下来。在放置器件的过程中，如果需要器件旋转方向，可以按空格键进行。每按一次空格键，元件旋转 90 度。

如果需要连续放置多个相同的元件，可以在放置完毕一个元件后，单击左键连续放置，放置完毕后可以单击右键退出元件放置状态,或者按 ESC 键即可。

放置了 3 个电阻后的图纸如图 B. 23 所示。

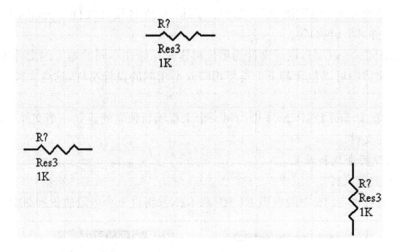

图 B. 23　放置了 3 个电阻的原理图纸

一般情况下,如果当前元件库中的器件非常多,一个个浏览查找比较困难,那么可以使用过滤器快速定位需要的元件。比如需要查找电容,那么就可以在过滤器中输入 CAP,名为 CAP 的电容将呈现在元件列表中。如图 B. 24 所示。

如果只记得元件中是以字母 C 开头,则直接可以在过滤器中键入"C＊"进行查找,＊表示任意个字符。如果记得元件的名字是以 CAP 开头,最后有一个字母不记得了,则可以在过滤器中键入"CAP?",通配符"?"表示一个字符。

图 B. 24　使用过滤器

下面开始放置元件 UA741AD,在当前的元件库 MiscellaneousDevices. Intlib 的元件列表中发现该元件不存在。那么该到何处去查找该元件呢?

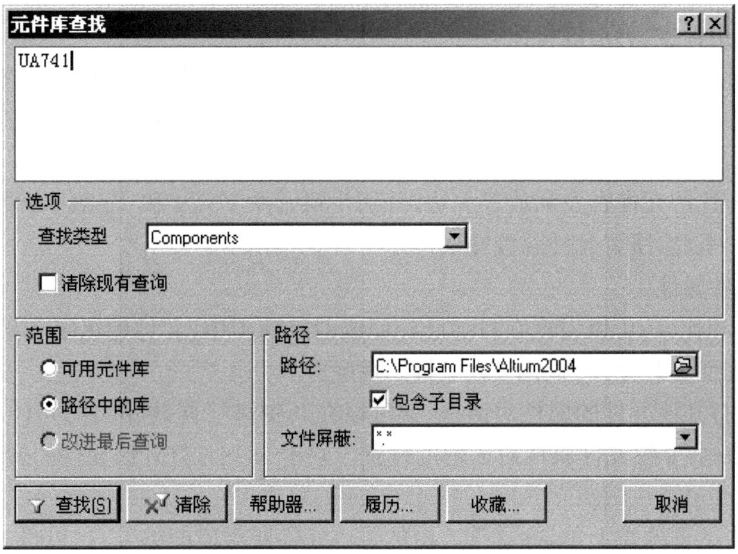

图 B.25　元件库查找对话框

作为初学者，并不知道 UA741AD 存在于哪个元件库中，所以查找起来困难。这时可以单击元件库面板上方的"Search…"按钮，将弹出一个元件库查找对话框，如图 B.25 所示。在该对话框中输入要查找的元件的名字，这里输入当前要查找的元件名字"UA741AD"。

在对话框下的"查找类型"中选择"Components"，表示要查找的是普通的元器件；在"路径"中选择 Protel DXP 2004 的安装目录，如 C:\Program Files\Altium2004；在"范围"中选择"路径中的库"，表示在前一步所设置的路径(如 C:\Program Files\Altium2004)范围内进行查找，如果选择"可用元件库"项，则表示只在当前已经加载进来的元件库中进行查找，此种查找的范围比较小。

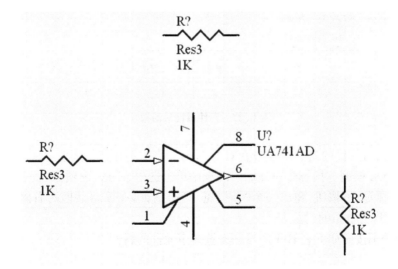

图 B.26　放置了元件 UA741AD 后的原理图

设置完毕后,单击"查找…"按钮,开始查询。开始查询后,"Search…"按钮将变为"Stop"按钮,如果要停止查找,单击该按钮即可。

等待几秒钟后,将查找到所有元件名字包含"UA741AD"的元件,并显示在元件库面板中的"元件列表"中。双击元件 UA741AD,然后将鼠标移动到图纸上,即可将元件放在合适的位置。如图 B.26 所示。

按照以上所述的元件查找和放置方法,分别找到元件 VSIN 和 VSRC,并将其放置在图纸上合适的位置。至此,所有元件放置完毕。

(2)设置元件属性

和图 B.15 相比较,可以发现在目前已经完成的原理图中,元件的名字和编号和要求的不一致。那么该如何修改元件的名字、编号等属性呢?

双击元件,打开该元件的属性对话框,就可以在其中进行修改相关的元件属性了。在此,以电阻 RES3 为例,介绍元件属性对话框的设置。双击 RES3,打开该元件的属性对话框,如图 B.27 所示。

元件属性对话框的左上角,标志符表示的是该元件所对应的编号,这里设置其为 RI,注释一栏表示的是该元件的说明信息,如 RES3,取消"可视"单选框,将其不显示。在右边列项中,将 Value 的值改为 10K,在右下方的 Footprint 前的列表框中可以选择相应的元件封装类型。

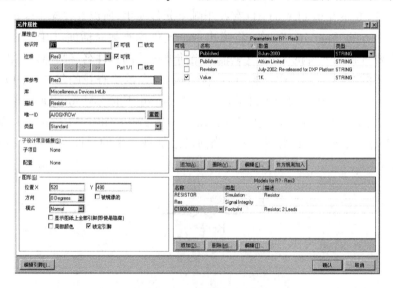

图 B.27　元件属性对话框

本例中,需要将元件的封装设置为 AXIAL0.5,列表中不存在该选项,双击 Footprint 后的描述区,打开"PCB 模型"对话框,在"PCB 库"项中单击选中"任意"选项,然后单击对话框上方的"名称"后的"浏览…"按钮,弹出一个"库浏览…"对话框,在该对话框的右侧列表框中选中"AXIAL−0.5"作为电阻的封装。

以此类推分别按照如下表 B.1 的参数设置其余元件的属性。

表 B.1   元件参数

元件名称	标志符	注释值(Value)	封装(Footprint)
RES3	RF	100K	AXIAL-0.5
RES3	RL	25K	AXIAL-0.5
UA741AD	U1	UA741AD	SO8
VSIN	VIN	VSIN	—
VSRC	V1	12V	—
VSRC	V2	-12V	—

设置后的原理图如图 B.28 所示。

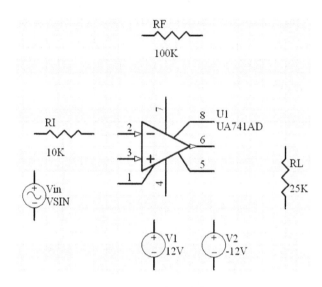

图 B.28   设置完属性的原理图

在绘图过程中,如果需要修改元件编号或元件名称的颜色或改变字体,只要双击要修改的元件名称或编号,即可打开参数属性对话框进行设置。

打开元件属性对话框的另外一种方法是,当元件处于浮动状态时,按下 Tab 键。所谓浮动状态,就是用鼠标左键单击器件,鼠标变成十字形时的状态,或是器件处于未放定时的状态。

在器件上单击右键,在快捷菜单上选择"属性",也可打开属性对话框。

元件放置好,并且属性已经设置完毕,那么元件之间的导线如何连接,导线上的标号如何设置,电源或者接地符号如何设置呢? 接下来就进入步骤 4,使用导线连接元器件。

步骤 4:使用导线连接元器件

导线的作用就是在原理图中各器件之间建立连接关系。

在图 B.29 中,如果现在需要将元件 RI 和 VSIN 连接起来,则步骤如下:

(1)执行菜单"放置"/"导线";

(2)将鼠标移动到图纸中 RI 的左侧管脚处单击左键确定起点;

(3)移动鼠标到元件 VSIN 的上侧管脚处单击确定终点;

(4)单击右键或按 ESC 键退出绘制导线状态。

连接后的 RI 和 VSIN 如图 B. 29 所示。

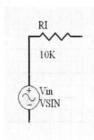

图 B. 29

在绘制导线的过程中,如果需要在某处拐弯,则可以在拐点处单击确定拐点。在绘制导线的过程中,如果按下 Tab 键,则将弹出"导线属性"对话框,用户可以在对话框中设置导线的颜色和宽度。绘制导线过程中,当导线移动到某个引脚端点或者导线端点时,将出现红色的"×",这是前面所提到的电气栅格的作用,能够在规定的距离内自动捕捉到端点而进行连接。

所有器件连接后的效果如图 B. 30 所示。

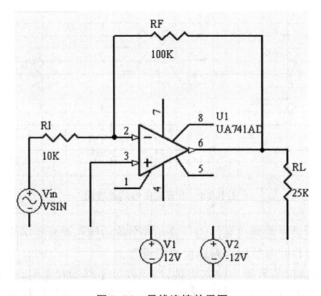

图 B. 30   导线连接效果图

步骤 5:电源符号的使用

图 B. 15 中有两种电源符号, ⏚ 和 VCC ,具体操作步骤如下:

(1)执行菜单"放置"\"电源端口",然后将鼠标移动到原理图中电阻 RL 下方,连续按三次空格键,使电源符号转动 270 度,然后将电源符号对齐电阻引脚放置。如图 B. 31 所示。

(2)双击电源符号,在弹出的属性对话框中,将电源符号的显示形式由 Bar 改为 Power-Ground。修改后如图 B. 32 所示。

在电源符号属性对话框中,可以修改电源符号的名称、颜色、坐标位置、放置角度、以及显

图 B. 31　电源符号　　　　　　　　图 B. 32　接地符号

示形式。按照以上方法放置所有的电源符号,并设置相应的显示形式、名称、角度和位置。至此,图 B. 15 所示的训练任务全部完成,最后再次保存即可。

(四)小结

Protel DXP 2004 是一个用于电路图设计的专用软件,能够方便快捷的绘制和编辑电路原理图,并能够根据原理图制作印制电路板。

在 Protel DXP 2004 中,是以项目设计文件为单位进行项目的设计和管理,每个项目设计文件中可以包含若干个源文件,这些源文件类型可以相同,也可以不相同,存储位置可以任意。这样做的好处是,不限制源文件的存储位置,而且利用项目文件的形式可以很好地组织起来,从而便于访问。

参照图 B. 33,PCB 项目"BCDto7. PRJPCB"中,包含了电路原理图文件 BCDto7. schdoc 和 keyboard. SchDoc、印制电路板文件 keyboard. PcbDoc、元件库文件 myselflibrary. Schlib 等文件。

在使用过程中,用户可以根据自己的需要新建项目设计文件,并可以在其中添加需要的源文件。所有打开的项目文件都会显示在文件工作面板中,双击某个文件即可将其打开,对应显示在右边的工作窗口中。

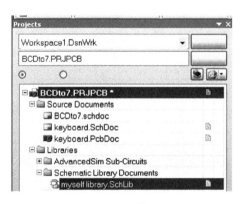

图 B. 33　项目文件组织形式

(五)实践训练

新建一个设计项目 BasicPowerSupply. PRJPCB,在其中添加一个原理图设计文件 BasicPowerSupply. schdoc,绘制如图 B. 34 所示的原理图。

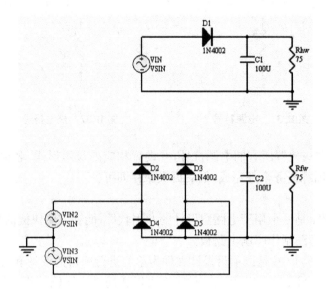

图 B. 34 电源电路图